TRAITÉ DE LA COULEUR

AU POINT DE VUE

PHYSIQUE, PHYSIOLOGIQUE ET ESTHÉTIQUE

TOURS. — IMPRIMERIE DESLIS FRÈRES ET Cie.

TRAITÉ

DE

LA COULEUR

AU POINT DE VUE

PHYSIQUE, PHYSIOLOGIQUE ET ESTHÉTIQUE

Comprenant l'exposé de l'état actuel de la question

DE

L'HARMONIE DES COULEURS

avec 56 figures et 14 planches coloriées

PAR

M. A. ROSENSTIEHL

DOCTEUR ES SCIENCES, LAURÉAT DE L'INSTITUT
MEMBRE CORRESPONDANT DE LA SOCIÉTÉ INDUSTRIELLE DE MULHOUSE
ANCIEN PROFESSEUR DE CHIMIE A L'ÉCOLE SUPÉRIEURE DES SCIENCES ET ANCIEN CHIMISTE
DE LA FABRIQUE D'INDIENNES ET D'ÉTOFFES POUR AMEUBLEMENTS
DE LA MAISON THIERRY MIEG ET C* DE LA MÊME VILLE
ANCIEN DIRECTEUR DE LA FABRIQUE DE MATIÈRES COLORANTES, USINE POIRRIER, A SAINT DENIS
PROFESSEUR AU CONSERVATOIRE NATIONAL DES ARTS ET MÉTIERS DE PARIS

PARIS (VIe)

H. DUNOD et E. PINAT, ÉDITEURS

47 et 19, Quai des Grands-Augustins

1913

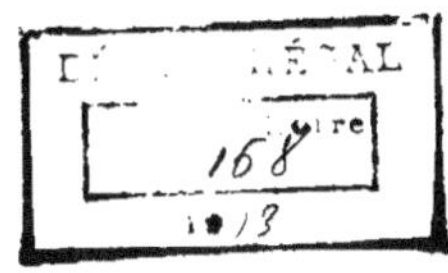

AVERTISSEMENT DE L'AUTEUR

Les expositions de peinture et d'art décoratif nous montrent que le don d'arranger les couleurs avec goût est plutôt rare.

C'est un talent inné que de savoir satisfaire à la fois le bon sens et la vue. Il n'appartient qu'à une élite.

Plus nombreux sont ceux qui, mis en présence d'un coloris, sont en mesure de formuler un jugement et de dire s'il plaît ou ne plaît pas.

Mais en quoi est-il défectueux?

Que faudrait-il changer à la nuance ou à la vivacité d'une couleur pour rendre ce coloris parfait?

C'est ici que la difficulté commence et que les divergences se manifestent.

Montrer à l'artiste quelles sont les données scientifiques certaines sur lesquelles il peut s'appuyer; lui indiquer dans quelle mesure les lois de la vision des couleurs sont utilisables, tel est le but de ce livre.

Il signale et redresse des erreurs séculaires sur les couleurs, erreurs qui sont reproduites dans tous les ouvrages de vulgarisation, jusqu'à ce jour même, et qui n'ont pas peu contribué à empêcher les artistes d'accepter les conseils de la science.

Dans le but d'appuyer ses démonstrations, l'auteur a exécuté et fait exécuter, sous sa direction, quatorze planches de couleurs, hors texte.

De nombreuses figures sont réparties dans le même but dans le texte même du livre.

L'auteur saisit avec empressement l'occasion qui lui est offerte de rendre justice aux soins que les éditeurs ont donnés à l'exécution matérielle de cet ouvrage, en se pénétrant des besoins de l'enseignement spécial auquel ce livre est destiné.

La reproduction des planches coloriées a été confiée à trois maisons.

La partie chromolithographiée a été exécutée par la maison Monrocq, une des plus anciennes imprimeries lithographiques de Paris (Pl. I à VII).

Cette exécution devait primitivement porter sur treize planches.

Mais l'expérience a appris rapidement que la lithographie est impuissante à reproduire certains effets de vigueur dans les valeurs relatives des tons. C'est pour ce motif que les planches VII à XIII ont dû être reproduites par les procédés de fabrication propres aux papiers peints, qui ne connaissent pas cette difficulté.

L'auteur se félicite d'avoir eu le concours de la grande maison de Rixheim près de Mulhouse, J. Zuber et Cⁱᵉ, connue par ses papiers artistiques.

La reproduction par teinture sur laine des douze couples de couleurs complémentaires d'égale intensité de coloration a été faite par M. A. Jolly, président de la Chambre syndicale de la teinture, à Paris.

Vu l'importance d'une reproduction exacte des nuances, MM. Louis Zuber d'une part et M. Amédée Jolly, de l'autre, ont tenu à donner leurs soins personnels à cet échantillonnage de précision, grâce auquel les types de couleurs des quatorze planches possèdent une valeur scientifique réelle.

Dans l'ensemble de ces planches, on trouve quatre-vingt-neuf couleurs en divers arrangements, toutes soigneusement repérées sur le cercle chromatique de Chevreul, qui est conservé à la manufacture nationale des Gobelins, à Paris.

Cette comparaison a été faite par Chevreul lui-même et par le chef des teintures de la manufacture, M. Lebois, en présence de l'auteur en 1876.

C'est à cette occasion qu'ont été repérés les normes du premier cercle, dont l'auteur avait fait copier la couleur d'après la reproduction chromolithographiée par Digeon.

Ces normes ont servi à classer les douze couples de la planche XIV et les trois couples de la planche VII.

On a repéré en outre, à la même occasion, les cinq couples de la planche III et les neuf couleurs de la planche V.

L'ensemble des planches donne une idée exacte de ce qu'il faut entendre : 1) par couleurs d'égale intensité de coloration ; 2 comment la couleur d'une matière colorante se modifie par le mélange avec des matières incolores ; modification dont nous n'avons pas conscience et qui est à notre insu la source d'erreurs de jugement, que cet ouvrage signale et qu'il donne le moyen de corriger :

3) Ce qu'il faut entendre par camaïeu vrai. Le lecteur trouvera dans ces planches un exemple d'un camaïeu de cinq tons, de cinq à deux tons et d'autant de camaïeux à trois tons :

4) Enfin, et c'est là le but final, le livre montre comment de l'étude des faits qui y sont décrits, découlent logiquement les lois de l'harmonie des couleurs ; ces lois s'appliquent avec certitude à des cas simples, nettement définis.

Il constitue une publication actuellement unique en son genre, et qui complète les recherches de Chevreul, déjà anciennes, puis, qu'elles remontent à 1839. Le cercle chromatique de cet illustre savant reste un document incomparable pour l'étude des lois de la vision des couleurs, valeur qu'il tire de la haute compétence de son auteur et de ses habiles collaborateurs, mais ne peut en rien guider dans les recherches sur l'harmonie.

En corrigeant les erreurs de Chevreul sur les complémentaires et sur les gammes que ses prédécesseurs lui avaient d'ailleurs léguées, l'auteur dégage des travaux de ces savants le fond de vérité qu'ils contiennent. Et il montre comment il a pu utiliser ces données pour exécuter, dans les ateliers de MM. Thierry Mieg et Cie à Dornach-Mulhouse, des coloris à la fois nouveaux et harmonieux. Les collections d'étoffes imprimées de cette maison des années 1871-1877, contiennent des exemples nombreux de l'application de ces lois. Depuis cette époque l'attention de l'auteur a été détournée dans d'autres directions, vers d'autres devoirs, et ce n'est que ces dernières années qu'il lui a été possible comme professeur au Conservatoire national des Arts et Métiers, de classer les nombreux documents accumulés par ses expériences personnelles et de les comparer avec les données de la littérature spéciale. Il est arrivé ainsi à formuler avec précision ses conclusions.

Son livre se termine par des indications pratiques sur les moyens simples qui sont à la portée de chacun de trouver les couleurs qui s'adaptent bien à un dessin déterminé, et comment l'une de ces couleurs ayant été fixée arbitrairement et *a priori* toutes les autres couleurs du même dessin s'en déduisent logiquement.

Les règles qu'il donne peuvent être suivies en toute sécurité, tant que le dessin ne comporte que deux couleurs franches complémentaires et leurs nombreux dérivés par dégradation.

Il est aisé d'étendre ces mêmes règles aux coloris comprenant trois couleurs franches.

La planche XIII est consacrée à ce cas. Si l'auteur n'a pas insisté davantage sur ces coloris polychromes, c'est que les faits scientifiques ne justifient pas suffisamment cette extension. Il faut le concours de l'hypothèse d'Young pour la mise en équation du problème à résoudre. Le livre renferme des exemples de ce genre de calculs.

Mais l'auteur ne peut se dissimuler qu'en agissant ainsi on introduit de l'arbitraire dans les données.

Seule la détermination du couple complémentaire peut se faire avec précision. Si néanmoins l'auteur indique une voie que l'on peut suivre, c'est qu'il tient à montrer la porte qui reste ouverte aux recherches ultérieures. L'ensemble des lois de l'harmonie des couleurs forme un édifice, dont le présent ouvrage ne fait que poser les fondations.

TABLE DES MATIÈRES

CHAPITRE V

DÉGRADATION DU BLANC ET DES COULEURS VERS LE NOIR

CHAPITRE VI

DÉFINITION DES COULEURS, MÉLANGE DES SENSATIONS

CHAPITRE VII

MÉLANGE DES MATIÈRES COLORANTES AVEC MATIÈRES INCOLORES BLANCHES OU NOIRES

CHAPITRE VIII

INFLUENCE DE L'ÉCLAIRAGE SUR LA COULEUR

CHAPITRE IX

LE PHÉNOMÈNE DES COULEURS COMPLÉMENTAIRES EST-IL D'ORDRE PHYSIQUE OU D'ORDRE PHYSIOLOGIQUE?

CHAPITRE X

MÉLANGE DES MATIÈRES COLORANTES; THÉORIE DES TROIS COULEURS PRIMAIRES.

CHAPITRE XI

LES CONSTRUCTIONS CHROMATIQUES

CHAPITRE XII

ÉTUDE DU CERCLE CHROMATIQUE DE CHEVREUL

CHAPITRE XIII

LA THÉORIE DES TROIS SENSATIONS FONDAMENTALES

CHAPITRE XIV

LA TABLE DES COULEURS SELON LA THÉORIE D'YOUNG.

CHAPITRE XV

LE DIAGRAMME DE MAXWELL

CHAPITRE XVI

DES MOYENS DIVERS DE PRODUIRE LA SENSATION COLORÉE

CHAPITRE XVII

PHOTOGRAPHIE DES COULEURS

PHOTOGRAPHIE DES COULEURS PAR L'EMPLOI D'UN SEUL NÉGATIF

CHAPITRE XVIII

CONDITIONS D'HARMONIE DES COULEURS

CHAPITRE XIX

DE L'ACCOMMODATION

CHAPITRE XX

L'ART

CHAPITRE XXI

HARMONIE DES COULEURS

CHAPITRE XXII

INDICATIONS PRATIQUES

TRAITÉ DE LA COULEUR

INTRODUCTION

Le besoin de décorer les objets qui nous entourent, en les coloriant, dérive surtout de la faculté que possède notre œil de percevoir la couleur, et du plaisir qu'il en éprouve. Si l'œil n'était organisé que pour percevoir le blanc et le noir, c'est-à-dire la lumière et son ombre, les arts fondés sur l'emploi de la couleur n'existeraient pas.

En réalité, l'expérience nous montre que la combinaison du blanc, du gris et du noir suffit au plus grand nombre, pour la couleur des vêtements. Et le dicton « La rue est noire de monde » caractérise bien l'aspect des foules dans nos climats tempérés.

C'est que la couleur n'est pas nécessaire ni pour la vision nette, ni pour l'effet décoratif.

La vision nette est réalisée par l'emploi des encres noires en typographie, en gravure, et pour l'écriture. Des caractères et des lignes noires tracées sur fond blanc admettent une précision parfaite.

L'effet artistique est obtenu par la gravure en taille-douce, le dessin au fusain et au crayon, à la mine de plomb, à l'encre de Chine qui permettent la reproduction des tableaux, par le seul emploi du noir et du blanc.

Un paysage vu au clair de lune produit une impression artistique souvent profonde, quoique la couleur soit absente.

L'exemple de l'éclairage lunaire montre que la couleur est surtout là où la lumière est vive : la vision des couleurs exige un éclairage plus intense que la vision du noir, du blanc et du gris. La raison de ce fait sera expliquée plus loin ; pour l'instant, il s'agit simplement de constater l'effet moral que produit sur nous la couleur et qui est la raison de son emploi. Elle est un élément de gaîté et pour cette raison elle est de toutes nos fêtes ; les fleurs, les étoffes aux couleurs chatoyantes, les lumières colorées y jouent un rôle important. La vision de la couleur est donc pour nous un plaisir devenu un besoin ; elle n'est pas une nécessité. Elle nous a été donnée par surcroît. Cependant pour en avoir le maximum d'effet, il faut savoir juxtaposer les couleurs ; car jamais une couleur n'est vue seule. La surface colorée est toujours limitée par une autre couleur, elle est vue sur un fond plus clair ou plus foncé, sur un fond coloré ou sur un fond incolore. Or, il y a des arrangements désagréables, il y en a qui sont indifférents, mais il y en a d'un aspect ravissant. Il est donc utile de savoir éviter les coloris déplaisants, pour ne produire que des coloris qui plaisent à la vue. D'où la nécessité d'étudier les lois de la vision des couleurs, et c'est là le but de cet ouvrage.

CHAPITRE I

LES TROIS SIGNIFICATIONS DU MOT « COULEUR »

§ **1. Définition de la couleur.** — L'étude des lois de la vision des couleurs est rendue fort difficile par le fait que le mot « couleur » est employé avec trois significations distinctes.

Les peintres, les teinturiers, les imprimeurs donnent le nom de *couleur* aux matières qu'ils emploient pour produire la coloration. L'imprimeur sur étoffe même appelle « couleur » des pâtes souvent incolores, qui ne développent une coloration que dans des opérations ultérieures (tels que les *bleus* au prussiate, par exemple).

Dans ces divers cas, « *matière colorante* », « matière colorable » et « couleur » sont synonymes.

Il en est autrement pour le physicien ; pour lui la couleur est le résultat de la décomposition de la lumière blanche, et le mot de couleur est synonyme de « lumière colorée ».

Pour nous, qui voulons étudier les lois de la vision des couleurs, dans le but de produire par leur emploi des effets artistiques, elle est une impression, une *sensation*. Et quand dans la suite de cet ouvrage le mot *couleur* est employé sans autre adjonction, il sera toujours entendu qu'il s'agit de *sensation colorée*, en opposition avec *matière colorante* et avec *lumière colorée*.

La précision du langage n'est possible que si les idées différentes sont exprimées par des mots différents. Et le raisonnement ne devient concluant que si les faits sur lesquels il s'appuie sont nettement classés.

§ **2. La couleur est une sensation.** — Elle est si bien une sensation, qu'elle peut être perçue quand les yeux sont fermés : une simple compression du globe oculaire suffit à faire naître la sensation de couleurs éclatantes. Et les aveugles mêmes, ceux qui doivent leur infirmité à un accident et qui ont vu antérieurement, peuvent encore éprouver des sensations colorées, sous l'action d'un courant électrique, d'un choc, ou d'une influence nerveuse.

Il est aisé de faire naître la sensation de couleur sur une surface blanche. Un disque en carton est divisé par un diamètre en deux parties égales.

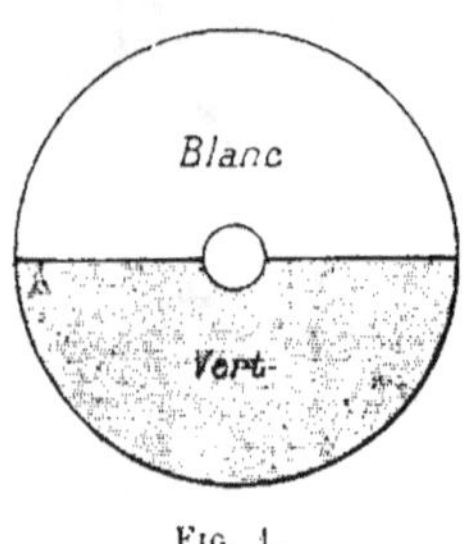

Fig. 1.

L'une des moitiés du disque est peinte avec une couleur vive, l'autre moitié est blanche ; puis ce disque est mis en rotation autour de son centre. Quand la rotation n'est pas trop rapide, on voit, en regardant le disque

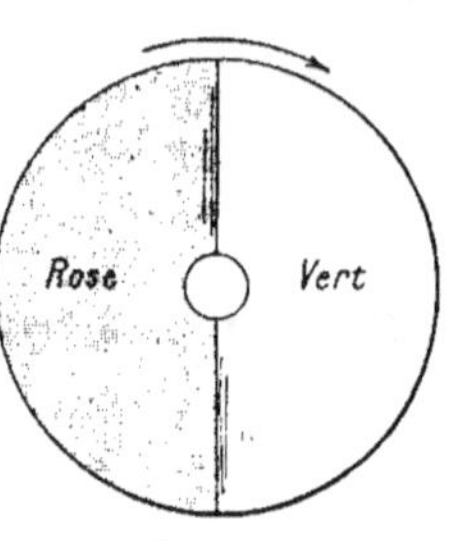

Fig. 2.

bien éclairé, la moitié blanche se colorer vivement. Cette coloration est aussi différente que possible de celle de l'autre moitié du disque.

Si cette partie a été peinte en vert gai, la moitié blanche se colorera en violet-rouge. Si on remplace le blanc par un gris clair, la coloration rouge paraîtra plus foncée ; car le blanc nuit à la perception de la couleur en la délayant ; l'effet est comparable à celui que l'on produit en versant de l'eau dans du vin : on affaiblit la sensation. C'est qu'il est, comme on le verra plus loin, une sensation bien plus forte que celle de la couleur la plus pure.

Chaque couleur éveille la sensation d'une autre couleur, ainsi que l'indique le petit tableau suivant :

Couleur vue directement	Couleur produite par la rotation lente
Jaune	Bleu
Orangé	Bleu-verdâtre
Rouge	Vert-bleu
Violet-rouge	Vert gai
Violet	Jaune-vert

C'est avec le vert gai que le phénomène est le plus frappant.

Si, comparativement, on met en rotation un disque dont la moitié est couverte par du velours noir (¹) et l'autre par du blanc, on ne perçoit aucune sensation colorée. Ce qui prouve bien que, pour évoquer la sensation colorée, il faut, dans ces expériences, la présence d'une surface colorée. C'est la couleur qui évoque la sensation d'une couleur opposée.

____

(¹) Le velours noir ne renvoie à l'œil que $\frac{1}{450°}$ de la lumière incidente et cette lumière est incolore (Voir A. Rosenstiehl. *C. R.*, t. LXXXII, p. 985).

C'est pour cette raison que Chevreul a obtenu avec diverses substances noires ou grises, dont il a recouvert la moitié d'un disque, la coloration du blanc en jaune, orangé, jaune-vert, etc., preuve que ces matières possédaient par elles-mêmes une coloration propre.

Cette production de couleur par la rotation lente (environ 60 à 160 tours à la minute, d'après Chevreul), qui substitue une surface blanche à une surface colorée, est une observation déjà ancienne : c'est en 1848 que Gruël (¹) a signalé le phénomène pour la première fois par la rotation d'un disque blanc sur lequel on avait peint une spirale colorée. Plus tard, cette expérience a été répétée par Chevreul (1878) (²) sous sa forme actuelle. Cette expérience donne l'explication des phénomènes de contraste, déjà connus vers le milieu du xviiie siècle. Buffon les a signalés le premier (³) en 1746, le P. Scherffer (⁴) les a décrits sous le nom d'images accidentelles. Depuis cette époque, ils ont été observés et décrits par de nombreux expérimentateurs. Mais c'est Chevreul (1828) qui en a fait une étude méthodique, sous le nom de contraste des couleurs.

§ **3. Contraste des couleurs.** — Chevreul a distingué le contraste successif du contraste simultané (⁵) ; et dans ce dernier, il distingue encore le contraste de couleur du contraste de ton.

Le contraste successif des couleurs vient d'être décrit.

Le contraste simultané se manifeste quand on voit en même temps deux surfaces différemment colorées qui se touchent ; alors les deux couleurs se modifient réciproquement : leur différence apparaît plus grande près de la ligne de séparation.

La plus claire des deux apparaît plus claire qu'elle ne l'est réellement et la plus foncée parait se foncer davantage.

Cette modification en plus foncé ou en plus clair a été appelée par Chevreul *contraste de ton*. Et il a réservé l'expression de *contraste de*

(¹) Gruël, *Annal. de Poggendorff*, t. LXXV, p. 524, 1848 (dans *Bibliographie analytique de Plateau*, IIᵉ section, p. 52).

(²) A. Rosenstiehl, *Comptes rendus*, t. LXXXVI, p. 621, 854, 985 ; t. LXXXVII, p. 576, 706 ; t. LXXXVIII, p. 727, 929 ; t. XCV, p. 1086.

(³) Buffon, *Dissertation sur les couleurs accidentelles* (Mém. de l'Acad. des Sciences de Paris, vol. publié en 1743, p. 151, 152, 154 (loc. cit., 5ᵉ section, p. 11 et 12).

(⁴) P. Scherffer, *Abhandlung von den Zufaelligen Farben*. Vienne, 1765.
La traduction française se trouve dans le *Journal de Physique* de Rozier, 1785, t. XXVI, p. 175 et 273 (loc. cit., p. 13).

(⁵) Chevreul n'a pas découvert le contraste *simultané* des couleurs. Th. Young le décrit nettement : *Lectures on natural Phylosophy*, plate XXX, p. 747 ; 1807.
« Une tache qui est simplement teintée par des hachures noires très fines, parait d'une nuance pourpre sur fond jaune. Inversement la même tache vue sur fond pourpre parait jaune-vert ou olive. » Deux figures coloriées montrent clairement ce résultat.

couleur pour le cas où une couleur est modifiée par sa voisine. Dans ces cas, les deux couleurs se modifient dans le sens indiqué par le petit tableau donné plus haut. C'est-à-dire qu'une surface verte paraîtra d'un vert plus bleu qu'il ne l'est en réalité, à côté d'un rouge ou d'un orangé ; et réciproquement, un orangé paraîtra plus rouge s'il est à côté d'un vert et plus jaune s'il confine à une surface colorée en bleu, etc.

La connaissance de ces effets de contraste est essentielle pour l'emploi de la couleur dans la décoration. Il y a des contrastes agréables et il y a des contrastes déplaisants.

Il s'agit de favoriser la production des premiers, et d'éviter les seconds.

Chevreul (¹) a consacré un ouvrage de 700 pages à l'étude de ces contrastes.

La cause de ces phénomènes curieux se trouve dans une propriété de l'œil, que l'on peut formuler ainsi : *Dès que l'œil a fixé une couleur, il devient aveugle pour elle ; et alors il est disposé à voir une couleur opposée.*

Ces conclusions ressortent avec évidence de l'expérience suivante faite en 1881 par le Dr Gillet de Grandmont (²).

§ 4. Cécité momentanée de l'œil pour une couleur. — La tête de l'observateur est immobilisée au moyen d'un support sur lequel reposent le menton et le front.

Devant l'un des yeux se trouve placé un écran. L'œil libre regarde avec fixité un bouton métallique placé devant lui.

Au moyen d'un ressort, on fait apparaître, à côté de la surface brillante, une toute petite surface colorée en vert très vif.

En moins d'une demi-minute, la petite surface verte cesse d'être vue ; il suffit d'un clignement de paupière pour la faire réapparaître, mais alors elle a perdu son éclat : elle est grise.

Dans ce moment, par un nouveau mouvement de ressort, on remplace instantanément la surface verte par une surface blanche ; et celle-ci paraît colorée en rouge-fuchsine. Mais cette coloration n'est qu'une apparence. Un clignement de paupière détruit l'illusion et l'observateur voit la petite surface telle qu'elle est réellement, c'est-à-dire parfaitement blanche.

Ainsi donc, quand l'œil fixe pendant quelque temps une couleur, il devient momentanément aveugle pour cette couleur ; mais cette cécité

(¹) Chevreul, *Contraste simultané*, 1 vol., 1839. Paris, Pitois-Levrault et Cie.

(²) *Journal de Physique*, 1881, p. 146-148 ; et *Comptes rendus*, t. XCII, p. 1189 (1881).

Dans tous ses écrits Chevreul a confondu sans cesse : *matière colorante* avec **sensation colorée** et *lumière blanche* avec *sensation du blanc*. C'est cette confusion qui introduit tant d'obscurité dans les explications de Chevreul ; et cependant ce savant a toujours recherché dans ses expressions à atteindre une grande précision !

ne dure qu'un clin d'œil. L'œil n'échappe à cette cécité qu'à cause de l'extrême mobilité du globe oculaire et des paupières ; mais si les muscles de l'œil étaient paralysés, les conséquences en seraient terribles.

§ **5. La couleur est en nous.** — De ce que la couleur est une sensation, il résulte que le phénomène est essentiellement individuel.

« La couleur est en nous », a dit Newton déjà en 1704. Il attribue la couleur des rayons lumineux à leur action sur la rétine. Les rayons eux-mêmes ne sont pas rouges... mais leur action sur la rétine produit la sensation du rouge.

Il en résulte que personne ne peut être sûr de voir les couleurs comme les voit son prochain. Dès l'enfance, nous avons appris à appeler bleu, l'aspect du ciel pur, et verte la couleur des prés, mais personne ne peut savoir si la sensation qu'il éprouve est la même que celle qu'éprouve une autre personne.

Peu importe d'ailleurs, pourvu que nous voyions identiques des colorations qui sont identiques pour les autres, et que nous sachions apprécier de la même manière les différences. Ces deux conditions sont suffisantes pour que les lois que l'expérience nous permet de formuler soient les mêmes pour tout le monde.

§ **6. Les spectres.** — La source de toute couleur se trouve dans la lumière solaire, et aussi (à un degré moindre) dans les lumières artificielles qui servent à la remplacer. Divers moyens permettent de colorer cette lumière. Tous agissent de la même manière : la coloration est toujours le résultat de l'extinction d'une partie de la lumière incidente.

Les moyens de coloration sont : la dispersion, l'interférence, l'absorption. La dispersion seule donne des couleurs physiquement simples.

C'est Newton, qui, en 1704([1]), a montré que la lumière solaire est composée d'un mélange de rayons colorés, qui diffèrent physiquement par leur réfrangibilité. Si, à travers une fente, percée dans la paroi d'une chambre noire, on dirige un rayon de

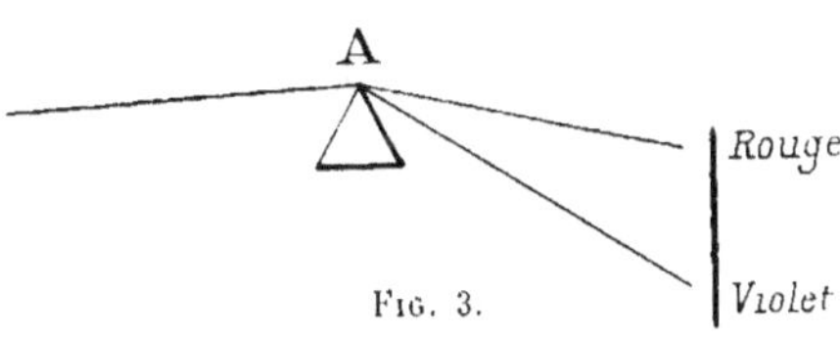

Fig. 3.

([1]) Helmholtz, *Optique physiologique*, p. 355 Edit. fr.).

« Newton démontra la composition de la lumière blanche. Il la sépara en lumières « simples, dont chacune est colorée autrement, et montra que sa couleur, ne peut plus « être modifiée ni par absorption, ni par réfraction, que les couleurs différentes pos- « sèdent des réfrangibilités différentes, que la coloration des objets provient des diffé- « rences dans l'absorption et la réflexion des diverses sortes de rayons lumineux. »

lumière sur un prisme transparent, ce rayon le traverse, mais il est dévié de sa direction première. Il s'infléchit vers la base du prisme (*fig.* 3).

Il est « réfracté ».

Si on reçoit sur un écran l'image de la fente, on constate que celle-ci s'étale sous forme d'une bande colorée. Cette image a reçu le nom de *spectre*. Les couleurs sont très belles ; elles se suivent sans interruptions, représentant le passage continu d'une couleur à l'autre, du rouge au violet en passant par le jaune, le vert et le bleu.

Le rouge est la couleur la moins déviée, le violet est celle qui l'est le plus.

Au delà du violet, il y a des rayons invisibles pour notre œil, mais que l'on peut rendre visibles à l'aide de substances chimiques, telles que les corps *fluorescents* ; et dont aussi la photographie peut révéler la présence. On trouve dans le spectre toutes les couleurs de l'arc-en-ciel, à un degré de pureté qui fait que les couleurs spectrales sont considérées comme l'idéal de la coloration. Quoique le passage d'une couleur à l'autre se fasse insensiblement, Newton y a distingué sept couleurs (par analogie avec les sept tons de la gamme musicale) qui sont : le rouge, l'orangé, le jaune, le vert, le bleu, l'indigo, le violet.

Les limites des couleurs de même nom dans le spectre ne peuvent être fixées que par convention. Car entre deux couleurs dénommées, il existe dans le spectre solaire un nombre indéfini d'intermédiaires ; ce qui fait que l'on ne peut assigner à aucune couleur une limite précise. Pour le physicien, ce qui désigne une couleur, ce n'est pas l'un des noms connus, mais un chiffre, celui de leur *réfrangibilité* ou de leur *longueur d'onde*.

Quand le rayon de lumière solaire traverse un milieu transparent coloré, soit un verre de couleur, soit une dissolution colorée, il perd dans ce trajet certains rayons.

Sa coloration a été obtenue par le sacrifice de certains rayons incidents qui ont été éteints par le corps coloré transparent.

En recevant sur un prisme un rayon de lumière ainsi modifiée, on obtient un spectre incomplet. Comparé à celui de la lumière blanche, il présente des lacunes, qui correspondent aux rayons éteints.

Chaque matière colorante agit d'une manière qui la caractérise ; chacune donne un autre spectre. Ces images incomplètes s'appellent « spectres d'absorption ». Leur étude est pour ainsi dire inséparable de celle des matières colorantes, et dans cet ouvrage on les citera souvent.

PLANCHES I ET II (p. 9, 10 et 14)

Les planches I et II se rapportent à l'expérience de Plateau (p. 10).

Le centre de la figure 1, planche II, montre le résultat du mélange à parties égales, du jaune et du bleu représentés dans l'anneau extérieur du disque.

La figure 2 montre l'aspect du disque en mouvement de rotation.

Dans ce disque, le jaune et le bleu se mélangent comme sensations, et les dispositions sont prises pour que ces deux couleurs soient complémentaires et d'égale intensité de coloration.

Leur mélange produit le gris normal.

Planche I représente en détail l'expérience qui produit le même gris, soit par le mélange de blanc et de noir, soit par le mélange de jaune et de bleu (p. 9).

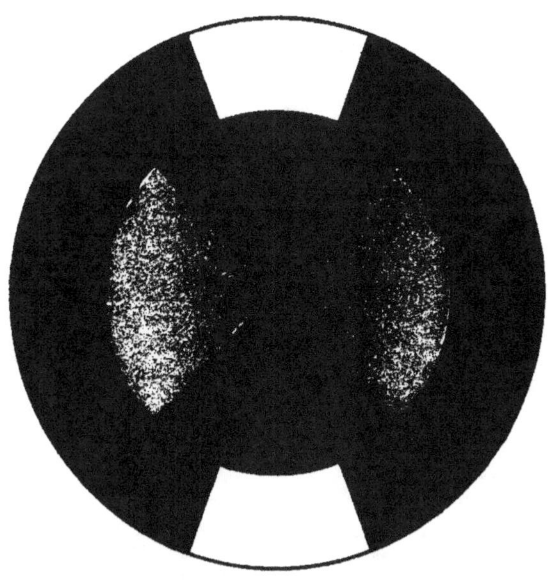

FIG. 1. — Disque immobile

FIG. 2. — Le même en rotation rapide

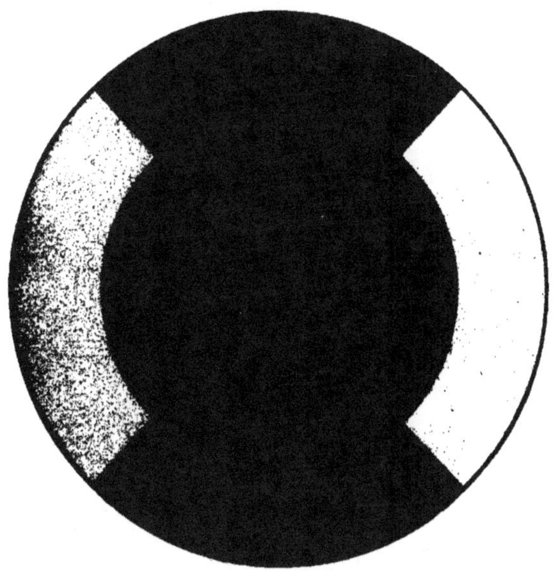

FIG. 1. — Disque à l'état de repos

FIG. 2. — Disque en rotation rapide

CHAPITRE II

DIFFÉRENCE ENTRE LE MÉLANGE DES MATIÈRES ET LE MÉLANGE DES SENSATIONS

§ 7. Expérience de Plateau. — Dans la pratique de tous les jours, la sensation de couleur résulte de l'action des matières colorantes sur la lumière blanche incidente.

Trois facteurs interviennent pour produire la sensation colorée : 1° la lumière blanche ; 2° la matière colorante ; 3° l'organe de la vision : l'œil.

C'est la nécessité du concours de ces trois facteurs qui complique l'interprétation des faits relatifs aux couleurs.

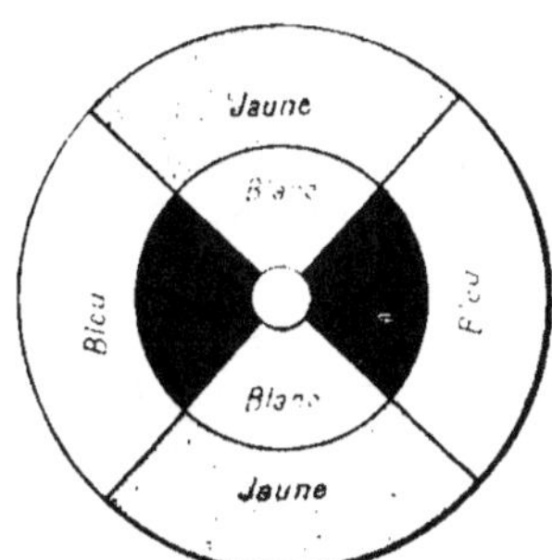

Fig. 4. — Disque à l'état de repos.

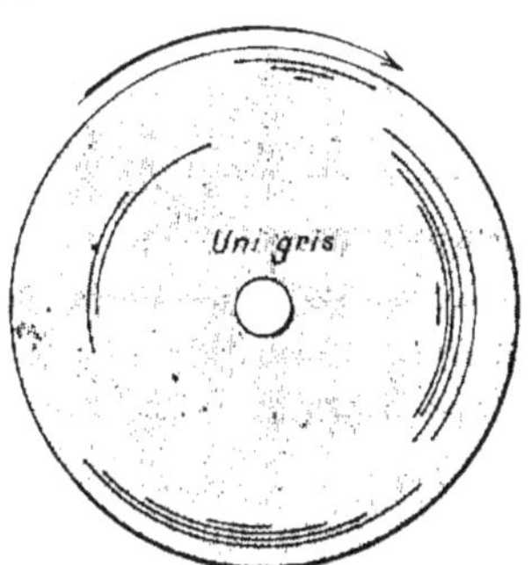

Fig. 5. — Disque en rotation.

Quand les dispositions sont bien prises, le gris produit par le jaune et le bleu qui forment le cercle extérieur est identique avec celui produit par le secteur blanc et le secteur noir. Le disque en rotation paraît uniformément gris. Voir Pl. I, *fig.* 1 et 2.

Cette complication ressort immédiatement de la comparaison du résultat du mélange de deux matières colorantes et de celui du mélange des sensations colorées de même nom.

En 1829, Plateau s'est servi des disques tournants pour constater la différence qui existe entre le mélange des matières et le mélange des sensations [1]. Voir Pl. I, *fig.* 1 et 2.

Sur un disque de carton, on trace deux cercles concentriques. Le cercle

[1] *Annalen de l'oggendorff*, t. XX, p. 304.

intérieur est peint avec un mélange de bleu d'outre mer et de chromate jaune de plomb.

Ce mélange possède une couleur vert-olive. Le cercle extérieur est divisé en quatre secteurs égaux dont on peint alternativement deux avec le bleu et deux avec le jaune qui ont servi à faire le mélange.

Si on met le disque en rotation rapide, les secteurs jaunes et les secteurs bleus disparaissent au regard. L'espace annulaire occupé par eux est uniformément gris. Si la quantité de chromate de plomb est un peu trop forte, ce gris sera encore teinté de jaune.

Mais il est facile de s'arranger de manière à ce que la teinte obtenue soit franchement grise.

C'est une affaire de proportions à tâtonner.

§ 8. Comment le vert se forme par le mélange de jaune et de bleu [1]. —

On est toujours surpris de constater que le mélange des sensations de jaune et de bleu produit du gris, au lieu du vert que l'on s'attend à voir.

Tandis que le vert se forme, quand au lieu de mêler les sensations, on mélange les matières.

D'où vient alors cette coloration ?

Ce point a attiré beaucoup l'attention des physiciens et a été bien étudié et constaté. Il constitue l'exemple le plus remarquable de la différence frappante qu'il y a entre le mélange des sensations et celui des matières colorantes.

On en verra d'autres exemples dans la suite.

La vérité est que le jaune et le bleu, mélangés comme *sensation*, produisent du gris. Et que si dans le mélange des *matières*, on remarque la formation du vert, c'est que cette couleur a préexisté dans les matières premières employées.

Il est rare qu'une matière colorante réfléchisse une couleur physiquement simple. Ainsi le bleu d'outre mer réfléchit une lumière renfermant des rayons verts et des rayons bleus; de même, le jaune de chrome réfléchit un mélange de rayons verts et de rayons jaunes. Alors dans le mélange des matières nous avons en présence :

Jaune de chrome..................... ...	vert + jaune
Bleu d'outremer........................	vert + bleu
Résultats.............	vert + blanc ou noir [2]

<hr>

[1] HELMHOLTZ, *Ann. de Poggendorf*, t. LXXXVII, p. 45, 58, 61 ; — MAXWELL, *Rapport de l'Association britannique*, 2ᵉ partie, p. 12; 1856; — ROOD, *Journal de Silliman*, 2ᵉ série, t. XLI, p. 369 : 1866.

[2] Le blanc se forme par le mélange des sensations ou des lumières. Le noir est le résultat du mélange des matières.

La somme donne du vert, car le jaune et le bleu produisent du blanc ou du noir (on verra plus loin pourquoi).

La démonstration est plus aisée à faire avec des matières colorantes solubles ; par exemple, avec une dissolution de bleu-carmin d'indigo et une dissolution de jaune de tartrazine. En décomposant par le prisme la lumière bleue qui a traversé la solution de carmin d'indigo, qui est bleue, on voit un spectre formé surtout de rayons bleus et de rayons verts.

La solution a absorbé les autres rayons, notamment les rayons jaunes et orangés ; elle les a éteints.

De même, la solution de tartrazine colorera en jaune le rayon de lumière qui la traverse. Et si nous décomposons par le prisme ce rayon jaune, nous voyons qu'il est formé de vert, d'orangé, de jaune, tandis que les rayons bleus et violets et en grande partie les rayons rouges ont été éteints par la tartrazine. On ne sait pas comment cette extinction se fait, on ne peut que la constater.

Le carmin d'indigo laisse passer du vert et du bleu ; la tartrazine, du vert et du jaune.

La somme sera vert + noir ou blanc, le bleu éteignant le jaune et réciproquement. Il reste du vert comme résidu.

De cette explication découlent deux conséquences. D'abord, si nous possédions deux matières colorantes, l'une bleue, l'autre jaune, ne laissant passer que des rayons simples, leur mélange, au lieu de produire du vert, produirait du blanc ou du noir.

Ensuite que si nous mélangeons un bleu laissant passer du bleu, du rouge et un jaune laissant passer du jaune et du rouge, le mélange, au lieu d'être vert, serait rouge.

Il en est réellement ainsi, si on mélange la solution d'un bleu-azoïque (qui est un peu violacé) et la solution d'orangé II, la couleur résultante sera un rouge un peu noirâtre ; il sera noirâtre parce que le noir étant l'absence de lumière, il résulte de la destruction d'une grande partie de la lumière incidente par les deux matières colorantes.

§ **9. Production du rouge.** — Un meilleur résultat est obtenu par le mélange du jaune de tartrazine et le violet-formyle (Cassella) qui est un bleu un peu violacé.

En superposant des feuilles de gélatine, l'une colorée en jaune (tartrazine), l'autre en bleu (violet-formyle), la lumière qui traverse *est rouge*.

Les deux expériences peuvent se faire simultanément. Sur une même feuille colorée en jaune (tartrazine) on pose d'un côté une feuille colorée en bleu-cyanol, et de l'autre, la feuille colorée en violet-formyle, on aura d'un côté du vert, de l'autre du rouge, avec le même jaune et le tout se présentera sous l'aspect que montre la figure 6.

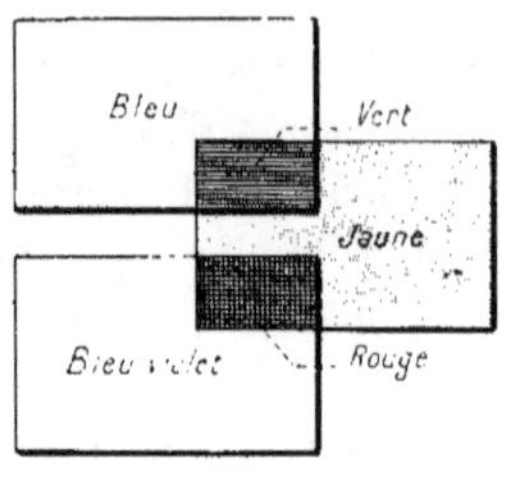

Fig. 6.

De ce qui précède il faut retenir que la matière colorante éteignant une partie des rayons incidents, cet effet est accentué encore par le mélange, de sorte que l'on peut dire que le *mélange des matières opère par soustraction. On verra plus loin que le mélange des sensations opère par addition.*

§ **10. Premières notions des couleurs complémentaires.** — En décrivant l'expérience de Plateau, on a vu qu'un disque couvert de secteurs de bleu et de jaune, convenablement choisis, peut produire un gris absolument incolore (*fig.* 4 et 5), par la rotation rapide du système.

Or, d'autre part, ce même gris peut être obtenu par la rotation d'un disque formé par des secteurs blancs et des secteurs noirs.

On peut s'arranger de manière à pouvoir comparer les deux gris, si on prend soin de disposer un disque en deux cercles concentriques, ce qui permet de comparer les gris obtenus d'une manière absolument différente. Si l'on prend en outre les dispositions qui permettent de varier rapidement l'angle des secteurs, on arrive alors à obtenir deux gris identiques. La mesure de l'angle des secteurs de chaque système donne une égalité :

Exemple :

	Secteurs :		
Jaune	80°	Secteur blanc	84°
Bleu	280°	Secteur noir	276°
	360°		360°

Les résultats peuvent servir de base à des calculs sur les sensations colorées, ils nous permettent dès maintenant de tirer les conclusions suivantes :

1° Le mélange de jaune et de bleu produit le même effet que le mélange de blanc et de noir.

2° Le secteur blanc, tournant rapidement devant l'orifice noir, qui lui sert de fond, a produit un gris parfaitement incolore.

Or, le noir étant l'absence de toute sensation lumineuse, le gris obtenu résulte uniquement de la sensation du blanc dont l'intensité est mesurée par l'angle du secteur blanc.

Cet angle définit le gris par des chiffres précis. Il mesure 84° du cercle qui est divisé en 360° ; il n'est donc que les

$$\frac{84}{360} = \frac{7}{30}$$

de l'intensité du blanc qui sert de terme de comparaison.

3° Ce blanc représenté par un secteur de 84' est produit, d'autre part, par le mélange des sensations de 80° de jaune et de 280' de bleu.

Ces deux couleurs renferment donc en elles toutes les sensations dont l'ensemble produit le blanc.

D'après cela, le blanc serait le résultat du mélange d'au moins deux sensations colorées ; cependant le jaune et bleu ne sont pas les seules couleurs qui produisent cet effet. On obtiendrait le même résultat en composant un disque avec des secteurs colorés convenablement choisis, par exemple : avec de l'orangé et du bleu-verdâtre ; du rouge et du vert-bleu ; du violet-rouge et du vert gai ; du violet et du jaune-vert.

Et d'une manière générale, l'expérience montre qu'à chaque couleur, quelle qu'elle soit, en correspond une autre, qui mélangée avec elle dans une proportion déterminée, reproduit la sensation du blanc.

Si nous comparons la petite liste que nous venons de dresser à celle de la page 4, on voit que ce sont les mêmes qui se correspondent deux à deux.

Or, deux couleurs qui par leur mélange produisent la sensation du blanc sont dites *complémentaires*, et constituent par leur ensemble un *couple*.

§ 11. Définition de l'intensité relative de coloration de deux couleurs complémentaires.

— Il faut que les couleurs complémentaires soient employées dans des proportions rigoureusement déterminées, pour que leur mélange produise la sensation du blanc.

Si dans l'exemple du disque jaune et bleu, on prenait un secteur plus grand que 280', le gris résultant serait bleuté ; inversement, si on donnait au secteur jaune un angle plus grand que 80°, le gris serait teinté de jaune.

De même, si le bleu employé était remplacé par un bleu de même nuance mais plus vif, il aurait fallu diminuer l'angle de ce nouveau secteur bleu pour obtenir avec le même jaune un gris parfaitement incolore. Et plus le bleu employé serait vif, plus l'angle de son secteur produisant le gris serait petit. D'où, en général, plus une couleur est vive, c'est-à-dire plus la sensation de couleur que l'on éprouve à sa vue est intense, plus l'angle du secteur nécessaire pour produire le gris incolore sera petit. Faits qui se résument dans la proposition suivante : *L'intensité relative de deux complémentaires est en raison inverse des angles des secteurs nécessaires pour produire la sensation du blanc.*

Deux couleurs complémentaires qui produisent la sensation du blanc, quand elles occupent des secteurs égaux, sont d'égale intensité de coloration (voir planche I).

§ 12. De la quantité considérable de lumière incidente détruite par les matières colorantes. — Quand on décompose par le prisme un rayon de lumière qui a passé par la dissolution d'une matière colorante, on constate que beaucoup de rayons colorés sont éteints totalement, d'autres sont affaiblis, et d'une manière générale plus la dissolution est riche en matière colorante, plus elle est foncée de couleur, moins il y a de lumière qui traverse cette couche. Il y a absorption évidente d'une grande portion de la lumière incidente.

L'expérience faite avec les disques tournants, qui a donné la relation :

$$\left.\begin{array}{l} 80^\circ \text{ de jaune} \\ 280^\circ \text{ de bleu} \end{array}\right\} = 84^\circ \text{ de blanc}$$

permet de se rendre compte de la quantité de lumière qui se trouve éteinte.

Le couple jaune et bleu n'en laisse subsister que $\dfrac{84^\circ}{180^\circ}$ au maximum. Si le secteur jaune et le secteur bleu n'avaient pas détruit de lumière incidente, le gris obtenu par la rotation du disque serait plus rapproché du blanc parfait. Mais il ne peut pas en être ainsi ; car le fait que les deux secteurs sont colorés, chacun ne représente plus qu'une fraction de l'intensité qu'il faudrait pour produire la sensation du blanc.

Ce sujet sera étudié plus loin. Pour le moment et pour procéder du simple au composé, nous n'envisageons que le couple complémentaire jaune et bleu mentionné plus haut. Il est obtenu avec les matières les plus belles que l'industrie puisse produire.

L'angle du secteur blanc obtenu n'est que de 84° (théorie 120°) ; le rendement est de 70 0/0. Le couple éteint donc une forte proportion de la lumière incidente. Si ces deux couleurs étaient plus intenses, l'angle du secteur blanc eût été plus grand que 84°, mais pour le moment les matières colorantes nous manquent pour obtenir cet effet.

§ 13. L'œil est hors de cause. — D'où la conclusion logique, qu'en voyant une surface blanche l'œil éprouve (inconsciemment) des sensations colorées d'une beauté dont nous ne pouvons que difficilement nous former une idée, puisque aucune matière colorante ne saurait la représenter. D'autre part, il ressort de cette discussion que les matières colorantes détruisent bien plus de lumière incidente que ne le font les matières blanches, tel par exemple le sulfate de baryte avec lequel les expériences citées ont été faites.

De ce que la vue du blanc est composée de sensations colorées bien plus fortes que la vue des matières colorantes n'est capable de provoquer, il résulte que l'œil est organisé pour voir des bleus (et aussi des verts et des violets) bien plus beaux que nous ne pouvons les produire avec les matières colorantes. La cause en est ailleurs.

Helmholtz en donne une preuve directe. Pour obtenir la sensation du bleu avec la plus grande intensité, il a rendu momentanément ses yeux aveugles pour toutes les couleurs, sauf le bleu. Pour arriver à ce résultat il a regardé avec des lunettes jaunes, une surface blanche bien éclairée. Dans ces conditions il lui a suffi d'enlever rapidement les lunettes et de regarder une surface peinte en bleu. Celle-ci lui est alors apparue d'un bleu si pur, qu'aucun corps ni aucune couleur spectrale ne peuvent l'égaler.

La conclusion est que l'œil est organisé pour voir des couleurs qu'actuellement nous ne savons produire par aucune matière ni par aucune lumière colorée. Il n'éprouve ces sensations que par la seule vue du blanc, et alors il les éprouve inconsciemment.

§ 14. L'œil n'analyse pas ses sensations. — Il ne discerne pas, dans un mélange de sensations, celles qui en font partie. Sous ce rapport, il est bien différent des autres organes des sens, qui possèdent la faculté d'analyser leurs sensations.

Le nez, le palais, l'oreille reconnaissent les mélanges d'odeurs, de saveurs et de notes ; l'œil ne possède pas ce pouvoir analytique. Il éprouve la sensation du blanc, sans se rendre compte qu'il est en présence d'un mélange. Cette propriété fondamentale complique, d'une part, l'étude des lois de la vision des couleurs, mais, d'autre part, permet de mesurer les intensités des sensations et de les soumettre au calcul, ce qui n'est possible pour aucun autre de nos sens.

C'est qu'il n'existe pour aucun de nos organes une sensation analogue à celle du blanc. Celle-ci constitue la somme de toutes les sensations que l'œil puisse éprouver, et elle peut être produite, identique à elle-même, par des mélanges différents.

Des trois facteurs nécessaires pour produire la sensation colorée, il y en a un qui est hors de cause, c'est l'œil ; restent les deux autres, la matière et la lumière.

Pour la matière, cela est une question d'avenir ; peut-être découvrirat-on dans la suite des corps possédant des colorations verte, bleue, violette plus belles que celles actuellement connues.

Sur ce point il y a incertitude et il est prudent de faire ces réserves et de laisser la question ouverte.

Mais pour le troisième facteur, il ne saurait y avoir de doute. Il n'y a qu'à regarder le spectre de la lumière solaire, ou de la lumière électrique, pour constater que le rouge, l'orangé, le jaune-vert sont bien plus abondamment représentés que ne le sont le vert-bleu, le bleu, le violet. Cette partie du spectre est relativement sombre. Et si on évalue photométriquement l'intensité des rayons bleus, on arrive tout au plus à attribuer à la partie bleue du spectre une intensité égale au dixième de celle de la lumière blanche correspondante. Cette évaluation ne peut être que très approximative, car il n'y a pas de commune mesure entre des lumières de coloration différente. Mais la signification générale du fait reste acquise : les radiations du vert-bleu au violet contenues dans les lumières blanches dont nous disposons sont moins lumineuses que les radiations situées de l'orangé-rouge au jaune-vert, et ce fait est étroitement lié à la moindre vivacité des colorations vert-bleu et violette que les matières colorantes permettent de réaliser.

Et nous pouvons résumer de la manière suivante le résultat de cet examen : l'œil est hors de cause. Pour la matière la question reste ouverte, c'est dans la composition de la lumière blanche que réside sans doute la cause du fait signalé.

CHAPITRE III

DÉFINITION DES EXPRESSIONS USUELLES RELATIVES AUX COULEURS

§ 15. **Couleur**. — Sensation lumineuse spéciale éprouvée par l'œil. Cette sensation peut se produire en l'absence de toute lumière ; elle est alors un phénomène nerveux, provoqué, soit par un état maladif de l'organe, soit par une pression mécanique ou une excitation électrique.

Dans la pratique, la couleur est obtenue par la lumière modifiée par l'action des matières colorantes.

Couleur saturée se dit de la sensation colorée ou couleur pure, sans mélange de blanc. A proprement parler, on n'a jamais affaire dans les arts à des couleurs saturées.

Tous les objets naturels ou toutes les matières colorantes renvoient à l'œil de la lumière blanche. Les couleurs du spectre, dans lesquelles la lumière blanche est exclue par l'action du prisme, sont considérées comme saturées. Mais en réalité il n'y a guère que celles qui corre -pondent à des sensations simples qui puissent être saturées ; les autres, qui résultent du mélange de deux sensations, ne sauraient l'être, car ce mélange donne toujours naissance à la sensation du blanc dans une certaine mesure.

Dans la nature et dans les arts on ne rencontre que des couleurs relativement saturées ; on les appelle alors *couleurs franches*.

Les couleurs peuvent subir trois espèces de variations :

1° *Variations dans l'espèce ;*

2° *Variations de l'intensité ;*

3° *Variations de pureté*, c'est-à-dire dans la proportion du blanc.

1° *Variations dans l'espèce*. — Elles sont exprimées par les noms des couleurs principales : rouge, orangé, jaune, vert, bleu, violet. Les limites entre les couleurs de nom différent ne sont pas nettes ; le nombre d'intermédiaires est grand, et le passage d'une couleur à l'autre se fait d'une manière insensible.

Ces petites différences de deux couleurs voisines et de même nom se désignent par le mot *nuance*. *Nuance* est une petite variation dans l'espèce. Exemple : un orangé peut être plus ou moins voisin du jaune; on dit que sa nuance est plus ou moins jaune, on dit qu'il est d'une nuance plus ou moins jaune.

2° *Variations dans l'intensité*. — Ces variations sont désignées par le mot *teinte*. Deux couleurs peuvent être de même nuance, mais de teintes différentes.

3° Les *variations dans la proportion de blanc* sont désignées par le mot *ton*. Avec une même *teinte* on peut faire plusieurs *tons*.

Les planches IX à XII représentent des exemples d'une même teinte en plusieurs tons.

Les fleurs de ce dessin sont en 2 tons.

Les feuilles et le fond en 3 tons de la même teinte, de couleur complémentaire de celle des fleurs.

N. B. — Il est à remarquer que dans le langage des couleurs, les mots *nuance* et *ton* sont pris dans le sens inverse de celui qui leur est attribué en musique.

Ton, en musique, indique un intervalle entre deux notes d'espèces différentes, et *nuance* signifie une variation d'intensité.

Cette interversion est assurément regrettable, d'autant plus qu'elle est particulière à la langue française. Aussi, dans certains ouvrages traduits de l'allemand par exemple, le mot *ton* appliqué aux couleurs est pris dans le sens qu'il a en musique. Cependant cet usage n'a pas prévalu (¹).

Et je pense qu'il n'y a pas lieu de proposer une réforme et de l'appuyer; elle ne ferait faire aucun progrès à la science. Peu importe que les mots aient un sens analogue pour la couleur et la musique; il y a si peu d'analogie entre l'œil et l'oreille qu'il est inutile de la rechercher dans les expressions. L'essentiel est de connaître le sens attribué aux mots et de les employer toujours avec la même signification.

Intensité de coloration exprime l'intensité de la sensation de couleur pure; elle correspond au mot *teinte*.

Intensité totale lumineuse, ou luminosité, exprime la somme des sensations de la couleur et du blanc; elle correspond au mot *ton*.

Égale hauteur de ton se dit de deux couleurs dont la nuance et la teinte peuvent être différentes, mais dont l'intensité lumineuse totale est la même.

(¹) Nous adoptons ici la signification que M. Chevreul a donnée en 1839 au mot *ton*; signification qui était peut-être déjà alors en usage aux Gobelins.

Un *gris* peut être de même hauteur de ton qu'une couleur: le mot *ton* n'implique pas nécessairement l'existence de la coloration.

Le *gris* est la sensation du blanc de faible intensité.

Les tons d'une couleur dont la coloration est de faible intensité paraissent gris; on dit de pareils tons qu'ils sont des *gris teintés*.

Les tons d'une couleur intense fortement mélangés de blanc s'appellent les *tons clairs* ou des *couleurs claires*, et aussi *couleurs pâles*. Quelques-unes portent des noms spéciaux. Exemple : rose, chair, paille, ciel, lilas; ces tons, qui ne paraissent pas grisâtres, s'appellent aussi des *couleurs fraîches*.

Couleur foncée est une couleur de faible intensité lumineuse totale. Le mot *foncé* s'applique aussi au gris, c'est-à-dire à l'absence de toute coloration.

Si une couleur foncée est *pure*, c'est-à-dire peu mélangée de blanc, elle est toujours fort belle.

Une couleur foncée peut être *vive*; elle n'est jamais *franche*.

Les couleurs de faible intensité s'appellent aussi dans les arts des *couleurs rompues, rabattues*. Si elles sont mélangées de blanc, elles sont *ternes*.

Gamme se dit d'un ensemble de *tons* régulièrement espacés, qui représente le passage graduel d'une couleur au blanc. D'autre part, on désigne par le même mot le passage graduel d'une couleur au noir; elle est alors un ensemble de *teintes* régulièrement espacées.

La gamme, dans le sens adopté par M. Chevreul, n'a aucune valeur scientifique.

J'appelle *gamme esthétique* l'ensemble des modifications d'une seule et même sensation de couleur, que l'on obtient soit en diminuant son intensité, soit en y ajoutant la sensation du blanc en diverses proportions, soit en faisant l'un et l'autre à la fois.

CHAPITRE IV

DESCRIPTION DE L'APPAREIL

§ **16. Les disques rotatifs.** — Parmi les méthodes utilisables pour déterminer les couleurs complémentaires, il faut signaler celle des disques rotatifs. Car elle est applicable aussi bien aux couleurs franches qu'aux couleurs rabattues; elle permet de mélanger la sensation de couleur avec celle du blanc et du noir, et de déterminer des rapports numériques entre ces diverses sensations.

L'emploi des disques tournants pour mélanger les sensations lumineuses est connu de longue date. .

Ptolémée s'en est déjà servi au iie siècle de l'ère chrétienne; puis il faut citer Muschenbroeck, Thomas Young et surtout Maxwell qui est le premier qui ait effectué des mesures et qui en ait tiré des conclusions scientifiques certaines. Les appareils employés par ces savants sont d'une construction fort simple : ce sont des toupies, des pirouettes, mises en rotation rapide à l'aide d'une ficelle et qui portent les disques colorés sur lesquels les couleurs sont peintes sous forme de secteurs.

Par la rotation rapide autour du centre du disque, les couleurs se mêleront dans l'œil de l'observateur, et le disque tout entier prendra une teinte uniforme, qui sera le mélange des sensations des couleurs peintes sur les secteurs.

On conçoit que l'on puisse placer sur le même axe deux disques de diamètres différents, qui sont alors concentriques, ce qui permet de comparer le résultat de deux mélanges obtenus avec des couleurs différentes.

Si l'on s'arrange de manière à ce que le résultat soit identique pour les deux disques, la lecture des angles des secteurs donne alors une égalité, une véritable équation : de sorte que les disques tournants deviennent un instrument de mesure pour les sensations de couleur. Ils sont pour les sensations colorées, ce que la balance est pour la chimie.

Cependant, la toupie ne se prête pas bien au travail prolongé. La durée de la rotation imprimée par la ficelle n'est pas toujours suffisante, et la vitesse va constamment en diminuant.

De plus les disques ne sont vus que dans la position horizontale, ce qui rend difficile la copie d'un aspect donné, si on veut le reproduire avec des matières colorantes, pour pouvoir le conserver. C'est pour ces raisons que la disposition suivante est préférable (*fig.* 7).

Fig. 7.

L'organe essentiel est un axe horizontal dont on ne voit (*fig.* 7) que la trace, qui est au centre du cercle. Cet axe peut être mis en rotation très rapide à l'aide d'une corde sans fin, d'une poulie munie d'une manivelle.

Toutes les dispositions sont prises pour rendre cet appareil très stable, car la vitesse de rotation doit être d'environ 20 tours par seconde.

C'est sur la partie antérieure de cet axe que se fixent les disques et les secteurs, qui sont tous percés à leur centre, et maintenus en place par un écrou à vis qui les presse contre une embase ménagée à cet effet sur l'axe. Celui-ci traverse de part en part une caisse rectangulaire.

Pour ce motif, il a 25 centimètres de long ; il repose par une seule extrémité dans un coussinet, caché par la caisse ; l'autre extrémité, celle qui porte les disques, est libre.

§ 17. Le noir absolu. — Cette caisse est l'un des organes essentiels de l'appareil. Elle est destinée à produire le fond noir le plus parfait que l'on puisse réaliser.

Ce noir est représenté par un trou circulaire de 8 centimètres de diamètre, percé dans la paroi verticale antérieure.

Les précautions nécessaires sont prises pour que ce trou paraisse le plus noir possible.

A cet effet, l'intérieur de la caisse est tapissée de velours noir ; toutes les parties métalliques qui la traversent sont, de même, noircies. La lumière n'y pénètre que par l'ouverture circulaire, et ne trouvant sur son passage que des surfaces noircies, qui l'absorbent en grande partie, elle ne peut en ressortir en proportion sensible, par voie de réflexion ou de diffusion.

La quantité qui peut pénétrer à l'intérieur est, d'ailleurs, réduite pendant les expériences, parce que cet orifice se trouve en partie obstrué par les disques et les secteurs, ainsi que le montre la figure 7. Il n'a plus alors que la forme d'un anneau de 15 millimètres de largeur. L'ouverture paraît d'un noir incomparable ; c'est le noir presque absolu.

L'orifice noir est entouré d'un cercle métallique divisé en degrés, qui sert à mesurer l'angle des secteurs. L'axe de l'appareil aboutit normalement au centre du cercle.

La caisse est mobile et peut facilement être enlevée ; elle pose simplement sur la table ; pour qu'elle ne se déplace pas pendant le fonctionnement, elle est entourée à sa base d'un cadre en bois qui la maintient par trois côtés. Le quatrième, celui tourné vers l'observateur, est libre.

Cette disposition permet de faire avancer ou reculer la caisse parallèlement à elle-même, ce qui est nécessaire pour faciliter la mesure exacte des angles de secteurs qui, dans ces cas, doivent être appliqués contre le cercle divisé, tandis que pendant la rotation ils doivent en être éloignés de quelques millimètres pour éviter les frottements.

Tout l'ensemble est construit avec tant de précision que, pendant la rotation la plus rapide, l'axe et les disques paraissent parfaitement immobiles.

§ 18. Superposition de disques de diamètres différents. — Ainsi que cela a été dit plus haut, la méthode expérimentale consiste à super-

poser deux disques concentriques, de diamètres différents, afin de
pouvoir comparer les aspects des deux disques et juger de leur identité
ou de leurs différences. Pour que l'identité puisse être obtenue, chacun
des deux disques est composé d'éléments différents, disposés sous forme
de secteurs.

Il faut donc deux séries de secteurs. Les plus grands ont environ
9 centimètres de diamètre, les plus petits en ont exactement 5. Les
angles des secteurs doivent pouvoir être agrandis ou diminués à volonté,
ce qui est réalisé par les dispositions qui vont être décrites.

Les plus grands des secteurs sont en papier fort et découpés dans un
cercle de 9 centimètres de diamètre. Le plus souvent, on découpe ce
cercle en trois doubles secteurs symétriques, l'un de 60°, l'autre de 120°
le troisième de 180° (*fig.* 8), de sorte qu'en les réunissant sur le même
axe, on peut reconstituer un cercle complet. On peut en faire de plus
petits que 30°, si la solidité du papier le permet.

Tous ces secteurs sont doubles, c'est-à-dire que le secteur de 60°
résulte de la réunion de deux secteurs de 30° situés symétriquement de
part et d'autre d'un même diamètre.

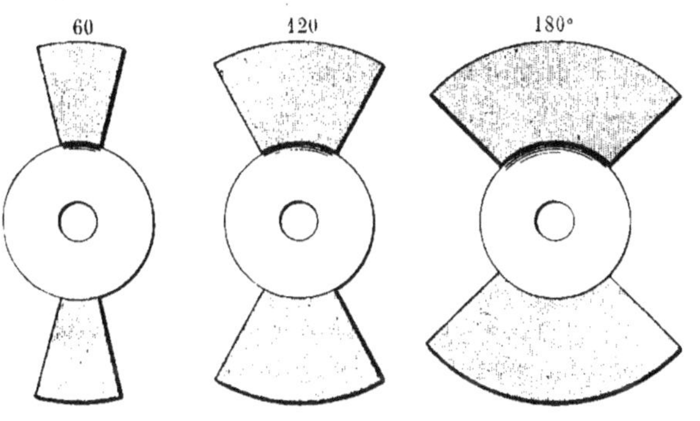

Fig. 8.

Cette disposition offre le grand avantage de donner pendant la rotation un aspect bien plus uni avec une vitesse moindre, que si l'on emploie des secteurs simples, tels qu'on les obtient en fendant un disque
selon un rayon.

Les grands secteurs sont faciles à découper avec des ciseaux ou un
canif; il ne faut nullement qu'ils fassent partie d'un cercle parfait: l'essentiel c'est que le trou par lequel ils sont enfilés sur l'axe soit bien au
centre, et que leurs côtés coïncident exactement avec un diamètre.

Les petits disques doivent être exécutés avec la plus grande précision;

chaque couleur (qui est peinte sur un papier assez épais pour qu'il reste plan) forme un disque plein de 5 centimètres de diamètre. Ce disque est percé dans son centre, pour pouvoir se fixer sur l'axe, et à partir de la circonférence il est fendu suivant un rayon (*fig.* 9).

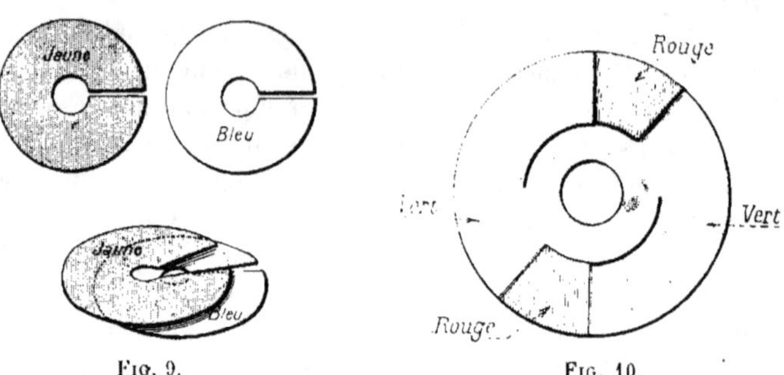

Fig. 9. Fig. 10.

Cette disposition simple suffit dans certains cas. Il est toutefois préférable, pour avoir un aspect bien uni, de fendre le disque en deux secteurs symétriques. Dans ce but, le petit disque présente deux fentes opposées par le diamètre et qui ne se continuent pas jusqu'au centre (ce qui couperait le disque en deux moitiés), mais laissent entre elles un plein de 20 millimètres. Les deux fentes rectilignes s'arrêtent donc à 1 centimètre du centre et se continuent par une fente suivant la circonférence et se prolongent sur un arc de 90°. Les deux fentes symétriques possèdent ainsi un développement d'une demi-circonférence.

En engageant l'un dans l'autre deux disques pareils, on peut obtenir toutes les combinaisons possibles entre 0 et 180° (*fig.* 10).

Les petits disques sont enfilés sur le même axe en avant des grands secteurs, et sont maintenus en place par un écrou fileté sur l'axe.

La figure 13 représente l'ensemble obtenu de cette façon. Dans cette figure, le grand disque est formé en partie par l'orifice noir et par deux secteurs blancs partiellement superposés. Le petit disque est formé de deux couleurs occupant chacune deux quarts de circonférence.

Chaque espèce de secteurs est répartie symétriquement des deux côtés d'un diamètre (*fig.* 13).

Quand l'axe est mis en rotation rapide, le disque est d'un aspect uniforme (*fig.* 14).

§ 19. L'emporte-pièce. — Il serait impossible de découper avec un canif de petits disques avec une précision suffisante. Le travail serait d'ailleurs fort long, et il importe, dans des recherches de cette nature,

de ne pas être arrêté chaque instant par la nécessité de confectionner

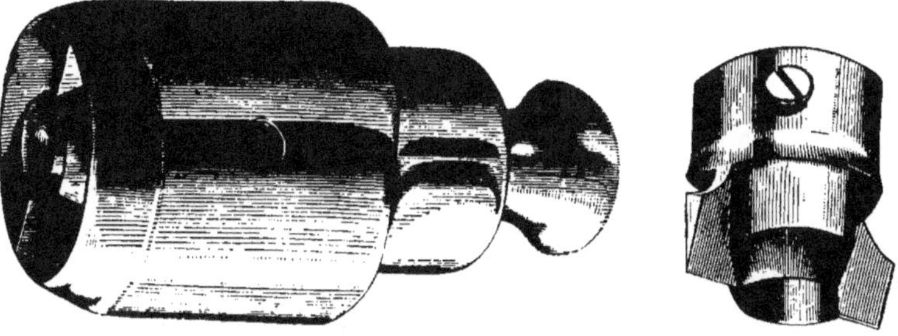

Fig. 11. Fig. 12.

un disque nouveau, si cette confection était un travail long et méticuleux. Il faut un emporte-pièce.

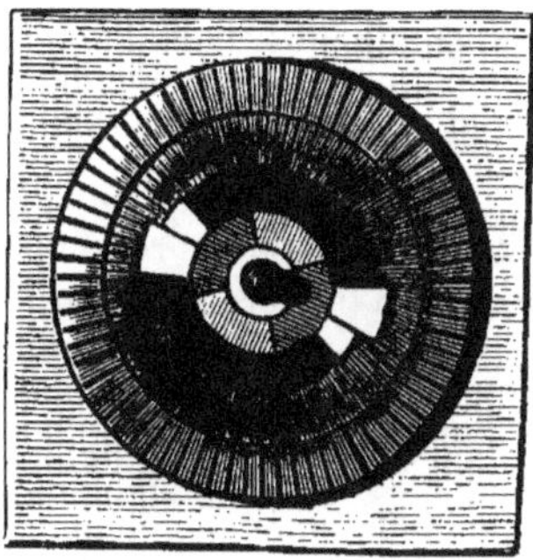 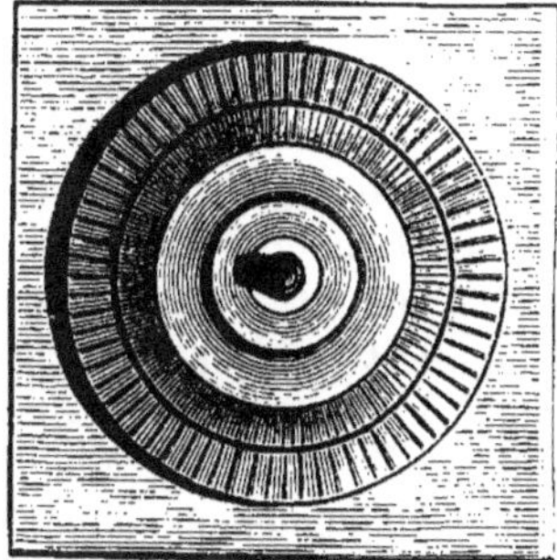

Fig. 13.— Disques à l'état de repos. Fig. 14. — Disques en mouvement de rotation.

La figure 11 représente l'outil complet, la figure 12 la pièce mobile qui permet de faire à volonté des disques pleins ou des disques fendus. L'axe de l'emporte-pièce est creux dans toute sa longueur, ce qui permet de le nettoyer s'il arrive à s'obstruer par les découpures du papier.

CHAPITRE V

DÉGRADATION RÉGULIÈRE DU BLANC
ET DES COULEURS VERS LE NOIR

§ 20. Le gris incolore. — Dans les expériences relatives aux couleurs complémentaires, il est de toute nécessité de comparer le gris résultant du mélange des sensations à un gris absolument incolore et d'une intensité connue. On n'obtiendrait guère un gris semblable en employant des secteurs blancs et des secteurs noirs où le noir serait du drap noir et le blanc du papier blanc.

Car ni le noir ni le blanc représentés par des étoffes ou du papier ne seraient parfaitement incolores. De plus les objets noirs réfléchissent toujours à leur surface une certaine quantité de lumière incidente (¹).

On ne serait donc jamais sûr de reproduire dans deux séries d'expériences le même gris.

C'est pour ce motif que, dans la suite, on a renoncé à représenter le noir par de la matière.

Dans toutes les expériences, nous nous sommes inspirés d'un mot de Chevreul : « Si la lumière qui tombe sur un corps est absorbée complètement par ce corps, de manière qu'elle disparaisse à la vue, comme celle qui tombe dans un trou parfaitement obscur, alors le corps nous paraît *noir*, et il ne devient visible que parce qu'il est contigu à des surfaces qui réfléchissent l'image des objets placés devant lui. » (*Contraste simultané*, pp. **3** et **4**.)

La disposition adoptée a été décrite plus haut.

Un gris est défini par l'angle du secteur blanc qui le reproduit par rotation rapide.

§ 21. Blanc. — Le blanc, qui servira de terme de comparaison dans toute la suite des expériences décrites, est toujours le même et peut être

---

(¹) Ce qui le prouve, c'est que les corps les plus noirs, étant polis, réfléchissent l'image des objets éclairés placés devant eux. CHEVREUL, *Contraste simultané*, p. **4**.

reproduit partout. C'est du blanc fixe ou sulfate de baryte, substance absolument incolore, opaque et inaltérable à l'air.

Il est obtenu en mélangeant des dissolutions de chlorures de baryum et d'un sulfate soluble ou même d'acide sulfurique étendu.

Le sulfate de baryte, grâce à sa parfaite insolubilité dans l'eau, se sépare du liquide sous forme de précipité blanc, très divisé, que l'on lave à l'eau pure, et qu'on fait égoutter sur un filtre. On ne le sèche pas ; on l'emploie à l'état de pâte qu'on délaie dans de l'eau contenant 2 à 3 0/0 de gélatine blanche. La gélatine a pour rôle de coller le sulfate de baryte sur le papier, et de lui donner l'adhérence nécessaire.

Le sulfate de baryte est réellement incolore ; pour s'en assurer, il suffit de comparer la feuille de papier peinte avec cette substance à de la neige fraîchement tombée.

La surface de la neige fraîche vue à la lumière diffuse du jour est pour tout le monde le type du blanc (¹). Selon l'incidence sous laquelle on regarde la feuille de papier peinte et la neige, on pourra voir tantôt l'une tantôt l'autre plus blanche ou plus grisâtre, mais jamais on n'apercevra le moindre contraste de couleur. Le sulfate de baryte peut donc bien servir de type de blanc. Si on y compare les autres objets que l'on considère généralement comme blancs : le coton blanchi, le papier, la porcelaine, même le sulfate de baryte naturel, ces objets paraîtront, à côté de lui, grisâtres ou colorés, jaunâtres ou bleuâtres. Aucun de ces corps n'est ni aussi parfaitement incolore ni d'un blanc plus éclatant.

§ 22. Matières et teintures noires. — Par la réalisation du noir absolu on a un terme de comparaison pour les différents objets noirs employés dans les arts.

Un disque de velours noir, placé devant l'orifice obscur, paraît gris tant la lumière qu'il réfléchit à sa surface est visible. Les autres objets noirs paraissent tous plus clairs que le velours noir, qui est bien la matière qui absorbe le plus de lumière incidente.

Cette proportion de blanc réfléchie par les divers objets noirs est mesurable à l'aide d'un secteur blanc que l'on fait tourner devant l'orifice noir.

Cependant pour la plupart des corps noirs, l'angle du secteur blanc est si petit, qu'il ne serait plus maniable à cause de la grande fragilité du papier. On a alors recours à un gris de valeur connue par exemple :

Secteur blanc.................   18°

Noir absolu .... 342°
                              ——
Total............. 360°

(¹) Dans la lumière solaire vive, la couleur de la neige est jaune et son ombre bleue.

On fait tourner ce secteur devant l'orifice noir et on copie avec des matières l'aspect du disque.

La comparaison est facilitée par la superposition de deux disques de diamètres différents. Le disque extérieur est formé par le secteur de 18°, que l'on répartit entre deux secteurs symétriques de 9° chacun, afin de faciliter le travail.

Le disque intérieur, placé sur le même axe, est en papier fort et reçoit la peinture.

Avec un peu d'exercice on arrive à obtenir rapidement une copie exacte du gris produit par la rotation.

Avec le mélange de matières qui reproduit exactement ce gris, on peint une feuille de papier fort, dans laquelle on découpera ultérieurement les secteurs.

On cherche par tâtonnement l'angle du secteur gris, qui produit la même sensation que la vue du corps noir. Celui-ci, généralement une étoffe, est fixé sur un petit disque en papier fort que l'on place au centre de l'orifice.

Cet angle donne la mesure de la lumière blanche réfléchie par lui.

Il y a une circonstance qui introduit de l'incertitude dans cette mesure : c'est la coloration propre aux noirs du commerce. En effet, aucun n'est entièrement incolore. On est donc obligé d'employer, outre les secteurs gris, des secteurs colorés ; or ces secteurs envoient à l'œil non seulement de la lumière colorée, mais aussi de la lumière blanche en proportion inconnue.

Cette quantité est négligeable quand il s'agit de secteurs de 2° ou 3°, mais quand il en faut de plus grand, l'incertitude augmente.

Les secteurs colorés, avec lesquels ont été effectuées les mesures indiquées dans le petit tableau suivant, sont des copies faites sur le cercle chromatique chromolithographié par Digeon, document qui est dans le commerce, et dont chacun peut se servir.

Voici quelques résultats :

Désignation du noir	Angle du secteur		reproduisant l'aspect de l'objet noir
	Blanc	Coloré	
Velours de soie noire...	0°,75	—	$\frac{1}{480}$
Drap de laine par teinture	7°,3	Violet-bleu 2°	
Drap de laine par impression.....	8°	3ᵉ bleu 8°	
Noir sur soie, faille de Lyon	8°,4	3ᵉ bleu 8°	
Noir sur soie, qualité moins belle .	10°,1	Violet-bleu 6°	$\frac{1}{36}$
Noir sur coton..................			
Coton teint en campêche	10°,8	Violet-bleu 5°	
Noir d'aniline...................	10°	Violet-bleu 8°	
Noir de fumée	13°,9	5ᵉ orangé 1°	

En comparant les données contenues dans ce tableau, avec l'appréciation des connaisseurs au sujet de ces mêmes noirs, on reconnaît que le *degré de foncé* d'un noir est en raison inverse du secteur blanc et que sa *beauté* dépend de sa couleur.

Le plus beau est le noir incolore ; le velours de soie en offre un exemple ; il est aussi le plus foncé de tous.

La couleur qui nuit le moins au noir est le *bleu*. Il est aussi la couleur la moins lumineuse du spectre.

Plus la couleur est lumineuse, plus elle nuit au noir ; aussi les plus mauvais noirs sont ceux colorés en jaune-orangé, dont le noir de fumée donne un exemple.

§ 23. Dégradation régulière du blanc vers le noir. — Entre le blanc et le noir on peut concevoir un nombre illimité de gris. On peut, avec les disques tournants, réaliser l'ensemble de tous ces intermédiaires, en faisant tourner, devant le fond noir absolu, une fraction de disque, découpé sous forme d'une étoile du même diamètre que l'orifice.

A la circonférence, où se trouve la pointe de l'étoile et où il y a le moins de blanc, se formera le gris foncé ; au centre, où le secteur blanc est le plus grand, se trouve le gris le plus clair.

Entre les deux, d'une manière continue, on a tous les intermédiaires, ce qu'on appelle un fondu.

On peut se demander suivant quelle loi il faudrait mélanger le blanc et le noir pour obtenir un certain nombre de gris régulièrement espacés à la vue.

Des essais directs montrent que la progression géométrique ne donne pas de résultats satisfaisants.

Un disque est formé de dix cercles concentriques, tous composés d'un secteur blanc et d'un secteur noir. Les angles des secteurs sont tels que leur suite forme une progression géométrique. Au milieu se trouve un cercle formé de secteurs égaux de blanc et de noir.

Les cercles suivants, en allant vers le noir, sont composés de secteurs dont l'angle noir croît par progression géométrique :

2 noirs pour 1 blanc
4   —   1
8   —   1
16   —   1

et en sens opposé il y aura

1 noir pour 2 blancs
1   —   4
1   —   8
1   —   16

En mettant ce système en rotation rapide, on voit dix cercles concentriques allant du noir au blanc, mais la différence entre ces cercles n'est pas régulière.

Les gris décroissent trop vite vers le blanc et vers le noir.

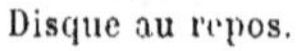

PROGRESSION ARITHMÉTIQUE

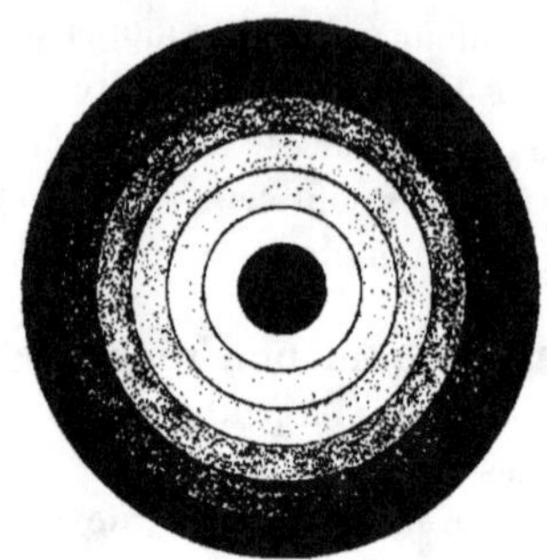

Disque au repos.   Fig. 15.   Disque en mouvement.

Tandis qu'au contraire, quand on adopte la progression arithmétique, on obtient un résultat parfait. Les angles des secteurs varient alors dans les rapports suivants :

pour 1 degré de blanc........ 9 de noir
2   —   8
3   —   7
4   —   .... 6, etc.

Le mélange par progression arithmétique (*fig.* 15) paraît donner des résultats préférables, résultats qui étaient à prévoir d'après l'aspect du disque qui représente le « fondu » du noir au blanc.

§ 21. L'échelle des gris; du nombre des intermédiaires que l'on peut intercaler entre noir absolu et blanc. — La différence entre noir et blanc est la plus grande que l'œil puisse constater.

Il en résulte que, pour un éclairage donné, on peut intercaler entre ces extrêmes un plus grand nombre d'intermédiaires qu'entre le blanc et une couleur. La couleur n'étant qu'une fraction de la lumière incidente, équivaut à un gris de même hauteur de ton. Dès lors on ne peut intercaler entre couleur et blanc, et couleur et noir, qu'un nombre plus petit de tons qu'entre noir et blanc.

Les divers auteurs qui ont écrit sur ce sujet ont admis des nombres différents.

Tandis que Chevreul, dans son cercle chromatique adopte entre blanc et noir, vingt tons, Lambert, qui a écrit un demi-siècle avant lui, a admis le chiffre de trente intermédiaires. Mais ces deux auteurs ont pris pour types de noir, les teintures en noir de commerce, ils ne connaissaient pas le noir absolu.

Tenant compte de ce dernier, Genevoix[1] a exécuté une gravure de soixante-cinq tons régulièrement espacés. Et il eût pu en intercaler un plus grand nombre, que l'œil distingue parfaitement : mais il faut pour cela un éclairage plus intense. La question du nombre d'intermédiaires n'a qu'un intérêt de curiosité. Le disque tournant permet de représenter un fondu du noir au blanc réalisant la continuité parfaite entre ces deux extrêmes.

Le nombre des intermédiaires est de ce fait indéfini par la nature, et toute numération est, par conséquent, artificielle.

C'est l'angle du secteur blanc tournant devant l'orifice noir qui définit en réalité le gris.

§ **25.** Noir absolu et couleur.

§ **25.** **Noir absolu et couleur.** — Si devant l'orifice noir, représentant l'absence de toute lumière réfléchie ou diffusée, on place un secteur coloré d'une couleur franche, on obtient un aspect tout au moins inattendu.

On sait par expérience que l'addition d'une matière noire à une matière colorante d'une couleur très pure, tels que le vermillon, l'outremer, ternit la couleur de cette dernière, et l'affaiblit en même temps. Avec le mélange des sensations, c'est le résultat opposé qui se produit. On voit une couleur à la fois vive et foncée. Rien ne saurait donner une idée de la beauté de ces aspects. Il est de fait impossible de les reproduire avec des matières colorantes. Tous les mélanges que l'on peut faire sont à la fois moins foncés et plus gris. Les matières colorantes manquent.

Il y a là une lacune à signaler aux chimistes et aux fabricants de matières colorantes. Il n'y a guère que le velours teint qui puisse donner une idée, éloignée, de la beauté de ces mélanges. Mais même le velours réfléchit de la lumière blanche, et il y a entre ces couleurs et celles produites par le mélange des sensations la même différence qu'entre le velours noir et le noir absolu.

Ces expériences sont certainement les plus belles que l'on puisse faire avec le disque tournant. Elles démontrent cette proposition qu'il était impossible d'établir *a priori* : *Le noir absolu ne ternit pas la couleur, il la fonce en lui laissant sa vivacité*[2].

[1] Communication particulière.
[2] *Journal de Physique* de d'Alméida, t. VII, p. 12.

M. Albert Scheurer, qui a été témoin des expériences que j'ai faites en 1876 devant les membres de la Société industrielle de Mulhouse, s'exprime ainsi (Les prédecesseurs de Chevreul, p. 32) : « Ce qui caractérise ces gammes c'est l'éclat incomparable des tons qui semble augmenter à mesure qu'on se rapproche du noir. Les plus beaux grenats de la palette des peintres ne sauraient donner une idée de la profondeur de ces nuances inconnues même dans les fleurs... Qu'on choisisse un secteur rouge assez petit pour donner, par son mélange avec le blanc, une teinte rose très claire, on obtiendra un ton de grenat très foncé, et cependant l'intensité absolue de la radiation rouge sera rigoureusement égale dans le rose et dans le grenat. »

§ **26. Blanc et couleur.** — La différence entre le mélange des matières et celui des sensations est tout autre quand il s'agit de blanc que l'on mélange à la couleur.

Nous savons par expérience qu'en délayant une matière colorante avec du blanc, la couleur s'éclaircit mais ne se ternit pas.

Tandis que l'addition d'un secteur blanc, même très petit, au secteur coloré associé au noir absolu, ternit immédiatement, dans une forte mesure, l'aspect de la couleur résultante.

En agrandissant le secteur blanc, en laissant constant le secteur coloré, on obtient des tons de plus en plus *ternes*, et qui paraissent de *moins* en *moins colorés*. Et cependant, le secteur coloré n'a pas varié.

La différence entre les tons où le noir domine et ceux où le blanc est en plus forte proportion est frappante, et étonne quand on la voit pour la première fois.

On pourrait croire qu'une partie de la coloration a disparu. Tel n'est pas le cas, ainsi qu'on le verra plus loin; la mesure de l'intensité de coloration, effectuée à l'aide de la complémentaire commune, prouve que celle-ci est bien la même pour les tons foncés que pour les tons clairs.

D'où vient alors cette différence d'aspect?

Pour la comprendre il faut se souvenir qu'une sensation colorée, quelque vive qu'elle soit, n'est qu'une fraction de la sensation du blanc.

Celle-ci agit donc plus vivement sur l'œil, et affaiblit d'autant la sensation de couleur; tandis que le noir, qui est l'absence de toute sensation lumineuse, laissera briller la sensation colorée, quelque petite qu'en soit la quantité, dans tout son éclat, sans rien y ajouter qui puisse nuire à son impression sur l'œil.

§ **27. Influence du poli des surfaces.** — Ce qui a été dit pour les objets noirs peut se répéter au sujet des objets colorés. Si leur surface est mate, elle renvoie des rayons de la lumière incidente blanche dans toutes les directions : cette dispersion de lumière blanche occasionne un mélange de sensations colorées et de sensation du blanc, ce qui nuit à la couleur et la ternit.

Si la surface de l'objet est polie, la dispersion n'a plus lieu : la lumière blanche est réfléchie dans une seule direction et l'objet fait miroir; mais dans les autres directions, la sensation colorée reste pure. Les objets colorés et polis vus dans ces directions sont d'une coloration plus vive et plus pure. C'est pour cette raison que les colorants fixés à l'huile donnent des couleurs plus foncées et plus vives que les mêmes colorants peints à la gouache. C'est le vernis qui les recouvre qui fait miroir, et rejette dans une direction unique les rayons blancs.

Pour la même raison les objets colorés et mouillés paraissent à la fois d'une coloration plus vive et plus foncée que celle qui leur est propre à l'état sec. C'est l'eau qui forme vernis et qui fait que les rayons blancs sont renvoyés dans une seule direction selon la loi de la réflexion.

La sensation du blanc se trouve alors éliminée et la coloration propre se présente dans toute sa pureté.

COULEURS FONCÉES ET COULEURS INTENSES

§ 28. — Une autre conclusion résulte des faits précédents : C'est qu'une couleur *foncée* n'est pas une couleur de *grande intensité;* son intensité est directement proportionnelle à l'angle du secteur coloré qui a servi à la produire.

Plus ce secteur est petit, moins la couleur est intense, et néanmoins, elle est de plus en plus foncée à mesure que grandit l'angle du secteur de noir absolu.

Ici encore le langage habituel est en défaut.

Pour obtenir, dans la pratique, des couleurs foncées, le peintre et le teinturier emploient bien plus de matière colorante que pour faire un ton clair. Et dans ce cas le mot intense est synonyme de forte proportion de matière colorante.

§ 29. Erreurs de jugement. — L'addition de blanc à la sensation colorée affaiblit celle-ci dans une proportion surprenante, et la fait paraître grise. Mais en même temps une autre modification inattendue se produit : la nuance nous paraît se modifier et devenir plus rougeâtre.

Tous ces jugements sont autant d'erreurs, causées par la comparaison inconsciente que nous faisons entre le résultat du mélange des sensations, tel que les disques tournants les produisent, et le mélange des matières, tel que tous ceux qui s'occupent de teinture, de peinture ou de lavis sont habitués à les voir tous les jours.

Ce point extrêmement important a été l'objet d'une étude toute particulière et c'est un des buts de cet ouvrage, que d'habituer les esprits à envisager, au point de vue artistique et au point de vue de la décoration, le mélange des sensations, plutôt que le résultat du mélange des matières qui induit constamment en erreur.

Au point de vue esthétique, nous jugeons d'après nos sensations, et celles-ci dépendent de l'organisation de nos yeux, et nullement du résultat du mélange des matières, qui ne peut en aucune façon servir de guide pour nos appréciations sur la beauté d'un arrangement de couleurs.

§ 30. Le mélange des sensations par petites surfaces juxtaposées. — Le mélange de blanc, de noir et de couleur, comme sensations, trouve dans les arts un certain nombre d'applications.

Le disque tournant n'est pas le seul moyen de mélanger les sensations. La juxtaposition de surfaces de petites dimensions et de couleurs diverses, peut produire une sensation unique, quand elles sont vues à distance.

C'est ainsi qu'on obtient un tissu d'aspect gris, si on y mêle des fils blancs et des fils noirs.

Que ce mélange soit fait soit avant le foulon, soit à la filature, soit au retordage, soit au tissage, soit par voie d'impression, les gris obtenus par cette voie sont considérablement plus solides que ceux obtenus par une teinte unie. La résistance d'un fil noir, à la lumière et au frottement est incomparablement plus grande que celle du même fil teint en gris, car il faut plus de matière tinctoriale pour produire un noir que pour obtenir un gris. Et le temps nécessaire pour détruire la coloration obtenue avec une même matière est en raison directe de la quantité à détruire, toutes choses étant égales d'ailleurs.

Ce qui est faisable pour le noir et le blanc se fait aussi pour le blanc et la couleur, pour le noir et la couleur.

Un brin rouge et un brin blanc tordus ensemble produisent un fil rouge clair.

Mais il faut remarquer que le rouge clair obtenu ainsi, n'est pas un rose, c'est un gris fortement teinté de rouge.

Il en est de même pour les autres couleurs ; toujours le ton clair obtenu par mélange de fils sera plus gris que celui que l'on eût obtenu par teinture directe avec la même matière colorante. Les choses se passent ici comme avec les disques tournants.

De même, on peut juxtaposer deux brins colorés. Pour faire le vert-bleu, par exemple, on peut mêler des fils bleus et des fils verts.

On peut juxtaposer, par tissage, de petits carrés verts et de petits carrés bleus (dessins écossais) et on obtient des tissus dont l'aspect est vert-bleu à distance.

Toutes ces colorations sont plus solides que celles obtenues par teinture directe en uni.

Dans le châle indien, le dessin place l'une à côté de l'autre des zones étroites de rouge et de jaune.

L'effet produit à distance est celui d'un tissu orangé. L'introduction d'éléments noirs, de vert et de bleu rabat l'orangé et lui donne un aspect brun à distance.

Vu de près, le tissu imprimé ou celui fait par tissage laissent voir l'assemblage de toutes ces belles colorations, et permettent d'admirer la perfection et la finesse du travail.

Mais à petite distance déjà, on ne voit plus que la couleur résultante, qui seule intervient pour l'effet décoratif d'ensemble.

En résumé, l'emploi de petites plages colorées juxtaposées permet d'obtenir des effets nouveaux, qui sont d'une résistance plus grande aux agents de destruction.

§ 31. Diverses applications. Explication d'un miracle. — Le fait que le blanc affaiblit la sensation colorée à laquelle il peut être mêlé, tandis que le noir la laisse subsister, donne lieu aux remarques suivantes :

Une gaze légère, teinte en couleur unie, est étendue sur un fond qui porte un dessin noir sur fond blanc. Le blanc transparaît à travers les mailles colorées du fin tissu. Dans ces endroits la sensation du blanc se mêle à celle de la couleur qui est à peine visible, tandis qu'elle apparaît nettement là où elle recouvre le dessin noir.

Un rideau en mousseline colorée est placé devant une fenêtre.

Vu de l'intérieur, partout où le tissu est placé devant des parties éclairées telles que le ciel ou un mur blanc, sa coloration est à peine vue. Mais vis-à-vis des objets opaques, qui présentent à l'œil le côté de l'ombre, tels que les petits bois des fenêtres, la coloration se fait valoir, et les petits bois paraissent colorés.

Une voilette de couleur recouvre le visage d'une personne.

La coloration n'est pas visible dans les parties claires et bien éclairées du teint ; mais aux places qui se trouvent dans l'ombre et devant les yeux, les sourcils, la coloration apparaît avec toute sa vivacité.

Cette propriété curieuse du noir et du blanc, vis-à-vis de la couleur, donne l'explication d'un fait qui, à l'époque où il a été observé, a paru miraculeux.

Voltaire, en 1757, rapporte, dans son *Essay sur l'histoire générale et sur les mœurs et l'esprit des nations*, chap. CXLII, que Henri IV, jouant aux dés avec le duc de Guise, vit, ainsi que les assistants, des gouttes de sang sur la table. L'observation, ayant été faite peu avant les massacres de la Saint-Barthélemy, fut dans la suite interprétée comme un présage, un avertissement du ciel.

En 1771, Beguelin en donna l'explication (¹). Il détermina les conditions précises nécessaires pour la reproduction de l'expérience.

L'expérimentateur est supposé lire des caractères noirs sur fond blanc. Pour que ces caractères lui apparaissent de couleur écarlate, il faut réaliser quatre conditions :

1° Il faut que le soleil éclaire les paupières ; car si, à l'aide de la main, on projette une ombre sur les paupières, les caractères redeviennent subitement noirs ;

2° Il faut que les rayons de soleil ne tombent pas sur le papier ;

3° La position des yeux et du soleil doit être telle, que la lumière qui a traversé les paupières puisse pénétrer par la pupille. L'expérience ne réussit plus lorsque le soleil est trop élevé sur l'horizon. On peut détruire la sensation en baissant suffisamment les yeux ;

4° Il est nécessaire que le soleil ait éclairé les paupières pendant deux minutes au moins ; mais, chose singulière, bien que le phénomène se forme graduellement, la réapparition du noir en abritant les yeux est complètement instantanée. Un mur blanc, réfléchissant les rayons solaires sur les yeux, peut remplacer l'éclairage direct par le soleil. Mais les lettres paraissent moins rouges.

L'auteur pense que ce qui précède peut expliquer le fait des gouttes de sang que Henri IV vit apparaître sur la table ou sur les dés (²).

Dans cette expérience, ce sont les paupières qui, translucides, font pénétrer dans l'œil des rayons colorés en rouge.

Cette coloration se mêle aux sensations que provoque la vue de la page imprimée, présentant des caractères noirs sur fond blanc.

La sensation du blanc affaiblit, comme nous le savons, celle de la couleur, qui ne peut être perçue que sur les caractères noirs, où elle apparaît avec tout son éclat.

L'expérience de Beguelin est facile à répéter et réussit infailliblement si on observe les quatre conditions indiquées ; ce qui ne présente aucune difficulté.

(¹) *Sur la source d'une illusion du sens de la vue, qui change le noir en couleur écarlate* (Nouv. mém. de l'Académie de Berlin, année 1771. Vol. publié en 1773, p. 8.

(²) *Bibliographie analytique de Plateau*, section V, p. 12.

CHAPITRE VI

DÉFINITION DES COULEURS
MÉLANGE DES SENSATIONS

§ 32. Difficulté de cette définition. — Le noir absolu et le blanc au sulfate de baryte, pouvant être reproduits partout et en tout temps identiques à eux-mêmes, les gris se trouvent nettement définis. Ils sont représentés par l'angle du secteur blanc qui permet de les produire par sa rotation rapide devant l'orifice noir. Le gris est alors défini par rapport à la sensation du blanc pour un éclairage donné. Il est représenté par une fraction $\frac{n}{360}$ dans laquelle n représente l'angle du secteur blanc exprimé en degrés; n peut varier de 0 à 360.

Le noir étant l'absence de toute sensation lumineuse, le gris obtenu résulte uniquement de la sensation du blanc, dont l'intensité a été diminuée par la rotation devant le fond noir du secteur qui le représente.

Il est évident que plus est grand le secteur blanc, plus le gris obtenu par la rotation sera clair, et inversement, un petit secteur donnera un gris foncé, c'est-à-dire une sensation d'une faible intensité.

Les couleurs pourraient être définies de même s'il était possible de les représenter par une matière toujours et en tout temps identique à elle-même. Cette condition cependant n'est pas réalisable pour l'instant. Aucun fabricant ne pouvant garantir la conformité parfaite de sa fabrication.

Ni le bleu d'outremer, ni le jaune de chrome, ni le vermillon ne constituent des types invariables.

On ne saurait davantage prendre comme terme de comparaison les couleurs spectrales, parce que ces couleurs ne sont pas en teintes plates, mais constituent un passage continu d'une couleur à l'autre.

La comparaison de deux surfaces, dont l'une est colorée par une radiation élémentaire isolée du spectre solaire, et l'autre colorée par une matière colorante, n'est pas une opération aisée et à la portée de tout le monde. Elle ne comporte aucune précision au point de vue quantitatif ; car lors de la production du spectre, il y a dans le prisme des pertes notables de lumière, sous forme de lumière réfléchie, de lumière dispersée et l'on n'a aucune mesure de ces pertes.

D'autre part, la surface colorée que l'on veut comparer est éclairée directement, éclairage qui n'est exposé à aucune perte. On compare donc deux surfaces colorées éclairées chacune autrement. Or, la coloration change avec l'éclairage ; tandis que les disques tournants comparent deux surfaces colorées éclairées d'une manière identique ; et les définitions d'une couleur s'entendent toujours « à égalité d'éclairage ».

Notre unité est toujours l'intensité de la sensation du blanc produite par une égale surface peinte en sulfate de baryte, à *éclairage égal*.

Le spectre solaire présente encore d'autres défauts, il ne renferme pas toutes les radiations colorées que notre œil peut percevoir. Il y manque notamment la complémentaire du vert le plus vif du spectre : le pourpre.

§ 33. Types fixés par convention. — Les couleurs spectrales ne sont donc pas des points de repère parfaits.

Il y a dans nos moyens de définir les couleurs une lacune qu'il ne faut pas perdre de vue. Peu importe, d'ailleurs ; la difficulté peut être aisément tournée, d'autant plus que la question au point de vue des applications n'a pas une grande importance. Pourvu qu'on ait à sa disposition des feuilles de papier colorées de couleurs franches, que l'on a numérotées à sa guise et auxquelles on rapporte les mesures données par l'expérience Dans nos études personnelles nous avons employé des feuilles colorées copiées sur le cercle chromatique de Chevreul, chromolithographié par Digeon. Ce cercle se trouvant dans le commerce et étant exécuté avec soin, on peut mettre quelqu'unité dans ce travail. Au point de vue scientifique, on peut se passer d'une plus grande précision.

Il est bon de faire observer qu'il faut choisir comme types les représentants les plus vifs possibles, car les disques tournants ne peuvent servir qu'à dégrader les couleurs, et non à en faire de plus vives. D'autre part, il faut les choisir parmi les plus solides à la lumière, afin d'éviter les variations qui pourraient survenir avec le temps dans la coloration.

L'absence de types invariables qui soient aussi stables et aussi constants que le sulfate de baryte est une lacune qui enlève le moyen de définir les couleurs d'une façon absolue. Nous ne pouvons les définir que par rapport aux feuilles colorées choisies comme type.

Mais cette réserve faite, les disques tournants permettent d'étudier une série de questions relatives à la vision des couleurs, et susceptibles d'être utilisées dans les arts.

§ 34. Définition de la couleur. — Nous prenons donc comme point de départ l'une des feuilles colorées, numérotées à notre guise, et cela posé, nous y comparons des surfaces moins colorées.

Une pareille couleur sera définie, pour un éclairage donné, par l'angle du secteur blanc, et celui du secteur coloré type qui peuvent servir à la reproduire. Il est évident que plus le secteur coloré sera grand, plus la teinte résultante sera colorée; et plus sera grand le secteur blanc, plus la couleur résultante sera claire.

Règle générale. — Toutes les teintes dérivant d'une même couleur franche auront même complémentaire.

Elles donneront avec cette complémentaire du gris d'autant plus clair qu'elles seront elles-mêmes plus claires, et des gris d'autant plus foncés que ces teintes sont elles-mêmes plus foncées.

§ 35. Intensité de coloration. Intensité lumineuse totale. — Un cas particulier et fort intéressant à signaler, c'est celui des *couleurs d'égale intensité de coloration.*

Admettons que l'on copie une série de teintes obtenues avec un secteur coloré d'angle constant; et qu'on ne fasse varier que l'angle du secteur blanc.

Soit N l'angle du secteur coloré; le plus grand secteur blanc que nous puissions employer est de $360 - N$; il en est de même pour le noir. De sorte que les secteurs blancs peuvent varier depuis 0 jusqu'à $(360 - N)$ au maximum.

L'aspect de ces dérivés variera du plus foncé au plus clair; le plus foncé paraissant bien plus coloré que le plus clair. Et cependant, tous ces dérivés ont même intensité de coloration. Ce que l'on constate aisément en déterminant l'angle du secteur de la complémentaire nécessaire pour produire, avec chacun d'eux, un gris normal. Cet angle sera rigoureusement le même pour tous. L'intensité de la sensation colorée est donc aussi la même. La différence portera uniquement sur l'aspect du gris résultant : celui-ci sera d'autant plus clair, que le dérivé lui-même sera plus clair; on peut calculer d'avance l'angle du secteur blanc qui représentera chacun de ces gris.

Nous appellerons *teinte* l'ensemble des dérivés obtenus avec un même secteur coloré; et *ton* les dérivés obtenus en faisant varier le blanc.

Le « ton » représente l'intensité lumineuse totale; plus cette intensité est grande, plus le ton est clair. Plus elle est faible, plus le ton est foncé. Le mot « ton » n'implique aucune coloration; en opposition avec le mot « teinte » qui correspond toujours à une coloration. Les tons clairs d'une teinte faiblement colorée sont relativement gris; on les appelle des « gris teintés ».

Un « gris teinté » peut être de même *hauteur de ton* qu'une couleur claire ou qu'un gris normal.

Une même teinte produit un nombre indéfini de tons, tous compris entre le secteur coloré N et le secteur blanc 360 — N.

Les différents tons varient entre eux par l'intensité lumineuse totale, composée de l'intensité de coloration qui dépend de N — l'intensité du blanc qui vient s'y ajouter.

Les tons d'une même teinte présentent des propriétés spéciales qui leur assurent une place intéressante au point de vue décoratif. *Puisqu'ils ont tous même intensité de coloration, ils ne forment entre eux aucun contraste de couleur ; mais seulement un contraste de ton* [1].

Les divers tons ne se distinguant que par l'intensité du blanc qui s'y ajoute en quantité déterminée, les foncés forment l'ombre des clairs, l'ombre exacte. *Deux tons, l'un foncé, l'autre clair, forment de beaux camaïeux ;* camaïeux bien supérieurs à ceux du peintre qui sont exécutés en y ajoutant de la matière blanche à la matière colorante.

Ces camaïeux présentent un grand intérêt pour la peinture décorative. Ils sont malheureusement trop peu connus.

Les planches XII et XIII en donnent des exemples. Comparer avec la planche VII.

Il y a un camaïeu rouge, un camaïeu violet; les deux sont en deux tons.

Leurs complémentaires sont représentées par trois tons.

§ 36. Analyse et synthèse des couleurs. Exemples de calculs. — Une couleur quelconque, à l'aide des disques tournants, peut être définie par :

1° Le nom de la couleur franche d'où elle dérive ;

2° L'angle du secteur coloré;

3° L'angle du secteur blanc qui la reproduit.

Pour fixer les idées, voici une liste d'objets colorés, dont la couleur est

---

[1] Les couleurs de même intensité de coloration ont été signalées par moi déjà en 1882 *Bulletin Soc. ind. Rouen*, p. 384).

[1] Le mot *ton* est une expression prise dans la musique, comme le mot de *gamme*. La gamme étant une succession de tons régulièrement espacés. Mais si en musique *ton* et *gamme* correspondent à une idée précise, bien définie, il n'en est plus de même pour les couleurs. Le mot « ton » n'a pas le même sens dans les langues latines que dans les langues germaniques.

Tandis qu'en France, ce mot possède le sens qui vient d'être indiqué, en Angleterre et en Allemagne cette modification équivaut à notre mot de *nuance* (*shade, Schattierung*). Le même vague existe pour le mot *gamme*: on dira aussi bien une gamme de gris, la gamme d'une couleur, que le passage par intervalles réguliers d'une couleur à une autre, par exemple des jaunes à l'orangé on dira la gamme des jaunes, des orangés, etc.

reproduite par un disque sur lequel on mettrait les secteurs colorés et les secteurs blancs que l'on trouve inscrits dans deux colonnes :

DÉRIVÉS DE L'ORANGÉ-JAUNE

Objet	Secteur coloré	Secteur blanc
Noir de fumée	1°	14°
Cachemire noir pour deuil	2°	8°
Cheveux bruns	5°	5°
Cheveux châtain foncé	11°	10°
Cachou vapeur	12°	14°
Cheveux roux	45°	5°
Bois d'acajou verni	71°	8°
Couleur chair	180°	180°

Ces données numériques ont été déterminées par les procédés décrits dans ce qui suit :

PROBLÈME. — *Étant donnée une couleur rabattue, trouver la couleur franche d'où elle dérive, trouver l'angle du secteur coloré et l'angle du secteur blanc qu'il faut pour la reproduire.*

Pour résoudre la question il faut deux expériences.

La première expérience a pour but la détermination de la complémentaire.

La couleur rabattue qui nous est donnée comme exemple est celle du cachou vapeur, un brun fort solide, et d'une belle nuance.

L'étoffe colorée en cachou est collée sur une feuille de papier, de la force des papiers peints à peu près. On y découpe avec l'emporte-pièce un disque fendu.

D'autre part, on dispose d'une série de disques colorés, par exemple la copie du cercle chromolithographié de Digeon.

On trouve que la complémentaire cherchée est le vert-bleu; et la mesure des angles des secteurs donne l'égalité suivante :

$$\left.\begin{array}{l} 300° \text{ Cachou} \\ 60° \text{ Vert-bleu} \end{array}\right\} = \text{secteur blanc } 25° \qquad (1)$$

Or, le vert-bleu est complémentaire de l'orangé-jaune, et l'expérience directe donne l'égalité :

$$\left.\begin{array}{l} 52° \text{ Orangé-jaune} \\ 308° \text{ Vert-bleu} \end{array}\right\} = 68° \text{ blanc} \qquad (2)$$

On possède maintenant tous les renseignements nécessaires. On sait que la couleur du cachou dérive de l'orangé-jaune. On peut calculer l'intensité de coloration du cachou par rapport à cet orangé à l'aide de l'angle du secteur de sa complémentaire qui sert de commune mesure entre le cachou et l'orangé-jaune; cette complémentaire est le vert-bleu de la collection.

Marche du calcul. — Angle du secteur orangé-jaune :

L'égalité (1) montre que 60° vert-bleu neutralisent 300° de cachou.

Or, d'après l'égalité (2), 308° de ce même vert-bleu neutralisent 52° d'orangé-jaune. La règle de trois appliquée à ces chiffres nous donne

$$x = \frac{52 \times 60}{308} = 10°,1 \text{ d'orangé-jaune.}$$

On calcule de même l'angle du secteur blanc :

L'égalité (2) montre que 308° de vert-bleu donnent avec 52° d'orangé-jaune un gris représenté par 68° de blanc.

Combien les 60° de vert-bleu de l'égalité (1) produisent-ils de blanc ?

La règle de trois donne $\dfrac{68 \times 60}{308} = 13°,2$ de blanc.

Or, l'égalité (2) a donné un gris représenté par 25° de blanc. Ces 25° sont la somme de deux quantités de blanc d'origine différente ; premièrement, celui produit par l'orangé-jaune contenu dans les 300° de cachou que nous venons de calculer et qui est représenté par un secteur de 13°,2 et celui produit par le cachou lui-même qui est donné par la différence :

$$25° - 13°,2 = 11°,8.$$

Le tout ensemble doit produire 300° de cachou ; on a donc

Orangé-jaune .... 10°,1
Blanc .... 11°,8
Noir absolu.......................... 278°,1
    Total..................... 300°

Et pour faire un disque, il faut ramener à 360°, ce qui donne (en multipliant par le rapport $\frac{360}{300}$) :

Orangé-jaune................. 12°,12
Blanc .... 14°,16

En composant un disque avec ces secteurs et faisant tourner rapidement, l'aspect du disque est exactement celui du cachou.

L'expérience est disposée en deux cercles concentriques ; le cachou au centre, formant le cercle le plus petit, entouré par le cercle plus grand formé par les secteurs orangé-jaune et blanc tournant devant l'orifice noir.

2ᵉ EXEMPLE. — *Étant donné une étoffe de laine, dégraissée et blanchie, en déterminer la couleur.*

Il s'agit ici d'une coloration en apparence bien faible ; néanmoins, la laine n'est pas blanche — elle ne l'est jamais, — et nous voulons connaître sa coloration et l'intensité de cette coloration.

La première expérience a pour but la détermination de la complémentaire.

On trouve pour complémentaire le 3e bleu et l'égalité :

$$\left.\begin{array}{l}\text{3}^{\text{e}}\text{ bleu}\ldots\ldots\ldots\quad 208^{\circ}\\ \text{Laine}\ldots\ldots\ldots\quad 152^{\circ}\end{array}\right\} = 120^{\circ}\text{ blanc.}$$

Or, ce bleu est complémentaire d'un jaune désigné dans notre collection par le chiffre 1 ; soit 1er jaune. L'expérience donne :

$$\left.\begin{array}{l}\text{1}^{\text{er}}\text{ jaune}\ldots\ldots\ldots\quad 76^{\circ}\\ \text{3}^{\text{e}}\text{ bleu}\ldots\ldots\ldots\quad 284^{\circ}\end{array}\right\} = 60^{\circ}\text{ blanc.}$$

Calcul du secteur de 1er *jaune*. — Les 208° du 3e bleu qui neutralisent le jaune de la laine représentent le nombre de degrés du 1er jaune complémentaire de ce 3e bleu.

Ils représentent $\dfrac{208}{284} \times 76 = 55^{\circ}{,}6$ du 1er jaune.

Ceux-ci forment un blanc dont le secteur est représenté par $\dfrac{208}{284} \times 60$ $= 43{,}9$, qui est à déduire des 120° fournis par le couple laine et 3e bleu. Il reste, en déduisant les 43,9 ;

$$120 - 43{,}9 = 76^{\circ}{,}1.$$

Alors faisant la somme :

$$\left.\begin{array}{l}\text{1}^{\text{er}}\text{ jaune}\ldots\ldots\ldots\quad 55^{\circ}{,}6\\ \text{Blanc}\ldots\ldots\ldots\ldots\quad 76^{\circ}{,}1\end{array}\right\} 131^{\circ}{,}7,$$

le tout devant former 152° de laine.

Pour ramener à 360°, il nous faut multiplier ces chiffres par $\dfrac{360}{152} = 2{,}36$ et il vient (en négligeant les fractions de degrés) :

$$\begin{array}{l}\text{Blanc}\ldots\ldots\ldots\ldots\ldots\quad 180^{\circ}\\ \text{1}^{\text{er}}\text{ jaune}\ldots\ldots\ldots\ldots\quad 133^{\circ}\end{array}$$

Le disque composé dans ces proportions donne exactement la couleur de la laine.

De cette expérience se dégage la conclusion suivante : c'est que la laine, tout en paraissant faiblement colorée, possède cependant une coloration qui est les $\dfrac{133}{360}$ d'un jaune franc, c'est-à-dire près d'un tiers, coloration qui est encore 1,3 fois plus intense que celle du bleu d'outremer qui a servi de complémentaire commune. C'est donc une coloration intense. En conséquence, une *couleur claire* n'est pas une *coloration de faible intensité*.

Résultat qu'il était impossible de prévoir, et qui est à mettre en regard de cette autre conclusion précédemment trouvée. *Une couleur foncée n'est pas une couleur intense.*

Notre œil nous trompe sans cesse parce que nous interprétons les faits d'après notre expérience personnelle. Et celle-là n'est pas la même pour tout le monde.

Il faut, dans la pratique, tenir compte de cette coloration de la laine, par voie de teinture ou d'impression. Il est évident que les tons clairs d'une matière colorante seront influencés par la coloration jaune de la laine.

Et que cette influence sera moindre dans les tons foncés.

Une autre conséquence de la coloration propre à la laine, c'est que pour l'obtenir incolore, il faut la teindre avec une matière colorante qui, avec le jaune de la laine, puisse produire le blanc ; ou plutôt, puisqu'il y a destruction de lumière incidente, il se produira un gris clair.

Les couleurs claires sur laine seront toujours influencées par cette coloration non négligeable ; et c'est pour ce motif que les tons clairs du bleu et du violet seront sur laine toujours plus ternes qu'ils ne le seront, avec la même matière colorante, sur coton et sur soie.

N. B. — Les disques tournants présentent l'avantage de permettre de comparer des objets colorés de nature très différente, et dont l'aspect est modifié par l'éclat et l'état de division de la matière qui compose l'objet coloré. On sait combien il est difficile de constater l'identité d'une coloration si on compare un objet en soie, en laine, en velours ; la difficulté est encore plus grande s'il s'agit de métaux, de plumes, de cheveux.

La difficulté disparaît par le mouvement de rotation rapide, qui efface les reflets. C'est ainsi qu'on a pu déterminer la couleur des cheveux, du bois, etc.

On a fait coller « par un dessinateur en cheveux » ces derniers sur une feuille de papier fort, de manière à en avoir une teinte plate. Dans cette feuille de papier on a découpé à l'emporte-pièce les disques nécessaires.

Pour le bois on s'est servi des feuilles de placage qui se trouvent dans le commerce.

CHAPITRE VII

DU MÉLANGE DES MATIÈRES COLORANTES
AVEC LES MATIÈRES INCOLORES BLANCHES OU NOIRES

Dans l'emploi que l'on fait des matières colorantes, il est très rare que l'on puisse se servir de la substance pure. Dans le plus grand nombre des cas, on est dans la nécessité d'éclaircir la couleur, de la foncer, ou d'en modifier la nuance.

Ce résultat s'obtient par le mélange ; et il convient de souligner ce point. On a recours au *mélange des matières*, qu'il importe de ne pas confondre avec le mélange des sensations précédemment étudié.

§ **37. Modification par le blanc.** — La modification par mélange de blanc peut s'obtenir de deux manières différentes. Si la matière colorante est transparente, on l'applique en couches suffisamment minces sur un fond blanc, qui transparaît à travers la matière colorante et l'éclaircit. Cette manière d'appliquer la matière colorante est pratiquée par l'ingénieur et l'architecte qui font du « lavis ».

Des couches minces de matière colorante en suspension dans l'eau sont appliquées sur le papier blanc. On augmente l'épaisseur de la couche colorée par des applications répétées et on fonce ainsi la couleur.

L'imprimeur sur étoffes opère d'une manière analogue. Pour éclaircir la couleur d'un colorant, on délaie la pâte colorée avec des volumes croissants d'un épaississant incolore ; opération qui s'appelle « couper » la couleur. Les mélanges sont désignés sous le nom de « coupure » suivi d'un chiffre indiquant le volume relatif de l'épaississant incolore qui a été ajouté. « Coupure 3 » veut dire :

Couleur mère......................	1 vol.
Épaississant incolore.............	3 vol.
Total...............	4 vol.

Le mélange « coupure 3 » renferme 1/4 du colorant contenu dans la « couleur mère ».

En teinture, l'éclaircissement s'obtient aussi par l'emploi de bains de teinture de plus en plus étendus d'eau ; ou ce qui revient au même, par une proportion en poids d'une moindre quantité de matière colorante. Celle-ci s'énonce en centièmes du poids de la fibre textile à teindre. On teint à 1, 2, 3 0/0 par exemple et au delà et en deçà, selon les besoins.

Dans ces trois manières d'opérer, c'est l'épaisseur de la couche de colorant qui augmente avec le degré de foncé. C'est le blanc du fond qui paraît à travers la couche de colorant, et qui se trouve modifié dans son aspect par ce passage que l'on peut comparer à une véritable filtration ; car c'est une condition essentielle de la matière colorante d'être transparente, non seulement quand elle est en état de dissolution, mais aussi quand elle est à l'état pulvérulent, c'est-à-dire solide.

La deuxième manière d'éclaircir la couleur donnée par un colorant, c'est d'y mêler des matières blanches solides et opaques relativement ; car pour la matière blanche, la transparence que nous demandons au colorant, est un défaut.

La matière transparente ne « couvre » pas. On mélange donc le colorant avec une masse blanche du même degré de division, et on applique le mélange sous forme de pâte pouvant s'étaler au pinceau. Afin d'obtenir l'adhérence de la masse pulvérulente, on emploie pour la peinture à l'huile une huile siccative aussi peu colorée que possible et pour la gouache, de l'eau additionnée de gélatine, environ 2 0/0 de la masse solide.

Et dès le début, il faut porter son attention sur la manière de faire le mélange.

Si on mêle les poudres sans les écraser (par exemple au blaireau), les parcelles colorées sont placées à côté des parcelles incolores (*fig.* 16) ; elles forment

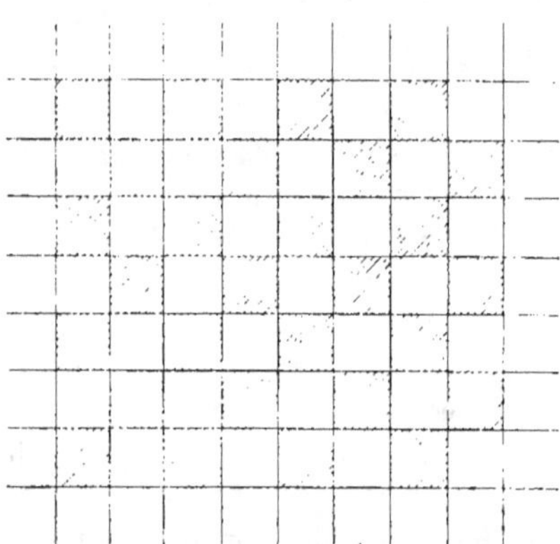

Fig. 16. — Les parcelles de matières colorantes sont placées à côté des matières incolores : ces parcelles sont supposées assez petites pour qu'elles ne soient plus distinguées à distance. — L'aspect général est celui que produit le mélange des sensations.

ment une espèce de mosaïque. De près, elles se distinguent à l'œil nu ; à distance, les sensations se confondent, et on a un aspect ob-

§ 39. **Couleur des métaux.** — Les variations de couleur que l'on observe avec les matières colorantes, à mesure qu'elles sont vues sous des épaisseurs plus grandes, s'observent aussi pour la couleur des métaux.

Ceux-ci sont très peu transparents ; les rayons lumineux ne pénètrent pas ou peu dans leur épaisseur, et ce qui est renvoyé dans l'œil est de la lumière en grande partie réfléchie à la surface. Elle est donc fort peu colorée, puisqu'elle ne peut se colorer qu'en pénétrant dans le métal.

Mais la modification qu'on ne peut obtenir par une seule réflexion peut être réalisée en répétant les réflexions du même rayon incident sur une même surface métallique. Alors la proportion de lumière blanche renvoyée diminue graduellement, et la couleur s'accentue.

Eh bien ! le sens dans lequel elle s'accentue est le même que pour les matières colorantes : la couleur des métaux devient de plus en plus rouge, à mesure que le nombre de réflexions augmente. Ce phénomène est très fidèlement décrit dans le passage suivant, extrait d'un traité de chimie déjà ancien, celui du célèbre Régnault (*Cours de chimie élémentaire*, t. II, p. 21). Il est reproduit ci-dessous textuellement, car il n'y a rien à en retrancher.

« La plupart des métaux ont une couleur plus ou moins foncée lorsqu'ils sont pulvérulents ; ils deviennent plus blancs, quand ils sont agrégés et polis. Quelques métaux, cependant, ont des couleurs plus prononcées : ainsi le cuivre est rouge ; l'or est jaune. Les alliages formés par les métaux blancs ou gris sont eux-mêmes blancs ou gris.

« Ceux dans lesquels entre un métal coloré prennent une teinte approchant de celle de ce métal, lorsqu'il y entre en proportions considérables. Ainsi, l'alliage formé de 2/3 de cuivre et 1/3 de zinc : le laiton, a une belle couleur jaune ; l'alliage de 90 de cuivre et 10 d'étain : le bronze, a également une couleur jaune. Le métal des miroirs de télescope, formé de 67 de cuivre et 33 d'étain, est sensiblement blanc.

« Les métaux blancs réfléchissent les divers rayons simples du spectre dans des proportions sensiblement les mêmes que celles suivant lesquelles ces rayons composent la lumière blanche.

« Cependant, comme ces proportions ne sont pas rigoureusement les mêmes que dans la lumière blanche, et qu'elles varient avec l'incidence des rayons lumineux, ces métaux ne sont pas réellement blancs, ils présentent chacun une teinte particulière que l'on peut reconnaître par des expériences délicates.

« Les métaux colorés réfléchissent plus abondamment que les autres, certains rayons simples du spectre et les proportions des rayons simples réfléchis varient avec l'angle d'incidence de la lumière, il en résulte que

les nuances de ces métaux changent, suivant qu'on les regarde plus ou moins obliquement.

« Tous les métaux réfléchissent en même proportion les divers rayons simples qui tombent sous des incidences très petites avec leur surface, de sorte qu'ils paraissent tous blancs sous l'incidence rasante ; mais leur pouvoir réfléchissant pour les différents rayons simples varie de plus en plus, à mesure que l'angle d'incidence augmente, et ils se colorent alors sensiblement. Il est évident que leur coloration deviendra beaucoup plus marquée, si, au lieu de faire réfléchir le rayon de lumière une seule fois à leur surface, on le fait réfléchir plusieurs fois ; les métaux qui paraissent ordinairement incolores, se teintent alors d'une manière sensible. Pour faire cette expérience, il suffit de placer deux miroirs, formés par le métal, parallèlement l'un à l'autre, et d'observer un rayon de lumière qui s'est réfléchi successivement plusieurs fois à leurs surfaces sous un angle voisin de 90°.

« Après une seule réflexion normale, le cuivre présente une couleur rouge-orangé, mais les 9/10 de la lumière réfléchie forment de la lumière blanche, de sorte que la teinte paraît très lavée.

« Après dix réflexions successives, la couleur du cuivre est d'un beau rouge intense qui n'est plus mêlé que de 2/10 de lumière blanche.

MÉTAL	UNE RÉFLEXION	PLUSIEURS	COULEUR	LUM. BLANCHE RESTANTE
Bronze des cloches	jaune-orangé faible	dix	rouge très intense	2/10es
Laiton poli	jaune très apparent	dix	couleur orangée	6/10es
Argent(1)	blanc parfait	dix	rouge prononcé, bleu-indigo bien que faible	9/10es
Zinc	blanc	dix	très faible	8/10es
Acier		dix	violette	0,97
Métal des miroirs	blanc	dix	teinte rouge très apparente	

(1) Sa teinte est alors celle du bronze des cloches après une seule réflexion normale.

« Les modifications de teinte que la lumière éprouve en se réfléchissant plusieurs fois à la surface des métaux sont importantes à connaître, parce qu'elles rendent compte des nuances variées que présente l'intérieur d'un vase métallique poli et un peu profond.

« La teinte que prend la lumière blanche, en se réfléchissant plusieurs fois à la surface des métaux polis, nous permet aussi de conclure avec assez de certitude la couleur qu'ils présenteraient à la lumière transmise, si on parvenait à les réduire en lames assez minces pour qu'ils devinssent transparents. Cette couleur serait nécessairement la complémentaire de celle qui domine dans la lumière, lorsqu'elle s'est réfléchie un grand nombre de fois à leur surface. Ainsi la lumière réfléchie 10 fois à la surface de l'or poli présente une belle couleur rouge. La lumière complémentaire du rouge est le vert ; et en effet, l'or en feuilles très minces est d'un beau vert à la lumière transmise. »

§ 40. Étude de l'intensité de coloration que l'on obtient par le mélange des matières colorantes avec des matières blanches. — Ce n'est pas seulement la nuance de leur couleur qui change par la dilution, mais aussi leur intensité de coloration. A première vue, on devrait penser qu'en délayant les matières colorantes par des matières incolores, leur intensité devrait faiblir proportionnellement. C'est bien là le sens des modifications que l'on observe dans un grand nombre de cas ; mais très souvent aussi on observe le phénomène inverse.

Cela ressort des expériences déjà citées sur la modification de la nuance causée par la dilution, si on examine les chiffres donnés par l'expérience :

Ton foncé :

Jaune de chrome..................	48°	
2° Bleu......................	312°	$\Big\} = 68°$ de blanc.

Ton clair :

Jaune de chrome mélange $\dfrac{1}{1.000}$ ...	162°	
Violet-bleu....................	198°	$\Big\} = 180°$ de blanc.

On peut admettre que le type de violet-bleu qui a servi, possède même intensité de coloration que le 2° bleu de la même collection, ce qui n'est pas loin de la vérité.

Alors l'intensité obtenue avec jaune de chrome pur, par rapport au bleu est de $\dfrac{312}{48} = 6,5$ et celle du jaune $\dfrac{1}{1000} = \dfrac{198}{162} = 1,2$.

C'est-à-dire que si la quantité de matière colorante tombe de 1.000 à 1 l'intensité de coloration baisse de 6,5 à 1,2 ; c'est-à-dire elle est réduite au cinquième seulement. Il n'y a donc pas d'affaiblissement proportionnel, et le pouvoir colorant de la matière augmente avec la dilution, ce qui est le contraire de ce qu'on aurait pu croire.

Pour le bleu d'outremer, la modification s'effectue dans la même direction.

L'expérience donne :

Ton foncé :

Outremer pur...................	132°	
5° Jaune......................	228°	$\Big\} = $ blanc 103°

Ton clair :

Outremer au 75ᵉ................. 220° }
2ᵉ Jaune...................... 140° } = 198° blanc.

Pour pouvoir comparer les deux expériences il faut admettre pour un instant, ce qui n'est pas loin de la vérité, que les deux types de jaune possèdent même intensité de coloration et nous trouvons pour les intensités :

$$\frac{132}{228} = 0{,}58 \text{ pour l'outremer pur,} \tag{1}$$

$$\frac{220}{140} = 1{,}57 \text{ pour l'outremer au } \frac{1}{75^e}. \tag{2}$$

Ce qui veut dire que si l'intensité de coloration de l'outremer pur est de 0,58, son mélange avec 74 parties du blanc augmente l'intensité de coloration à..... 1,57, c'est-à-dire elle devient triple.

Ce mélange, qui est une couleur très claire, montre encore qu'une couleur claire n'est pas une couleur de faible intensité, et qu'il y a des matières dont le pouvoir colorant est exalté par la dilution, tandis que par le mélange des sensations la dégradation est régulière et peut se calculer, le résultat du mélange des matières est au contraire irrégulier et ne saurait se soumettre au calcul. Tout est imprévu et surprise dans ce domaine et nous pouvons conclure que lors du mélange des matières, chaque substance se conduit d'une manière qui lui est propre et qui la caractérise.

§ 11. Mélange de matières colorantes et de substances noires. — La pratique n'emploie guère le fond noir pour y appliquer des couches de matières colorantes transparentes ; de sorte qu'il n'y a que la deuxième manière, celle des substances en poudre qui présente de l'intérêt et c'est d'elle seule qu'il sera question ici.

En mélangeant au jaune de chrome du noir de fumée, l'aspect change très visiblement ; la couleur se fonce et verdit ; elle verdit d'autant plus que la proportion de noir de fumée augmente. Mais l'altération de la couleur est bien plus visible que pour le mélange de jaune de chrome et de matières blanches.

Exemple. — Le jaune de chrome a pour complémentaire le 2ᵉ bleu.

Complémentaire

Le mélange jaune de chrome........... 39 } 2ᵉ violet-bleu
—   noir de fumée............ 1 }

—   jaune de chrome........ 17 } 4ᵉ violet
—   noir de fumée........... 1 }

Or, la couleur franche complémentaire du 2ᵉ violet-bleu est le jaune-vert et celle qui est complémentaire du 4ᵉ violet est le vert.

Plus la proportion de noir de fumée augmente, plus la couleur du mélange verdit ; elle perd du jaune.

Or, le noir de fumée est à peu près incolore ; nous avons constaté plus haut qu'il est plutôt légèrement orangé. Il ne peut donc par lui-même avoir introduit du vert dans le mélange. Celui-ci a préexisté. Nous savons, en effet, que les colorants jaunes doivent leur coloration à un mélange d'orangé-jaune et de jaune-vert, principalement ; il y a en plus encore du rouge et du vert.

L'altération de couleur apportée par l'addition du noir de fumée s'explique par l'extinction des radiations orangées et jaunes ; les radiations vertes y résistent.

L'aspect vert du mélange de matières jaunes avec les matières noires est frappante, aussi n'a-t-elle pas échappé aux observateurs.

Il ne faut, pour la constater, le secours d'aucun instrument comme dans le cas des mélanges avec matières blanches.

Chevreul en a conclu simplement que le noir agit comme un bleu ! Ainsi le noir, qui est l'absence de toute sensation de couleur, opérerait comme une couleur, le bleu ! Cette conclusion est aussi illogique que celle de Brücke et de Rood, qui ont conclu que la lumière blanche, qui est l'absence de couleur, agit comme si elle était rose ou violette, c'est-à-dire colorée !

Chevreul a confondu, dans ses travaux, sans cesse le mélange des matières et le mélange des sensations ; il est resté convaincu jusqu'à la fin de ses jours (il a vécu cent deux ans) que le bleu et le jaune par leur mélange font du vert. Mais nous savons par les travaux de Plateau, contemporains de ceux de Chevreul, que jaune et bleu forment du blanc, et que si par le mélange des matières bleues et des matières jaunes il se forme du vert, c'est que celui-ci y a préexisté et que le vert est le résidu de l'action destructrice des colorants employés sur la lumière blanche incidente.

Dans le cas du mélange de noir de fumée et de jaune de chrome, le noir n'a pas apporté du bleu, il n'a simplement pas éteint les radiations vertes que le jaune de chrome pur n'éteint pas non plus. Et voilà pourquoi le mélange des deux corps possède une coloration verte ; disons une coloration faible ; c'est un vert très foncé et très gris.

Le noir de fumée, qui éteint toutes les radiations colorées, laisse intacts un peu de rayons verts s'il n'est pas employé en trop grande masse.

C'est là la conclusion nette de l'expérience. Pourquoi le noir de fumée éteint-il tant de radiations colorées, comme le font du reste les autres matières noires ? Nous ne le savons pas.

Il les éteint pour les mêmes raisons que les matières colorantes en

général éteignent certaines radiations de la lumière incidente. Chaque
matière se comporte à sa manière et nous ne pouvons que le constater
par l'expérience. Mais les raisons de cette action nous sont encore inconnues.

Quoi qu'il en soit, ce qui est établi, c'est que les matières noires verdissent la coloration des matières colorantes ; c'est le même effet que
produisent les matières blanches dans les mêmes conditions. Seulement, pour les matières noires, le vert est un résidu, c'est-à-dire le résultat d'une soustraction, tandis que pour les matières blanches, le vert
résulte d'une addition. N'éteignant aucune radiation colorée, ces matières
s'opposent à l'extinction des radiations vertes préexistantes.

Dans les deux cas, le sens général du phénomène est le même; mais
sa nature intime est aussi opposée dans les deux cas que sont opposés
blanc et noir. Le blanc modifie la nuance parce qu'il n'éteint rien, le
noir la modifie parce qu'il éteint en masse certaines radiations de la
lumière incidente.

§ 42. Comparaison de la gamme empirique avec la gamme esthétique [1].

— Le mélange méthodique de la matière colorante avec
des quantités croissantes de matière incolore a donné une gamme dont
tous les tons ont une autre complémentaire, ce qui indique que la couleur
a été modifiée par le mélange, en même temps que leur pouvoir colorant
a été exalté. C'est là le résultat général de cette étude.

Si l'on compare l'ensemble des tons ainsi obtenus avec la gamme esthé-
thique (c'est la gamme dont tous les tons possèdent même complémentaire) un premier fait nous frappe (voir planche V). C'est que les tons
clairs de cette dernière paraissent à la fois plus rouges et plus gris que
ceux de la gamme empirique. Ce phénomène est général pour tous les
colorants que nous avons étudiés et ils sont nombreux. Il déroute au
début, quand on se sert des disques tournants pour dégrader une couleur, et l'on se met à douter de l'excellence de cette méthode d'expérimentation.

Ce n'est que l'étude suivie du phénomène et sa constance qui donnent
la certitude que les tons clairs de la gamme esthétique sont les vrais
dérivés de la couleur franche, et que les tons de la gamme empirique
appartiennent à une autre couleur. Ils sont tous plus verdâtres et plus
vifs. Notre étude nous a expliqué que l'addition de matières incolores à
une matière colorante en verdit la couleur et en exalte le pouvoir colorant. Cette modification peut être précisée par des chiffres.

[1] A. ROSENSTIEHL, *De l'emploi de disques rotatifs pour l'étude des sensations colorées; Comptes rendus*, t. LXXXIV, p. 1133.

Le n· 1 représente le même jaune-orangé que le n· 1 de la planche **III**.

Les n° 2, 3, **4**, 5, forment ensemble une gamme esthétique ; c'est-à-dire qu'ils ont tous une même complémentaire qui est le n° 6 de la planche **III**.

Pour les obtenir il a fallu mélanger à la couleur formant le **n° 1**, avec des quantités croissantes de chromate rouge. Les quantités relatives des deux colorants sont indiquées dans le tableau de la page 57.

N· 1

2

6

3

7

4

8

5

9

Gamme esthétique

Couleurs mères correspondantes

Les peintres et les teinturiers savent par expérience que certaines matières colorantes verdissent quand on les emploie pour faire des tons clairs, et ils s'appliquent quelquefois à corriger ce défaut en ajoutant au mélange qui doit donner le ton clair, un peu d'une matière colorante d'une nuance plus rouge.

Pour déterminer la quantité de chromate rouge de plomb qu'il faut ajouter au chromate jaune pour que les tons eussent même complémentaire, nous avons opéré de la manière suivante : Nous avons fait une série régulière de mélanges de jaune et d'orangé de chrome, épaissis à la gomme adragante, qui a servi d'agglutinant (on sait que cette gomme est la moins colorée qu'il y ait, et qu'il en faut moins que de toute autre gomme pour obtenir une consistance permettant d'imprimer).

Voici comment nous avons opéré : Chacune des deux matières colorantes (elles étaient en pâte) a été délayée dans la dissolution visqueuse de gomme adragante. Puis on a préparé neuf mélanges intermédiaires en procédant par dixièmes en volume, et suivant une progression arithmétique, ainsi que le montre le tableau suivant :

| Jaune de chrome | 10 | 9 | 8 | 7 | 6 | 5 | 4 | 3 | 2 | 1 | 0 |
| Orangé de chrome | 0 | 1 | 2 | 3 | 4 | 5 | 6 | 7 | 8 | 9 | 10 |

Ce qui fait onze types de couleurs. Chacun de ces mélanges a été délayé à son tour dans de l'eau épaissie en suivant cette fois une progression géométrique, de manière à avoir cinq tons de chacune de ces onze couleurs, ce qui fait en tout $11 \times 5 = 55$ mélanges. Ceux-ci ont été imprimés en fond uni ; puis on a découpé dans tous ces échantillons des disques à l'aide desquels on a cherché ceux des tons qui eussent même complémentaire. On a trouvé ainsi cinq tons, obtenus par les quantités de matières colorantes notées dans le tableau suivant (en grammes au litre) :

NUMÉROS	TONS		DILUTION	NUMÉROS	TON FONCÉ CORRESPONDANT	
	JAUNE	ORANGÉ			JAUNE	ORANGÉ
1	196 gr.	191 gr.			gr.	gr.
2	26,7	109	× 2	6	53,4	218
3	10	63,6	× 4	7	40	254
4	3,3	36,3	× 8	8	26,4	290
5	0,8	20,4	× 16	9	12,8	326

Les quantités de matières colorantes contenues dans les cinq premiers numéros vont en décroissant comme les chiffres $\frac{1}{2}, \frac{1}{4}, \frac{1}{8}, \frac{1}{16}$.

Dans le n° 1 il y a sensiblement parties égales de matière colorante et dans le n° 5, le ton le plus clair, il y a 25,5 fois plus de chromate rouge que de chromate jaune.

Cet exemple numérique montre bien à quel point change la couleur d'une matière colorante quand on la délaie avec une matière incolore. Les n°s 6 à 9 donnent la composition des couleurs mères correspondantes.

Nous avons voulu nous rendre compte de la place occupée dans la construction chromatique de M. Chevreul, par les cinq tons de la gamme esthétique et constater ainsi l'écart qui existe entre les deux gammes.

Cette comparaison a été faite en 1876, par le chef des teinturiers des Gobelins, en présence de M. Chevreul, dans son laboratoire, avec les tons de la construction chromatique dont il a conçu le plan et qui a été exécuté sous sa direction. On ne saurait prendre un point de comparaison plus authentique ; voici le résultat de cette comparaison :

Numéros	Place de ces tons dans le cercle chromatique des Gobelins
1	5 orangé 8e ton
2	2 — 5e —
3	5 rouge-orangé 4e ton
4	4 — 3e —
5	3 — 2e —

D'après cela, le ton le plus clair de cette gamme esthétique ne correspondrait plus à un orangé-jaune, mais à un rouge-orangé.

On se rend compte combien cet écart est considérable, en se rappelant que du 3e rouge-orangé à l'orangé-jaune, il y a dans le cercle chromatique de Chevreul neuf gammes, chacune de dix tons. C'est donc un ensemble de quatre-vingt-dix normes parmi lesquelles il a fallu choisir les cinq tons ayant même complémentaire.

Ce fait montre que des teinturiers, dont ni l'expérience ni l'habileté ne peuvent être contestées, se sont trompés en exécutant leurs gammes.

Leur œil n'a pu les avertir que les tons clairs de leurs gammes sont plus verdâtres que les tons foncés. Ils exécutent ces gammes, selon la pratique de leur art, en employant moins de matière colorante pour les tons clairs que pour les tons foncés ; c'est ce que Chevreul explique d'ailleurs lui-même en donnant la définition du mot « ton ». « ... J'ai appelé, dit-il, *tons d'une couleur*, les différents degrés d'intensité dont cette couleur est susceptible suivant que la *matière* qui la représente est pure ou simplement mélangée de blanc. »

La gamme du cercle chromatique des Gobelins représente le résultat du mélange des matières ; elle n'a aucune signification esthétique, tandis que la gamme dont tous les tons ont même complémentaire correspond au mélange de la sensation de couleur avec celle du blanc (voir planche V).

Les tons clairs de la gamme empirique sont plus verdâtres que la couleur de la matière colorante d'où ils dérivent. Ce fait est démontré par la détermination de la complémentaire de chacun des tons (voir planche III). Et ceci explique pourquoi les tons de la gamme esthétique nous paraissent plus rougeâtres : c'est par opposition ; quand on n'a connu que les tons de la gamme empirique on les a naturellement considérés comme la dégradation normale de la couleur de la matière colorante d'où ils dérivent et alors notre jugement résulte de la comparaison inconsciente entre la gamme que nous connaissons de longue date par expérience, et la nouvelle gamme obtenue méthodiquement par des moyens précis.

Le verdissement des tons clairs n'est pas le seul résultat du mélange des matières blanches avec les matières colorantes ; nous avons constaté que les tons clairs nous paraissent plus vifs de couleur que ceux de la gamme esthétique. Ceci est logique. La dilution des matières colorantes par la matière blanche exalte leur pouvoir colorant dans une mesure considérable ; tandis que dans la gamme esthétique le ton clair n'a que l'intensité de coloration que l'angle du secteur coloré lui procure et qui est toujours plus petite que celle de la couleur franche que l'on dégrade. Il paraît gris par comparaison.

§ 43. Erreurs anciennes sur les complémentaires. — La comparaison inconsciente, dont il vient d'être question, entre les tons clairs résultant du mélange des matières avec celui résultant du mélange des sensations, a donné lieu à une erreur de jugement concernant les complémentaires. Erreur funeste, car elle a eu pour effet de faire considérer des couleurs comme complémentaires, alors qu'elles ne le sont pas, et de créer un désaccord apparent entre les données de la science et l'expérience acquise par les artistes. On enseigne, en effet, que le rouge est la complémentaire du vert, l'orangé la complémentaire du bleu et le jaune la complémentaire du violet. Ces données sont inexactes. Néanmoins, elles ont été admises comme vraies par Chevreul, quand il a créé son cercle chromatique, qui à la suite de cette erreur perd toute signification scientifique. Elle est encore reproduite de nos jours dans un grand nombre d'ouvrages. Brücke est le premier qui ait reconnu que la complémentaire du rouge n'est pas le vert, mais le 4ᵉ vert du cercle chromatique de Chevreul. Plus tard, Helmholtz, opérant avec les couleurs du spectre et les mélangeant deux à deux, a reconnu que le jaune n'est pas complémentaire du violet mais du bleu.

Voici, d'après les expériences faites avec les disques tournants, quelle est la place, dans le cercle chromatique de Chevreul, d'après la copie chromolithographiée de Dijon, des principales couleurs :

Ancienne complémentaire erronée	Couleur	Complémentaire vraie
Vert	Rouge	4e Vert
Violet	Jaune	Bleu
Orangé	Bleu	Jaune
	Orangé	Vert-bleu
	Violet	3e Jaune-vert
	Vert	4e Violet

On voit que la différence est considérable, et que, si un artiste, suivant les conseils de la science, qui lui enseigne d'assortir deux couleurs complémentaires, prend du violet à la place du bleu ou de l'orangé à la place du jaune, on comprend l'insuccès de cet arrangement. Et il est naturel que cet artiste préfère se fier à son goût et à son expérience, et ne pas tenir compte des règles recommandées par les ouvrages spéciaux. L'origine de cette erreur sur les complémentaires remonte à 1786. C'est Robert-Waring Darwin([1]) qui en est l'auteur. Il dit : « Après que l'organe de la vision a été fatigué par une certaine action, il prend spontanément un genre d'action opposé. »

Il donne alors la liste des complémentaires d'après lui.

R.-W. Darwin ne se sert pas du mot « complémentaire », qui n'a été créé qu'en 1806 par Prieur, mais il emploie l'expression « spectre inverse oculaire » synonyme de « couleur accidentelle », créé par Buffon en 1743.

Cette erreur de Darwin, maintenue par ses successeurs, est une des plus tenaces dont on connaisse un exemple dans l'histoire. Rectifiée depuis 1865, elle ne s'en est pas moins perpétuée dans les ouvrages sur la peinture, la teinture, et elle n'a pas peu contribué à retarder les applications de la science aux coloris artistiques ou industriels.

Voici comment cette erreur s'est produite : Il est dit plus haut que R.-W. Darwin a indiqué comme complémentaires les « couleurs accidentelles » et en ceci il ne s'est pas trompé. Il ne s'est trompé que sur le nom de la couleur vue par lui.

En regardant, par exemple, « l'image accidentelle » du bleu, on voit une coloration qui est un jaune, vraie complémentaire du bleu.

Mais cette coloration est vue sur fond blanc, c'est donc un mélange de la sensation de blanc et de jaune que l'on voit, et qui est nécessairement une couleur très claire.

Si on voulait copier cette coloration avec des matières colorantes, il faudrait prendre, non pas une matière colorante *jaune* ; car d'après ce

---

([1]) DARWIN (R.-W.), *New experiments on the ocular spectra of light and colours. Philos. Transact.*, t. LXXVI, année 1786, part. 2, p. 313 et suiv. (*Bibliographie analytique* de Plateau, IIe section, p. 32.)

qui a été démontré dans le chapitre précédent, la matière jaune, éclaircie par du blanc, donnerait une coloration trop verdâtre ; mais il faudrait prendre une matière orangée, qui, mélangée de blanc, donne des tons clairs complémentaires du bleu.

Ce fait était inconnu des anciens observateurs. Et, ayant dû employer une matière orangée pour copier « le spectre » du bleu, ils en ont conclu que la complémentaire du bleu est l'orangé. Conclusion erronée comme on vient de le voir.

Pour arriver à cette conclusion, il n'était d'ailleurs pas nécessaire de copier réellement le « spectre » du bleu. Il suffit d'avoir quelque expérience dans le maniement des matières colorantes, pour savoir les substances qu'il faut mélanger pour arriver à un aspect donné.

De sorte que c'est par comparaison inconsciente entre l'effet constaté et les matières qui peuvent servir à le reproduire, que R.-W. Darwin a appelé *orangé* le « spectre » du bleu.

« Quand la rétine a été mise en action par un stimulus un peu plus fort que celui qui est mentionné en dernier lieu, elle tombe dans une action spasmodique de nature opposée ([1]). Ainsi la contemplation d'un :

Rouge	donne ensuite un spectre *vert*		*Bleu*	donne ensuite un spectre *orangé*	
Vert	—	*rouge*	*Jaune*	—	*violet*[2]
Orangé	—	*bleu*	*Violet*	—	*jaune*

C'est pour le rouge et le vert que l'écart est le moindre ; les matières colorantes qui représentent ces deux couleurs ne subissent pas par la dilution au même degré le changement de couleur, qui est considérable pour les orangés, les jaunes, les violets et les bleus.

Cet exemple montre jusqu'à quel point le cerveau intervient dans les conclusions à tirer d'expériences de cette nature. Il agit selon l'éducation qu'il a reçue.

La comparaison inconsciente entre phénomènes observés et phénomènes déjà connus, mais non présents, est intervenue à plusieurs reprises dans ce qui précède. Elle conduit à des jugements rapides, mais erronés, qu'il est d'autant plus difficile de reviser, que la rectification exige une expérimentation précise et une logique rigoureuse, tandis que le maintien de l'erreur n'exige aucun effort.

([1]) Robert-Waring DARWIN, *New experiments on the ocular spectra of light and colours* (*Philos. Transact.*, t. LXXVI. année 1786, part. 2, p. 327-329).

([2]) BRÜCKE, *Ueber Ergaenzungs und Contrastfarben* (*Bulletin de l'Acad. de Vienne*, t. LI. 2ᵉ partie, p. 461 1865.

« Les couleurs accidentelles semblent n'être pas toujours complémentaires des réelles »

Observations de l'auteur : c'est la première fois que le fait est mentionné. Et il est exact. L'orangé n'est pas complémentaire du bleu, mais du vert-bleu ; le jaune n'est pas complémentaire du violet, mais du bleu, etc. Nous en avons donné l'explication § 37 à 42.

CHAPITRE VIII

INFLUENCE DE L'ÉCLAIRAGE SUR LA COULEUR

La matière colorante est le moyen le plus commode et le plus employé pour produire la sensation de couleur, par l'intermédiaire de la lumière.

En effet, le rôle de la matière n'est pas seulement d'absorber quelques-uns des rayons de lumière incidents, mais surtout de donner la couleur par les rayons non absorbés.

Il faut donc que les *rayons non absorbés* existent dans la lumière incidente.

EXEMPLE. — Sur un tableau on a réuni des papiers peints en rouge, orangé, jaune, vert, bleu et violet.

Ces colorations se voient intégralement dans la lumière blanche du jour. Dans la lumière de l'arc électrique, et dans la lumière, encore plus pauvre en rayons violets, de la lampe à incandescence, déjà le *violet noircit*, c'est-à-dire il commence à s'éteindre.

Dans la lumière d'une lampe à pétrole ou du gaz, de la bougie, le blanc se distingue à peine du jaune, et le vert du bleu.

§ 14. Éclairage rouge. — Mais si on éclaire le tableau par la lumière monochromatique *rouge*, par exemple, le vert, le bleu paraîtront *noirs* et le violet paraîtra rouge sombre. Car les matières employées pour le représenter éteignent tous les rayons bleus et laissent passer un peu de rouge.

Les matières jaunes et orangées, qui toutes respectent le rouge, paraîtront rouge plus ou moins clair. Enfin les matières rouges et les matières blanches paraîtront, à plus forte raison, en rouge plus ou moins foncé.

Le rouge est la seule lumière monochromatique que l'on puisse produire avec des matières colorantes en dissolution ou avec un verre coloré ; alors l'absorption opérée par les matières colorantes ne peut s'exercer que sur une seule espèce : sur le rouge. Le phénomène observé est, dans ce cas, relativement le plus simple que l'on puisse réaliser.

tenu par le mélange des sensations, ainsi qu'on l'obtiendrait par le disque tournant.

Si au contraire on broie ensemble les deux matières, le mélange est plus intime; et l'aspect change. Le résultat du mélange est une couleur plus vive à la fois et plus verdâtre.

§ 38. Étude de la coloration des tons obtenus. — 1° *Par les disques tournants.* — Par l'addition de blanc à la couleur, on obtient ce qu'on a voulu obtenir, c'est-à-dire on a « éclairci » la couleur.

Mais on lui a fait subir une autre modification dont on n'est pas averti et dont on n'est pas maître; *on a changé sa couleur.*

Ce fait important se reconnaît aisément, en déterminant la complémentaire de la couleur mère et celle du mélange éclairci.

EXEMPLE: Une feuille de papier est peinte avec du jaune de chrome pur; une deuxième avec le mélange :

Jaune de chrome................   1 gr.
Sulfate de baryte (blanc)........   999 —

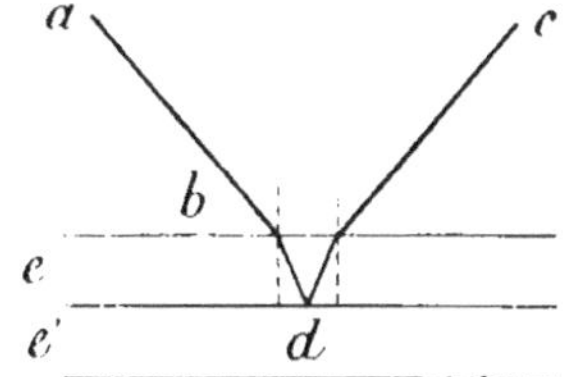

FIG. 17. — Deux lames sont superposées. — La lame *e* est colorée. Le rayon incident *a* traverse la lame, se réfracte en *b*, se réfléchit en *d* et est renvoyé dans la direction de *c*. Il a traversé deux fois la lame et s'est coloré. — Plus l'épaisseur *e* est grande si c'est une lame colorée, et plus grande est la proportion des rayons les plus réfrangibles qui se trouvent éteints; plus alors la couleur du rayon *c* se rapproche du rouge. Inversement moins cette épaisseur est grande (si *e'* est une lame incolore) moins le rouge domine et la couleur du rayon *c* sera plus verdâtre.

La complémentaire du premier déterminée par les disques tournants est un bleu (2° bleu du cercle de Digeon), tandis que celle du mélange est le violet-bleu. L'écart est de 5 numéros du cercle. Il ne faut pas attacher d'importance à ces chiffres, mais retenir simplement ceci, c'est que la complémentaire du bleu est le jaune, celle du violet-bleu est presque un vert, c'est un jaune-vert.

La même matière, qui est jaune à l'état concentré, devient jaune-vert par la dilution. C'est assurément là une modification sensible. Ce fait est tout à fait général.

Un jaune-orangé est imprimé en fond uni, au rouleau [1]. C'est un mélange de :

Chromate rouge de plomb.......   191 gr.
Chromate jaune................   196 —

Puis on en imprime des coupures 1, 3, 5, 7, 15, ce qui correspond aux dilutions $\frac{1}{2}, \frac{1}{4}, \frac{1}{8}, \frac{1}{16}$.

[1] A. ROSENSTIEHL, *Les premiers Éléments de la science de la Couleur*, Mulhouse, 1884 (avec planches coloriées).

Ces mélanges sont imprimés à leur tour. Puis on détermine, pour chacun de ces cinq mélanges imprimés, la complémentaire, à l'aide des disques tournants. Voici le résultat de ce classement :

Voir Pl. III

N^{os}	Poids de matières colorantes au litre	Nom de la complémentaire	N^{os}
1	387	4° Vert-bleu	6
2	$\dfrac{387}{2} = 193,5$	2° Vert-bleu	7
3	$\dfrac{387}{4} = 97$	Bleu	8
4	$\dfrac{387}{8} = 48$	2° Bleu	9
5	$\dfrac{387}{16} = 24$	3° Bleu	10

On voit que dans la dilution par transparence, le changement de coloration a lieu, et dans le même sens, qu'avec les matières couvrantes. Ce qui a lieu avec les matières jaunes et orangées se produit aussi avec les matières qui représentent leurs complémentaires.

La couleur du bleu d'outremer pur a pour complémentaire le 5° jaune tandis que le mélange :

Sulfate de baryte............ 74
Bleu d'outremer.............. 1

a pour complément le 2° jaune. Ce qui veut dire que la couleur de l'outremer pur est un bleu-violet. Celle du mélange au $\dfrac{1}{75}$ est un bleu notablement moins violet.

Toutes les matières colorantes se comportent de même et le sens général ne varie pas. Par la dilution, la couleur des colorants verdit ; par la concentration, elle se rapproche du rouge. Cette circonstance explique pourquoi la couleur des colorants rouges et celle des matières vertes sont peu modifiées par la dilution.

L'altération de la couleur est maximum pour les jaunes et les bleus, minimum pour les rouges et les verts.

Ce fait, capital au point de vue des applications, peut être démontré d'une manière frappante, à l'aide de disques tournants, arrangés en tableau synoptique.

On dispose, par exemple, en quatre secteurs concentriques les quatre dégradations de l'orangé-jaune en donnant à chacun des secteurs un angle tel que le vert-bleu complémentaire du deuxième ton produise le gris normal avec ce ton.

Les secteurs des trois autres tons seront pris tels que ce qu'il y a de

PLANCHE III (p. 48)

Elle représente dans la colonne de gauche l'aspect que prend la couleur d'une matière colorante, quand on l'applique en couche de plus en plus mince sur fond blanc.

La colonne de droite montre la nuance des bleus complémentaires correspondant à chaque dilution du jaune orangé n· 1.

On voit que la nuance de ce bleu devient de plus en plus rouge, à mesure que la dilution du jaune orangé augmente (N· 10).

Ce qui prouve que les tons clairs de cette couleur sont d'une nuance plus verte que les tons foncés.

6

7

8

9

10

La gamme empirique

Complémentaires correspondantes

Le fait du verdissage des couleurs par la dilution est trop peu connu. Cependant il présente de telles conséquences pour l'harmonie des couleurs, qu'on ne saurait trop la mettre en relief par des exemples.

Tel est le but de la planche IV.

On y voit que la matière colorante bleue verdit par la dilution, tout comme la matière colorante jaune. La figure 1 montre deux disques concentriques superposés. Le secteur extérieur est peint en bleu de Prusse foncé. Le secteur intérieur bleu clair est obtenu en appliquant la même matière colorante en couche plus mince.

Le secteur jaune-orangé, commun aux deux disques, est choisi de telle sorte qu'il soit de couleur complémentaire du bleu clair et les angles respectifs des secteurs bleu et jaune ont été déterminés par l'expérience, de manière à reproduire par la rotation rapide du disque un gris normal. Ce gris est représenté dans le centre du disque en rotation (Pl. IV, fig. 2).

Ce même jaune-orangé n'est plus complémentaire du bleu foncé, car il produit avec lui un gris fortement teinté de rouge, ainsi que le montre l'anneau extérieur de la même figure.

Par tâtonnement on a déterminé l'angle du secteur jaune-orangé, qui donne avec le bleu foncé un gris qui ne soit teinté ni de jaune ni de bleu.

La figure du disque au repos montre qu'il a fallu, dans ce cas, un secteur plus petit pour le ton foncé que pour le ton clair.

Cette expérience prouve que, pour le bleu de Prusse, les choses se passent comme pour l'orangé de chrome, et que le ton foncé est nettement plus rougeâtre que le ton clair et moins intense de coloration.

FIG. 1. — Disque au repos

FIG. 2. — Disque en rotation

plus jaune soit neutralisé par la complémentaire du deuxième ton. Les gris obtenus par les tons ne seront plus neutres; ils seront d'autant plus verts que la dilution sera plus grande et d'autant plus teintés de rouge que la dilution sera moindre.

La rotation du disque montrera quatre gris; dont la coloration pourra être ainsi facilement comparée, puisqu'ils sont vus en cercles concentriques dans un même plan (*fig.* 18).

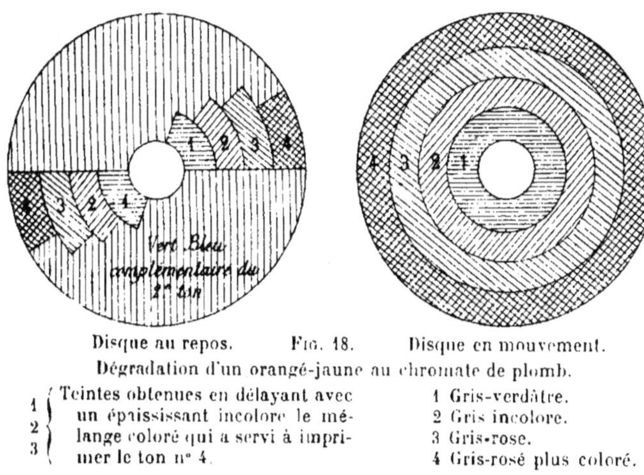

Disque au repos.   FIG. 18.   Disque en mouvement.

Dégradation d'un orangé-jaune au chromate de plomb.

1	Teintes obtenues en délayant avec un épaississant incolore le mélange coloré qui a servi à imprimer le ton n° 4.	1 Gris-verdâtre.
2		2 Gris incolore.
3		3 Gris-rose.
		4 Gris-rosé plus coloré.

Ainsi le seul fait d'avoir délayé dans un épaississant incolore, ou appliqué en couche plus mince, un colorant, sur un fond blanc; ou d'y avoir mêlé une poudre blanche, l'aspect du mélange n'est pas seulement éclairci, mais la nuance même de la matière colorante est verdie.

2° *Par les spectres d'absorption.* — Ce fait, très général, se trouve corroboré par l'examen du spectre d'absorption des matières colorantes.

Quand la lumière agit sur une matière colorante, ce n'est pas seulement une partie de la lumière incidente qui se trouve détruite, mais un certain nombre de radiations élémentaires subissent le même sort.

Ce qui subsiste après cette destruction constitue la couleur propre du corps. Mais cette couleur varie avec l'épaisseur de la couche colorée qui est traversée.

Le fait se démontre aisément en examinant au spectroscope la lumière qui a passé par une dissolution de matière colorante placée dans une cave en verre dont le creux qui reçoit le liquide coloré possède la forme d'un V. Grâce à cette disposition, la lumière traverse une couche de dissolution dont l'épaisseur varie de 0 à un maximum qui est celui de la largeur de la base du V.

Les rayons qui passent par la pointe du V donnent le spectre complet.
Et à mesure que l'épaisseur de la couche colorée augmente on voit dans

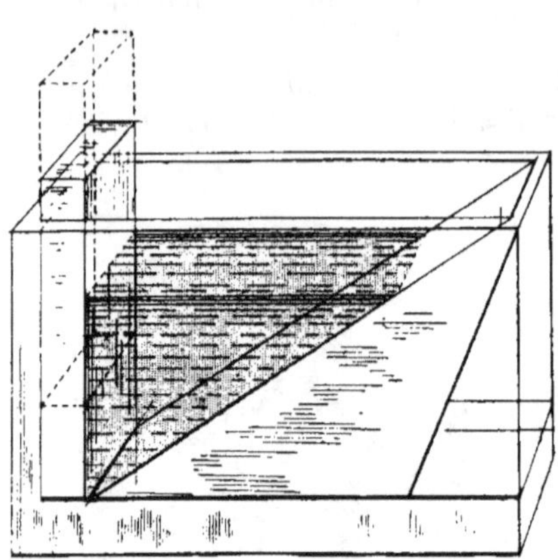

le spectre se produire des lacunes qui s'élargissent vers la base du V. On choisit la dissolution à un degré de dilution tel que la partie la plus épaisse soit encore transparente. Dans ces conditions on observe que pour les colorants bleus et les colorants jaunes, ce qui est d'abord absorbé en totalité ou en partie, ce sont les rayons verts. Puis viennent, selon les cas, les jaunes, les bleus, les violets ; le rouge résiste le plus longtemps à l'absorption. Il y a même des colorants verts dont le spectre présente une bande rouge.

Celle-ci est encore ici la dernière à s'éteindre.

Fig. 19. — Cuve en verre avec creux prismatique. La partie pointillée est remplie par le liquide coloré. Elle précède un prisme en verre formant l'une des parois, et dont la fonction est de redresser le rayon dévié par le prisme liquide.

Le rouge est donc la radiation la plus résistante. Ce que nous confirme, d'ailleurs, l'expérience de tous les jours.

La couleur d'un corps solide, par exemple le fer, chauffé jusqu'au blanc-soudant, changera à mesure que ce corps se refroidit ; son éclat diminue en même temps que sa couleur rougit, et c'est de la lumière rouge qu'il émettra avant de s'éteindre définitivement.

Il en est de même des flammes éclairantes. Leur éclat diminue avec la distance à laquelle elles sont vues. Et la couleur change en même temps. Du jaune, elle passe à l'orangé.

Ce changement s'observe très bien, quand on voit, dans une longue rue tracée en ligne droite, s'échelonner une série de becs de gaz. Les flammes les plus éloignées paraissent rouges en comparaison des plus rapprochées. Ce sont les fines poussières de l'atmosphère des villes qui fonctionnent ici comme matière absorbante : les radiations qui ont la plus petite longueur d'onde sont éteintes les premières. Les radiations rouges survivent (¹).

____

(¹) Depuis que les becs Auer ont été substitués aux papillons à gaz, ce phénomène est moins visible.

§ 45. Éclairage jaune. — En prenant la lumière qui a traversé un verre jaune, ou une dissolution d'une matière colorante jaune, le phénomène est plus complexe.

Le jaune simple existe en quantité insuffisante dans le spectre solaire ou dans les lumières blanches artificielles. Le spectroscope montre que le jaune des matières colorantes résulte toujours d'un mélange de radiations comprises entre le rouge et le jaune vert [1]. En éclairant le tableau des couleurs avec cette lumière complexe, on ne verra que les couleurs qui viennent d'être nommées : le rouge sera presque noir ; l'orangé, le jaune seront très éclairés ; le vert, s'il est un peu jaunâtre, sera très foncé, presque noir.

Quant au bleu et au violet, ils seront noirs totalement, la lumière incidente ne contenant pas ces rayons.

§ 46. Éclairage vert. — La lumière verte qui traverse un verre vert n'est pas simple non plus. Son spectre indique la présence des rayons verts, accompagnés de rayons bleus en quantité moindre. En outre, dans le spectre de beaucoup de matières colorantes vertes, on constate la présence d'une certaine quantité de *rayons rouges*.

Rouge, orangé, jaune seront éteints. Le vert dominera, le bleu sera visible mais très foncé et le violet sera noir.

En un mot, toutes les couleurs dont les radiations n'existent pas dans la lumière incidente paraîtront *noires*.

§ 47. Lumière bleue. — Le bleu simple du spectre solaire ne peut être obtenu ni par des verres de couleurs, ni par les dissolutions des matières colorantes.

Les lumières bleues obtenues par les écrans de cette couleur sont un mélange de vert, de violet et de bleu.

C'est donc dans cet éclairage complexe que peuvent être vus les tableaux colorés.

La meilleure source de lumière bleue est toujours le verre bleu de cobalt, que l'on fait traverser soit par la lumière solaire, soit par la lumière de l'arc électrique. Dans cette lumière, les matières vertes et les matières violettes seront visibles, mais de couleur foncée. Les matières bleues seront fort belles : le rouge, l'orangé, le jaune et le jaune-vert paraîtront noirs.

§ 48. Éclairage par les rayons violets et ultra-violets. — La lu-

---

[1] Albert Scheurer, *Bulletin de la Société industrielle de Mulhouse*, t. LXI, *Procès-verbaux*, p. 45 ; mémoire *in extenso*, p. 339.

mière solaire, la lumière de la lampe à mercure, celle de l'arc électrique sont riches en rayons ultra-violets, qui invisibles pour notre œil, le deviennent au contact des substances dites « fluorescentes ».

Si on projette la lumière violette, obtenue en faisant passer les rayons provenant d'une des sources ci-dessus, à travers un verre bleu de cobalt assez épais, les rayons visibles sont éteints à l'exception d'une partie des rayons violets.

Mais les rayons ultra-violets, invisibles, ne le sont qu'en petite quantité.

De sorte que si on projette ces radiations sur un écran blanc, c'est à peine si on aperçoit une lueur violette.

En plaçant sur cet écran une collection de fibres teintes en couleurs variant du rouge au jaune en passant par l'orangé, les unes paraîtront noires ou brunes, et d'autres deviennent non seulement visibles, *mais lumineuses*.

C'est une des plus belles expériences que l'on puisse faire, en montrant l'influence de l'éclairage sur les corps colorés.

On est surpris de voir, à côté de corps colorés invisibles dans cet éclairage, d'autres briller comme des foyers de lumière.

Les colorants qui jouissent de cette propriété appartiennent à la classe des phtaléines dont les unes sont jaunes (la fluorescéine), les autres de couleur aurore (éosines) ou de couleur violet-rouge (érythrosines, rhodamines).

Tous ces colorants sont fluorescents à la lumière du jour ; ils agissent sur les radiations ultra-violettes invisibles en augmentant leur longueur d'onde et en leur conférant la propriété des rayons lumineux visibles.

Les colorants de cette classe éteignent certaines radiations de la lumière incidente, comme toutes les matières colorantes, possèdent en outre une fonction opposée, celle de rendre visibles des radiations que notre œil ne voit pas, et de les transformer en source de lumière.

§ 19. Les lumières blanches. — La lumière solaire diffuse est le type des lumières blanches.

C'est aussi la plus compliquée des lumières, puisqu'elle contient toutes les radiations simples du rouge au violet, en passant par l'orangé, le jaune, le vert, le bleu.

Cependant il lui manque une couleur, c'est l'intermédiaire entre le violet et le rouge, c'est-à-dire les couleurs que nous appelons cramoisi, violet-rouge et pourpre.

Ce sont les couleurs complémentaires du vert.

Or, puisque nous constatons leur absence, c'est que notre œil est organisé en conséquence : *il voit des couleurs que le spectre solaire ne renferme point.*

Par contre, l'œil ne voit pas toutes les radiations du spectre solaire. Il ne voit ni les rayons infra-rouges, ni les rayons ultra-violets.

Cette différence entre le spectre et la faculté de notre œil montre déjà qu'il n'y a pas de relations simples entre les propriétés physiques de la lumière colorée, et la manière dont notre œil perçoit les couleurs. Ce point est mis hors de doute par la circonstance que nous ne percevons les couleurs que par un éclairage moyen. En deçà, il n'y a pas de coloration (Ex. : le paysage au clair de l'une) ; au delà, dès que l'éclairage est très fort, qu'il devient éclatant, éblouissant, aveuglant, la couleur n'est plus perçue. La flamme du feu de Bengale est peu colorée : la coloration ne se voit belle que dans les reflets de cette lumière.

Chevreul, en concentrant avec une lentille convergente les radiations simples du spectre, a vu la couleur s'affaiblir à mesure que l'image au foyer de la lentille était plus lumineuse. Physiquement la lumière est restée simple, définie par sa réfrangibilité ; mais physiologiquement, elle a cessé d'être colorée, soit que l'impression ait été trop faible ou qu'elle ait été trop forte.

Une autre particularité des couleurs spectrales, c'est qu'elles peuvent deux par deux reconstituer la sensation du blanc.

Toutes les couleurs du spectre ne sont donc pas nécessaires pour produire la sensation du blanc.

Newton, qui en 1704 a le premier montré la complexité de la lumière blanche, n'a réussi a reproduire cette lumière blanche qu'en les mêlant toutes. En vain il a essayé un nombre moindre de radiations.

C'est Jurin qui le premier fit, en 1805, de la lumière blanche avec deux rayons simples du spectre.

Helmholtz a fait une étude complète et demeurée classique de ce phénomène.

Il a isolé du spectre solaire certains rayons colorés, à l'aide d'écrans convenablement fendus, et a superposé ces rayons deux à deux, de manière à recomposer ainsi une série de lumières blanches binaires. Maxwell s'est appliqué à faire des mélanges blancs avec trois couleurs spectrales (1855-1856).

Ces lumières blanches sont-elles identiques entre elles? Évidemment non, car en les décomposant par le prisme, elles ne donnent plus un spectre complet, mais un spectre partiel formé de bandes représentant les couleurs employées à faire la lumière blanche.

La diversité de ces lumières blanches se manifeste quand on les

projette sur des objets colorés. Et on peut donner à la démonstration la
forme suivante, très saisissante :

Sur un écran blanc on projette quatre espèces de lumières blanches,
soit : 1° la lumière solaire ; 2° le couple rouge et le 4° vert ; 3° le couple
formé de jaune et de bleu ; 4° le couple jaune-vert et violet. On s'arrange
de façon à ce que ces quatre lumières aient à peu près même intensité.
Dans cet état elles ne peuvent être distinguées. Alors à l'écran blanc on
substitue une étoffe colorée, soit du rouge d'Andrinople. Pour fixer les
idées, admettons que cette coloration jouisse de la propriété de détruire
tous les rayons colorés, sauf le rouge et le violet, ce qui est très près de
la vérité. L'étoffe rouge ne changera pas d'aspect dans la lumière solaire
qui renferme du rouge et du violet. Mais dans la lumière formée de rouge
et de 4° vert, le vert sera éteint. Il ne restera que du rouge qui n'étant
plus que la moitié de la lumière incidente paraîtra *rouge sombre*. Dans
le deuxième couple, jaune et bleu, l'étoffe paraîtra *noire*, ces deux couleurs étant éteintes par le rouge d'Andrinople. Enfin dans le troisième
couple (jaune-vert et violet), l'étoffe sera *violet foncé*.

Ainsi dans des éclairages en apparence identiques, le même objet
apparaîtra tour à tour lumineux ou noir, rouge et violet. On peut à peine
se figurer l'aspect que prendraient les objets qui nous entourent, si successivement on les éclairait avec des lumières blanches binaires diverses,
mais on prévoit aisément qu'on assisterait à des changements de couleurs
surprenants. On peut même concevoir qu'un corps *blanc* dans telle couleur binaire puisse paraître noir dans telle autre. Il suffit que ce corps
ait la propriété d'éteindre deux radiations de couleur complémentaire.

Aucun exemple n'est de nature à mieux faire voir la différence profonde
qui existe entre le mélange des lumières et le mélange des sensations.
Ces diverses lumières sont blanches pour notre œil ; c'est-à-dire que la
sensation est la même pour toutes.

Tandis qu'au point de vue physique elles sont formées par des radiations colorées fort différentes, qui les caractérisent. De sorte que ce qui
est physiologiquement identique est différent au point de vue physique.
Il existe une infinité de lumières blanches binaires, ternaires et même
plus compliquées ; la notion du blanc n'a rien de défini pour le physicien.
tandis que c'est une propriété de l'œil de voir blancs certains mélanges
de couleurs. Et ces conditions montrent, une fois de plus, que le phénomène des couleurs complémentaires est essentiellement dû à la structure
de notre œil. Des expériences de cette nature ont été faites autrefois
par Foucault. A l'aide d'une disposition qu'il avait imaginée il pouvait
mélanger deux rayons colorés simples du spectre, étalés en teintes
plates. Il put juxtaposer des lumières blanches binaires ; en présentant

alors à cet éclairage un tableau colorié, tel qu'un portrait, par exemple, on pouvait constater des changements de couleur les plus inattendus.

La littérature n'a pas conservé trace de ces expériences curieuses, mais les amis de Foucault qui autrefois avaient été témoins de ces faits en ont gardé le souvenir.

(A la séance de la Société française de Physique du 5 janvier 1883, dans laquelle l'auteur a eu l'occasion de développer ses conclusions « sur la pluralité des lumières blanches », M. de Romilly a rappelé les expériences remarquables de Foucault.)

CHAPITRE IX

LE PHÉNOMÈNE DES COULEURS COMPLÉMENTAIRES
EST-IL D'ORDRE PHYSIQUE
OU D'ORDRE PHYSIOLOGIQUE?

§ **50. Confusions à éviter.** — Dans la définition qui a été donnée des couleurs complémentaires (§ 11) nous sommes restés exclusivement sur le terrain physiologique. Les couleurs sont considérées comme étant de pures sensations. Il y a des physiciens toutefois qui n'ont vu dans le fait des couleurs complémentaires qu'un phénomène d'ordre physique ; la question vaut la peine d'être discutée ; il importe d'avoir des idées nettes et claires sur la manière dont il convient d'interpréter les phénomènes observés. Il est utile d'examiner les faits qui montrent que l'existence des couleurs complémentaires dépend des propriétés physiques de la lumière ou de l'organisation spéciale de notre œil.

Un point sur lequel l'attention doit toujours être portée, quand on étudie les lois de la vision des couleurs, c'est la confusion possible entre les trois significations du mot « couleur ».

Il faut s'appliquer à distinguer entre les lumières colorées et le résultat du mélange de ces lumières ; entre la matière colorante et le résultat du mélange des matières colorantes ; entre l'œil qui perçoit et le résultat du mélange des sensations colorées.

L'expérience de Plateau, qui fait voir la différence entre le mélange des sensations et celui des matières colorées a déjà été citée (§ 6).

Les expériences de Newton sur la synthèse de la lumière blanche à l'aide de tous les rayons colorés du spectre, a été mal interprétée dans la suite.

Voici comment Newton décrit cette expérience [1] :

« Après avoir réuni en une image blanche, à l'aide d'une lentille, les différents rayons colorés séparés par un prisme, on fait glisser devant la

---

[1] Newton (1704), *Optics*, livre I. part. II, prop. 5, expér. 10.

lentille un instrument en forme de peigne à larges dents, dont chacune, en passant, intercepte nécessairement une partie des rayons colorés.

« Alors, si le peigne se meut avec lenteur, on voit l'image formée au foyer de la lentille se colorer successivement de teintes diverses, résultant du mélange des rayons qui passent dans les intervalles des dents ; mais si l'on fait mouvoir le peigne avec une rapidité suffisante, toute coloration disparaît dans l'image focale, qui redevient complètement blanche. (Cette expérience fait partie de la série de celles par lesquelles Newton prouve la composition de la lumière blanche.) C'est que, lorsque les différentes couleurs se succèdent dans cette image avec une grande rapidité, la sensation de chacune d'elles demeure imprimée dans le sensorium, jusqu'à ce que toute la série des autres ait passé et que celle-là revienne de nouveau, de sorte que les impressions de toutes ces couleurs produisent ainsi par leur mélange une sensation commune. » (PLATEAU, *Bibliographie analytique*, sect. I, p. 11, 1877.)

C'est bien au mélange des sensations colorées que Newton attribue la reconstitution du blanc, qui est pour lui une sensation.

Et cependant cette expérience est citée dans les ouvrages d'enseignement, comme l'une de celles par lesquelles Newton a pensé faire la *synthèse de la lumière blanche*.

On voit par là la nécessité de distinguer nettement le mélange des lumières du mélange des sensations.

Dans cette expérience du peigne, dont le mouvement rapide fait disparaître toute coloration, ce n'est pas la lumière blanche qui se trouve reformée, mais la sensation du blanc qui résulte du mélange des sensations de couleur.

Si l'œil ne possédait la propriété de garder pendant un temps ses impressions, le mouvement du peigne eût produit un résultat différent. Il faut en conclure que la sensation du blanc est une sensation complexe.

L'expérience que Newton fit avec les poudres colorées, pour faire la synthèse de la lumière blanche est du même ordre.

En mélangeant diverses poudres colorées, en proportions convenables, il obtint un mélange d'aspect gris, ne possédant plus aucune coloration.

En variant l'intensité de l'éclairage par l'inclinaison de la feuille enduite du mélange, celle-ci a pu même lui paraître blanche à distance. Ce résultat tient uniquement à ce fait que la vue de petits objets juxtaposés est confuse ; ce n'est pas le mélange des lumières colorées, réfléchies, par ces parcelles de matière, qui arrivent à l'œil sous forme de lumière blanche, mais ce sont les images qui, se confondant sur la rétine, produisent la sensation du blanc.

Cette expérience repose encore sur une propriété physiologique de l'œil. Elle a trouvé une application ingénieuse et pleine de conséquences dans les procédés de photographie en couleurs de Joly et de Lumière (§ 136).

Dans tous les cours de physique élémentaire on répète une expérience faite en 1762 par Muschenbroeck (¹). Elle consiste à mettre en rotation rapide un disque sur lequel on a peint, sous forme de secteurs, sept couleurs qui sont : le rouge, l'orangé, le jaune, le vert, l'indigo, le violet, le bleu c'est-à-dire les sept couleurs distinguées dans le spectre par Newton. Si les matières colorantes sont bien choisies, et que l'appareil a été exécuté avec soin, la surface du disque en rotation paraît d'un gris parfaitement incolore.

Cette expérience est faite dans le but de montrer que la lumière blanche peut être recomposée par le mélange de plusieurs couleurs. C'est là une grave erreur, qui a créé dans les esprits une confusion très regrettable entre le mélange des lumières colorées et celui des sensations colorées. Elle s'est conservée dans les traités de physique et de physiologie les plus récents; les disques tournants y sont cités comme un moyen de mélanger des lumières. Or, il est certain que le mélange ne se fait pas sur le disque, ni dans l'espace intermédiaire, mais dans l'œil, grâce à la persistance des impressions sur la rétine. Le disque tournant offre un moyen de mélanger des sensations et non des lumières.

La confusion qui vient d'être signalée est une inadvertance commise dans l'interprétation des phénomènes ; dans beaucoup de cas, le mélange des lumières et celui des sensations conduit à un résultat identique. Mais il est des cas où la différence est considérable : tel est celui des lumières blanches binaires examiné dans le paragraphe précédent. On verra plus loin (théorie d'Young) que chaque couleur peut être reproduite par le mélange de plusieurs rayons simples colorés, et rendue identique d'aspect à un rayon simple isolé du spectre. Physiologiquement, ces couleurs seront identiques, et physiquement elles seront différentes, les unes étant simples, les autres composées.

Il y a donc nécessité absolue de distinguer le mélange des lumières de celui des sensations.

(¹) Cette expérience a été attribuée par erreur à Newton (1762).
Muschenbroeck, *Introductio ad philosophiam naturalem*. Leyde, t. II, § 1820.
L'auteur a partagé la surface plane supérieure d'une toupie d'Allemagne en parties peintes des 7 couleurs principales, dans les proportions où les montre le spectre solaire; lorsque la toupie était mise en rotation, la surface dont il s'agit paraissait de couleur cendrée, c'est-à-dire approchant d'un blanc imparfait.
Plateau ajoute : « C'est, je pense, la première fois qu'on a essayé d'obtenir du **blanc par** la rotation rapide d'un disque peint des sept couleurs prismatiques » (Plateau, *Bibliogr. analytique*, I sect., p. 15, 1877).

Une sensation unique peut être obtenue par divers mélanges de rayons colorés.

C'est une propriété spéciale à l'œil de voir *blancs* certains mélanges de couleur; et c'est à cette propriété qu'est due l'existence des couleurs complémentaires : on donne ce nom aux couleurs *qui, mélangées deux à deux dans des proportions déterminées, produisent la sensation du blanc.*

§ 51. Historique de la notion des couleurs complémentaires. —

L'expression de « couleur complémentaire » a été employée pour la première fois en 1806 par Prieur de la Côte-d'Or.

(*Annales de chimie de Paris*, t. LIV, p. 5; Bibliographie de Plateau, 5e section, p. 23.)

La définition qui en a été donnée par les différents auteurs est variable. *Chevreul (Loi du contraste simultané des couleurs*, p. 5, 1839) dit : « Il est évident, d'après la manière dont on considère la composition physique de la lumière du soleil, que si l'on réunissait la totalité de la lumière colorée absorbée par un corps coloré, avec la totalité de la lumière colorée qu'il réfléchit, on referait la lumière blanche. Or, c'est cette relation que deux lumières diversement colorées, prises dans une certaine proportion, ont de reproduire la lumière blanche, qu'on exprime par les mots de *lumières colorées complémentaires l'une de l'autre*, ou de *couleurs complémentaires.* »

« Il est encore difficile de ne pas admettre que parmi les rayons diversement colorés, réfléchis par les corps, il en est un certain nombre qui, complémentaires les uns des autres, doivent reformer de la lumière blanche en parvenant à la rétine. » (*Ibid*, p. 6.

Il résulte de ces textes que pour Chevreul les couleurs complémentaires sont un phénomène *physique :* « C'est un mélange de *lumières colorées*, reproduisant la *lumière blanche.* »

La lumière blanche serait ainsi un tout toujours égal à lui-même ; tandis que nous venons de démontrer qu'il existe un nombre indéfini de lumières blanches, qui sont des mélanges de lumières simples, qui n'ont de commun que leur aspect blanc, qui est une sensation spéciale, sans analogue.

Helmholtz (*Optique physiologique*, 1867, éd. française, p. 365) s'exprime ainsi : « Le blanc résulte de la combinaison de différents couples de couleurs simples.

« On appelle *complémentaires* les couleurs qui, mélangées dans un certain rapport, produisent le blanc...

« Parmi les couleurs du spectre, sont complémentaires :

« Le rouge et le bleu-verdâtre ;

« L'orangé et le bleu-cyanique ;

« Le jaune et le bleu-indigo ;

« Le jaune-verdâtre et le violet ;

« Le vert du spectre n'a pas de couleur complémentaire simple, mais une complémentaire composée : le pourpre.

« Afin de voir s'il existe des rapports réguliers entre les longueurs d'onde des couleurs simples complémentaires, j'ai déterminé les longueurs d'onde pour une série de couleurs complémentaires deux à deux. »

Sa conclusion est : « ... Il n'y a donc aucun rapport ni simple ni constant à trouver entre les longueurs d'onde des différentes couleurs complémentaires. »

Dans ce passage Helmholtz ne parle plus de lumière blanche ni de lumière colorée, comme le fait Chevreul. Mais il ne prononce pas le mot de « sensation ». S'agit-il pour lui d'un phénomène physique, ou d'un phénomène physiologique ? Cela demeure incertain. Cependant le fait qu'Helmholtz cherche une relation entre les longueurs d'onde des deux couleurs d'un couple complémentaire, montre qu'il pense à une propriété physique.

Rood, dans son *Traité scientifique des couleurs*, page 136, donne des couleurs complémentaires, la définition suivante :

« Dans le chapitre précédent, nous avons vu que le mélange de deux faisceaux de lumière colorée donne, dans certains cas, de la lumière blanche ; c'est ce que fait, par exemple, le mélange du bleu d'outremer et du jaune...

« ... Ou encore celui du rouge et du bleu-verdâtre. Toutes les fois que deux couleurs produisent la lumière blanche, elles sont dites *complémentaires*. »

Pour Rood, il s'agirait donc d'un phénomène physique ; ce sont des *lumières colorées*, qui par leur mélange produisent des *lumières blanches*.

Von Bezold (*Farbenlehre*, 1874, p. 110) dit : « Les couleurs qui entrent dans la composition du blanc sont des couleurs complémentaires. »

Et à la table des matières, p. xiv, il répète : « Deux couleurs qui, par leur mélange, produisent du blanc, sont dites *complémentaires*. »

Brücke (*Physiologie des couleurs*, p. 34) dit : « La lumière colorée réfléchie par les différents pigments est composée des mêmes espèces de lumière que celles qui composent le blanc. Je puis donc me figurer chaque couleur comme étant obtenue en enlevant du blanc, l'une des couleurs composantes. Cette dernière, maintenant qu'elle soit, en elle-même, simple ou composée, formera de nouveau du blanc si on la restitue au mélange de lumière d'où elle a été enlevée. Deux couleurs, par conséquent, qui, en formant leur image à la même place de la rétine, reconstituent le blanc, s'appellent couleurs complémentaires, parce qu'elles se complètent pour former le blanc. »

On voit que Brücke, dans la première partie de sa définition, adopte celle de Chevreul, et que pour lui le phénomène des couleurs complémentaires est d'ordre physique ; mais que dans la dernière partie, il fait le mélange sur la rétine, et, dès lors il s'agit d'un phénomène physiologique.

Toutes ces définitions ne sont pas d'accord entre elles. De plus, elles sont vagues, laissant l'esprit incertain sur le point capital. Seule celle de Chevreul est nette, mais erronée : il ne voit qu'un phénomène physique dans celui des couleurs complémentaires.

Toutes ces citations montrent la confusion qui existe dans les esprits au sujet des couleurs complémentaires.

Mais il est important pour la suite de ces études de savoir si la disparition de toute coloration, par le mélange des couleurs se passe en nous et ne dépend que de la structure de notre œil, ou si elle se passe en dehors de nous, et si elle est due aux propriétés physiques de la lumière.

On a vu que l'expérience démontre que c'est le premier cas qui correspond à la vérité, et que le phénomène des couleurs complémentaires est d'ordre physiologique.

CHAPITRE X

SUR LE MÉLANGE DES MATIÈRES COLORANTES. THÉORIE DES TROIS COULEURS PRIMAIRES

§ 52. Mélange de deux matières colorantes. — Une matière colorante est rarement employée seule. Le plus souvent, on se trouve dans la nécessité d'en modifier l'aspect par mélange avec une deuxième et même avec une troisième matière colorante. Les peintres, les teinturiers, tous ceux, artistes ou artisans, qui se servent journellement des colorants, savent par expérience obtenir un effet voulu, en mélangeant les matières colorantes. Ils suivent une règle très ancienne dite des « trois couleurs primaires ». D'après tout ce qui a été dit plus haut, il serait plus précis et plus correct de dire : la règle des trois matières colorantes. Ces trois matières colorantes sont une matière rouge, une matière jaune et une matière bleue. Car il y a un grand nombre de colorants rouges, de colorants bleus et de colorants jaunes, et qui ne peuvent se remplacer dans les mélanges. Chaque matière se comporte d'une façon qui lui est propre.

D'une manière générale on sait que le mélange de matière rouge et de matière jaune produit les colorations qui varient du rouge au jaune selon les proportions relatives employées; la couleur moyenne a reçu le nom « d'orangé », par comparaison avec le fruit que nous connaissons sous cette appellation.

Le mélange de matières rouges et de matières bleues produit des couleurs intermédiaires auxquelles on donne collectivement le nom de « violet » par comparaison avec la fleur qui possède cette couleur.

Le mélange de matières jaunes et de certaines matières bleues produit du vert.

La beauté de ce vert dépend beaucoup des colorants bleus et jaunes qui ont été employés, et les praticiens savent bien à quel mélange ils doivent donner la préférence.

On a « appelé couleurs binaires », l'orangé, le vert et le violet, parce qu'on les obtient par le mélange de deux matières colorantes.

Le vert est la seule couleur franche dite binaire qui ait reçu un nom caractéristique, et qui ne soit pas comme l'orangé et le violet, tiré de la comparaison avec la couleur d'objets naturels.

Mais le vert n'est pas une couleur binaire, car elle ne résulte pas du mélange de jaune et de bleu, elle est le résidu d'une opération qui se produit entre la lumière et les colorants bleus et jaunes. Le bleu et jaune s'éteignent mutuellement en produisant du noir, et seul le vert, préexistant dans la lumière incidente, échappe à cette destruction.

En tant que sensation, le vert est une couleur primaire.

Pour en rester sur le terrain du mélange des matières, nous pouvons donc obtenir, en choisissant bien nos trois matières, rouges, jaunes et bleues, par leur mélange deux à deux, des couleurs intermédiaires ainsi qu'on le voit dans la disposition suivante :

Rouge

Orangé   Violet

Jaune Vert Bleu

On obtient de la sorte des couleurs franches dont la beauté relative varie avec la nature des colorants employés.

On verra dans la suite avec quel soin le praticien est obligé de choisir les colorants qu'il veut faire entrer dans un mélange, pour obtenir un effet voulu. Et si la règle des trois colorants primaires est simple en elle-même, les difficultés commencent dès que l'on veut procéder à l'exécution.

Rien ne saurait remplacer ici l'expérience. Il faut essayer les différents colorants et il est bien entendu qu'on ne peut associer dans un mélange que des colorants sans action chimique les uns sur les autres, et qui peuvent être appliqués par le même procédé.

§ 53. Mélange de trois matières colorantes. — Quand le mélange de deux colorants produit une coloration trop franche il faut la rabattre, c'est-à-dire en diminuer l'intensité de coloration et l'intensité lumineuse totale.

La règle est d'ajouter au mélange binaire le troisième colorant du trio. Ce troisième éteindra certaines radiations qui ont échappé à la destruction par les deux autres. Cette extinction produit du noir, car le noir est l'absence de toute sensation lumineuse colorée ou non.

Par des proportions bien choisies, des trois colorants, on peut arriver au gris normal, plus ou moins foncé. Le cas est rare toutefois, et il faut avoir bien choisi les trois colorants.

On a dit, mais à tort, qu'il était possible avec trois colorants donnés de produire toutes les autres couleurs, et de peindre, par exemple, un tableau avec trois colorants seulement.

Ceci n'est vrai qu'en théorie. En pratique, vu que chaque colorant représente non pas une couleur, ou une radiation colorée unique, mais un ensemble de radiations, on aura des mélanges qui n'auront pas la vivacité des trois colorants eux-mêmes employés purs. Et on sera obligé d'avoir recours à un plus grand nombre de colorants.

Un ensemble de trois colorants conviendra donc aux besoins compris dans une certaine limite.

Et l'expérience seule apprend au praticien ceux auxquels il doit donner la préférence pour un but déterminé.

Pour abréger les tâtonnements, on a publié de nombreux tableaux donnant le résultat des mélanges, et ces tableaux sont utiles à consulter s'ils ont été exécutés avec les matières applicables au même cas et employées de la manière qui convient au consultant.

Pour les teinturiers, on a construit des appareils permettant de superposer des plaques colorées transparentes.

La superposition de deux ou trois plaques colorées produit à peu près le même effet que produirait le mélange en teinture. Et comme on a plus vite fait de superposer deux ou trois plaques colorées que de faire une teinture, ces appareils peuvent abréger les recherches.

§ 54. Appareil de M. Kallab. — Il se compose de quatre disques de gélatine transparente, teints l'un en rouge, l'autre en jaune, le troisième en bleu, le quatrième en gris.

Et pour permettre de varier le degré de foncé de l'aspect résultant, chaque colorant est représenté à cinq degrés de concentration différents et régulièrement espacés. Les cinq tons de chaque couleur sont disposés sous forme de secteurs sur chaque disque, de sorte qu'en superposant les disques on peut les déplacer par rotation autour du centre du disque, et amener les divers tons à se superposer. Ces plaques étant transparentes, on se sert de l'appareil en regardant une surface blanche bien éclairée à travers les plaques. On tient l'appareil à la main, à une distance de l'œil qui corresponde à la vision distincte de chacun.

Sur cette même feuille blanche on dispose l'objet dont on veut reproduire la couleur. Le disque dira quelles sont les couleurs qu'il faut mêler pour imiter celle de l'objet. Il dira approximativement la proportion de matière colorante. Cependant les résultats ne seront satisfaisants que si on emploie les mêmes colorants que ceux qui ont servi à teindre la gélatine.

L'appareil n'a pas la prétention de donner au teinturier une formule, mais simplement la direction dans laquelle il doit poursuivre avec tâtonnements pour arriver au résultat voulu.

§ 55. Théorie du mélange des trois colorants. — Le résultat du mélange des matières colorantes est un phénomène compliqué et pour bien le comprendre il est nécessaire de rappeler un certain nombre de faits démontrés expérimentalement.

La lumière blanche, quand elle tombe sur un objet coloré, subit des transformations. Elle se compose d'un grand nombre de radiations colorées simples, différentes.

La matière colorante est à considérer comme un appareil de physique jouissant de la propriété d'éteindre un certain nombre de ces radiations en tout ou en partie, et d'en laisser échapper d'autres qui seront transmises à notre œil soit par réflexion, soit par transparence ; le plus souvent par les deux manières à la fois. Celles qui échappent constituent la couleur du colorant.

La lumière blanche, qui renferme des radiations colorées si variées, n'est pas physiquement définie, car il n'est pas nécessaire que toutes ces radiations soient réunies pour former la lumière blanche. Il a été dit plus haut (§ 49) qu'il suffit de deux radiations de couleur complémentaire réunies pour former de la lumière blanche.

Dans le spectre solaire, dans la lumière électrique et en général dans celles des sources de lumière utilisées pour l'éclairage, il y a toute une série de couples de couleurs, qui réunis, constituent des lumières blanches de composition physique différentes.

C'est une propriété caractéristique de notre œil de voir *blancs* certains mélanges ; et la couleur des objets, qui varie avec la composition de la lumière qui les éclaire, est toujours une couleur existant dans la lumière incidente.

Si l'on mélange deux matières colorantes, chacune opère comme si elle était seule.

La deuxième éteint à son tour un certain nombre de radiations qui ont échappé à la première. De sorte que la somme des rayons éteints par un mélange est plus grande s'il s'agit de deux colorants mélangés.

L'intensité de coloration du mélange sera toujours plus petite que celle de chacun des composants.

On ne peut pas modifier la nuance d'une belle couleur, sans lui faire perdre plus ou moins de son éclat.

Si l'on ajoute une troisième matière, une nouvelle quantité de rayons qui ont échappé aux deux premières seront détruits à leur tour et si l'on choisit bien cette troisième matière on peut éteindre toute couleur; on aura un noir ou un gris foncé. C'est cette propriété qu'utilisent les teinturiers et les peintres pour obtenir des couleurs rabattues plus ou moins foncées.

C'est une propriété spéciale à la matière colorante d'éteindre des radiations colorées. La matière colorante colore en opérant par soustraction.

Et c'est par la soustraction de certaines radiations, opérées soit sur la lumière blanche, soit sur des lumières colorées que nous obtenons des couleurs nouvelles. C'est ainsi qu'a été obtenue la couleur *verte*.

Si les trois matières colorantes considérées comme primaires, les rouges, les jaunes, les bleues, nous donnaient des lumières colorées simples, jamais on n'eût vu le vert résulter du mélange de matières jaunes et de matières bleues.

C'est un effet du hasard que nous n'ayons à notre disposition que des matières bleues n'éteignant pas le vert contenu dans la lumière blanche incidente. Le smalt, l'outremer, le bleu de Prusse, parmi les substances pulvérulentes; le carmin d'indigo, parmi les substances solubles, n'éteignent pas le vert contenu dans les rayons incidents.

Il en est de même des colorants jaunes. Et si le hasard avait voulu que les matières bleues et jaunes fussent monochromatiques, jamais la théorie des trois couleurs primaires ne se fût établie; car jamais on n'eût obtenu le vert, et on n'eût pu réaliser le cercle complet des couleurs par le mélange des matières colorantes.

Jamais non plus cette fausse notion que le vert résulte du mélange de jaune et de bleu n'eût pu s'établir avec cette ténacité regrettable qui fait que la vérité a tant de peine à remplacer l'erreur commise.

§ 56. Comparaison entre le mélange des lumières, des sensations, des matières.

— Pour se rendre compte de la différence qu'il y a entre le résultat du mélange des matières, le mélange des lumières, et le mélange des sensations colorées, il suffit de considérer le petit tableau suivant qui résume les faits :

Nom de la couleur	Résultats du mélange :		
	des lumières simples	des sensations	des matières
Rouge et jaune......	orangé	orangé	orangé
Rouge et bleu......	violet	violet	violet
Bleu et jaune	blanc	blanc	vert.

Le mélange des lumières simples colorées et celui des sensations produit du *blanc*, alors que celui des matières de même couleur produit du *vert*.

Mais si les rayons jaunes et bleus ne sont pas simples, ce qui a lieu s'ils ont été obtenus par le passage des rayons lumineux à travers des dissolutions de matières colorantes, ou des verres colorés, le résultat est différent. Ils contiennent alors des rayons verts. Leur mélange sera de couleur verte éclaircie par du blanc formé par le mélange des rayons bleus et des rayons jaunes, accompagnant les rayons verts.

Dans les deux premiers cas, le résultat du mélange est une *addition*, car en superposant les lumières colorées on obtient leur *somme*.

Dans le troisième cas, le mélange opère par *soustraction*, car en superposant les matières, la couleur qui subsiste est un *reste*. La soustraction peut aller, comme il a été dit plus haut, jusqu'à l'extinction totale. Dans les conditions où le mélange des matières colorantes produit du noir, celui des lumières ou celui des sensations produit du blanc.

Nous devons à Dove une fort belle expérience, qui démontre ce fait d'une manière saisissante.

On a deux plaques de verre, l'une colorée en rouge, l'autre colorée en vert bleu complémentaire du rouge. On projette sur un écran la lumière qui a passé à travers chacune de ces plaques séparément, et on s'arrange de manière à superposer les deux lumières colorées. On obtient *du blanc*. D'autre part, on superpose les deux plaques colorées. Rien ne passe plus, on obtient *du noir*. « Différence qu'on ne saurait imaginer plus grande », fait-il observer. La même expérience peut se faire avec trois couleurs. Mais elle est plus difficile à réaliser.

On superpose trois plaques de verre, l'une rouge, l'autre jaune, la troisième bleue. Ces plaques sont rondes (*fig* 20). On les dispose de manière à ce qu'elles ne se recouvrent pas totalement. Puis on projette leur image sur un écran blanc.

Là où le rouge et le jaune se croisent, se produira de l'orangé ; la superposition de la plaque jaune et de la plaque bleue produit du vert ; celle du rouge et du bleu produit le violet. Mais au centre de la figure où les trois plaques se recouvrent, il n'y a plus de lumière, la place est noire.

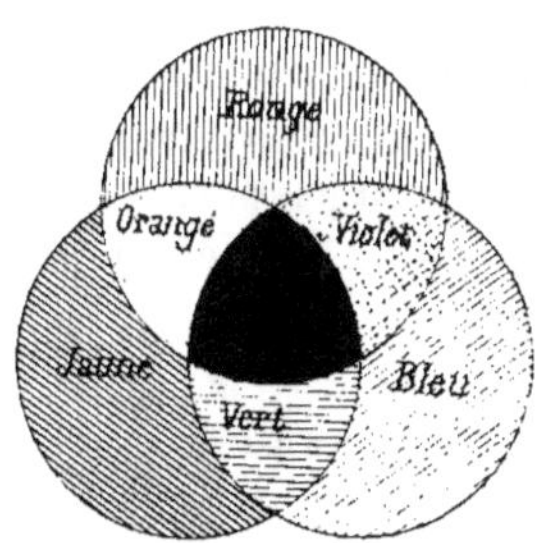

Fig. 20. — Trois plaques de verre superposées colorées respectivement en rouge, jaune, bleu. — La superposition 2 à 2 produit l'orangé, le vert, le violet. — La superposition des trois produit le noir.

Il va sans dire que les mélanges opérés avec les disques tournants donnent le même résultat que le mélange des sensations ou des lumières que nous venons de décrire.

Si on dispose sur un disque un secteur orangé et un secteur violet, on obtient du rouge, etc. ; et si on dispose les secteurs en trois zones concentriques (*fig.* 21), on peut produire avec orangé, vert et violet, disposés deux par deux, trois anneaux concentriques, colorés en rouge, en jaune, en bleu.

Pour les expériences relatives au mélange des matières, pour lesquelles on a superposé des plaques colorées transparentes, on peut aussi employer des matières colorantes en dissolution. Le résultat est le même, et on constate les mêmes phases: rouge et jaune donneront une dissolution colorée en orangé; rouge et bleu produiront une coloration violette, et les

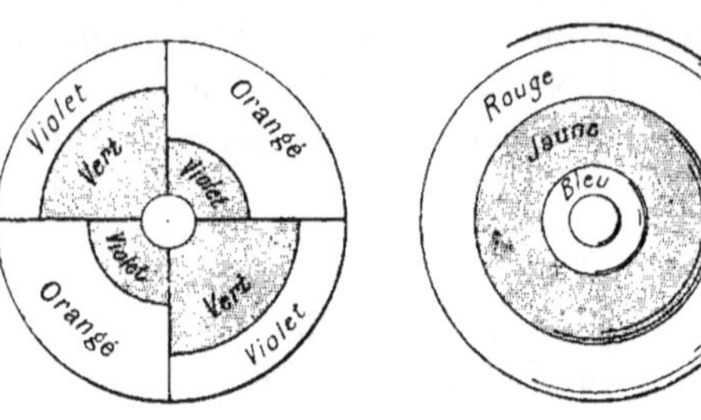

FIG. 21.

dissolutions jaunes et les dissolutions bleues produiront par leur mélange une dissolution verte. Si on ajoute le troisième colorant, on obtiendra un liquide noir. Quand les deux colorants sont déjà de couleur complémentaire, leur mélange produit de suite un liquide noir.

Par exemple un sel de nickel, qui est vert et un sel de cobalt, dont la dissolution est rose, sont mélangés en proportion convenable; aussitôt toute coloration disparaît, le liquide est incolore, c'est-à-dire gris clair.

Tous ces résultats sont dus au fait important : que les rayons qui n'ont pas été absorbés par un premier colorant, peuvent être absorbés en totalité ou en partie par un deuxième; et ce qui échappe à ce dernier peut être absorbé par un troisième convenablement choisi en qualité et en quantité.

En résumé :

Toute coloration obtenue par l'emploi d'une matière colorante est due à l'extinction partielle de la lumière incidente. — En donnant une couleur à un objet incolore on croit y avoir *ajouté*, tandis qu'en réalité, on lui a *enlevé* quelque chose.

De même en modifiant la couleur d'une matière colorante, par l'addition d'une autre matière, toute aussi belle, on affaiblit la coloration de chacune. La matière colorante est à son maximum de coloration quand elle est employée seule. L'intensité de coloration peut être augmentée pour certaines, par l'addition de matières blanches. Mais le fait n'est pas général. Toute autre addition de matière est l'équivalent d'une soustraction comme sensation.

CHAPITRE XI

LES CONSTRUCTIONS CHROMATIQUES

§ 57. Classifications basées sur le mélange des matières. —
Le besoin de classer et de sérier les phénomènes de la nature, de manière à les rendre plus accessibles à la mémoire et, par suite, à notre intelligence, s'est développé dans le courant du xviiie siècle. Les phénomènes de la coloration par l'emploi des matières colorantes n'ont pas échappé à ce besoin de l'esprit humain.

De là sont nés : la conception de Lambert, sa pyramide des couleurs, et plus tard le cercle chromatique de Chevreul.

Les deux conceptions possèdent le même défaut : une connaissance imparfaite du sujet.

Ni Lambert ni Chevreul ne se sont tenus au courant de l'état des progrès de la science au moment où ils ont conçu leur système.

Lambert n'a pas tenu un compte suffisant des découvertes de Newton et de leur interprétation par ce grand savant, et Chevreul a docilement suivi le filon découvert par Buffon et le P. Scherffer sur les « couleurs accidentelles ». Et il n'a pas tenu compte des travaux de Plateau, son contemporain, qu'il connaissait, mais qu'il n'a pas compris.

Au point de vue scientifique, ces deux œuvres n'ont donc qu'une valeur restreinte : elles se rapportent au résultat du mélange des matières ; Lambert s'est servi du procédé par lavis ; Chevreul a employé la teinture sur laine.

Les deux savants ont apporté à la conception de leurs systèmes cet esprit de méthode, ce besoin de précision, qui se reconnaît par le langage adopté et par les résultats de l'exécution.

Lambert a pour lui la supériorité de la conception, Chevreul la supériorité de l'exécution. Son cercle chromatique, conservé à la manufacture nationale des Gobelins, est un monument de premier ordre, et un point de départ d'études qui renseignent sur la manière dont l'œil exercé du savant et du teinturier juge les qualités d'une couleur et comment l'esprit interprète les différences entre plusieurs d'entre elles.

§ 58. La pyramide chromatique de Lambert. — 1° *La conception de Mayer*. — La construction chromatique de Lambert est intéressante, parce qu'elle a été réellement exécutée, et qu'elle nous donne une idée des conceptions des savants à la fin du XVIII⁰ siècle, sur la classification des couleurs.

Lambert a imaginé sa construction chromatique dans le but de faire cesser une certaine confusion dans la classification des couleurs.

Il faut dire à ce propos que Lambert n'a aucune notion de la différence qu'il y a entre la sensation colorée et la matière colorante, distinction déjà faite par Newton soixante-huit ans auparavant. Pour lui, le mot « couleur » désigne toujours une matière colorante et son système de classification ne se rapporte qu'au mélange des matières. En étudiant cet ouvrage, on constate le peu de cas que l'on faisait à cette époque des travaux de Newton sur la composition de la lumière blanche ; la simplicité des couleurs du spectre y est mise en doute, excepté celles du rouge, du jaune et du bleu, considérées comme couleurs principales.

Lambert attribue la conception théorique de sa construction et même un commencement d'exécution à Mayer, célèbre astronome de Gœttingen, son contemporain.

Mayer a publié dans sa jeunesse, dans le *Mathematische Atlas*, d'Augsbourg, une table très simple représentant les couleurs qu'il considérait comme principales et leurs mélanges. Il admettait cinq couleurs principales : le blanc A, le jaune E, le rouge I, le bleu O, le noir V. Il a figuré ces cinq couleurs en tête de sa planche, puis en dessous les mélanges deux à deux, par parties égales, et leur a appliqué une notation qu'il devait développer plus tard. Il les a classées comme suit :

$$AE, \quad EI, \quad IO, \quad OV,$$
$$AI, \quad EO, \quad IV,$$
$$AO, \quad EV,$$
$$AV,$$

en dessous il a figuré le mélange de toutes les cinq par parties égales.

La pyramide de Lambert est décrite dans un volume in-4⁰ de 127 pages, qui renferme une planche coloriée avec soins. Il porte pour titre : *Beschreibung einer mit dem Calauschen Wachse ausgemalten Farbenpyramide*, wo die Mischung jeder Farben aus Weisz und drei Grundfarben angeordnet, dargelegt, und derselben Berechnung und vielfacher Gebrauch gewiesen wird durch J. H. Lambert mit einer ausgemahlten. Farben pyramide. Berlin bey Haude und Spener, 1772.

Disons de suite que le « Calausche Wachs » est une cire spéciale, inventée par Calau, l'artiste sous la direction duquel le coloris de la pyramide a été exécuté.

On peut considérer cette mention, à laquelle l'auteur à consacré un chapitre spécial, comme un hommage rendu à un collaborateur dévoué.

Une copie chromolithographiée de la pyramide de Lambert se trouve dans le *Bulletin de la Société industrielle de Mulhouse*, t. LXXX, p. 297.

En 1758, il a publié dans le n° 147 des *Gœttingischen Anzeigen*, inséré dans le quatrième volume de la « Bibliothek der schœnen Wissenschaften » une esquisse plus détaillée de son système.

Mayer place aux sommets d'un triangle équilatéral les trois couleurs qu'il considère comme principales, parce qu'elles ne peuvent être imitées par le mélange de deux autres : l'orpiment (jaune), le cinabre (rouge), les cendres bleues. Entre les couleurs principales il intercale 11 mélanges deux à deux, ce qui fait sur chaque côté du triangle 13 couleurs, y compris les principales. Il obtient ainsi 33 mélanges binaires et 55 mélanges ternaires, ces derniers placés à l'intérieur du triangle ; au total 91 couleurs occupant à la surface du triangle équilatéral autant de cases égales entre elles.

Mayer a perfectionné plus tard sa notation permettant de figurer ces couleurs. A la lettre formant l'initiale de la couleur principale, il a adjoint un chiffre placé en exposant, indiquant en douzièmes, la proportion de chaque colorant employé dans le mélange.

En désignant par

$$r^{12} \text{ le cinabre,}$$
$$b^{12} \text{ les cendres bleues,}$$
$$j^{12} \text{ l'orpiment,}$$

dont le mélange en diverses proportions peut imiter la couleur des terres colorées, les colorants artificiels employés en peinture à l'huile, il trouve pour

l'ocre-jaune	$r^2 j^{10}$,
l'ocre foncé	$r^3 j^8 b^1$,
terre d'ombre	$r^3 j^6 b^3$,
minium	$r^9 j^3$,
terre de Cologne	$r^4 g^3 b^5$,
rouge anglais	$r^6 j^2 b^4$,
noir d'ivoire	$r^3 j^2 b^7$.
laque de Florence	$r^8 b^4$,
bleu de Berlin	$r^4 b^{11}$.

Mayer montre alors que chacune de ces 91 couleurs peut être éclaircie par du blanc ; il distingue 364 couleurs obtenues ainsi ; d'autre part, les mêmes couleurs peuvent être foncées par du noir, et il arrive à 819 couleurs que, selon lui, l'œil peut distinguer et que les artistes peuvent utiliser.

Mayer pensait comprendre dans sa classification toutes les couleurs que présente la nature. Il n'a pas donné le détail de ses calculs, et il est mort sans avoir achevé son travail.

Son esquisse a été discutée, et Lambert cite l'opinion de Sultzer [1],

(1) Sultzer, *Allegemeine Theorie der schœnen Künste*. (Lambert. p. 33.)

qui regrette que Mayer, dans sa classification, n'ait pas tenu compte des couleurs qui sont plus brillantes que les trois substances minérales qu'il a choisies comme principales. Il dit qu'une étude comme celle dont Mayer a donné l'esquisse est bien vaste.

« L'étude complète du coloris serait un travail digne d'une Académie de peinture comme l'est celle de Paris, qui se recrute parmi les maîtres les plus habiles et les plus expérimentés[1]. »

Lambert ajoute qu'il faudrait un Léonard de Vinci, c'est-à-dire un savant et un artiste hors ligne, pour préparer les voies à un pareil système.

§ 59. 1° La conception de Lambert. — Lambert se contente d'un programme moins vaste. Il accepte la conception de Mayer, et adopte le triangle équilatéral dans lequel les trois sommets représentent les couleurs principales, et place sur les trois côtés les mélanges binaires et dans l'intérieur les couleurs résultant du mélange trois à trois des couleurs principales.

Puis il fait observer que pour faire intervenir le blanc, on ne peut plus se contenter du seul triangle. Qu'il faut avoir recours à une figure dans l'espace, le blanc constituant la troisième dimension.

C'est en ceci que réside le progrès qui distingue le travail de notre auteur.

Il rejette l'idée de Mayer de faire intervenir le noir, faisant observer que le mélange des trois couleurs primaires produit déjà suffisamment de noir sans qu'il y ait nécessité d'en ajouter dans les mélanges.

Pour faire intervenir le blanc comme troisième dimension, Lambert conçoit une série de triangles superposés, chacun représentant les mélanges de la couleur avec une quantité croissante de blanc.

Cette conception eût conduit à une figure prismatique. Cependant, Lambert admet que les triangles superposés soient de plus en plus petits, de sorte que l'ensemble prend la forme d'une pyramide dont la base serait formée par le premier triangle, comprenant les couleurs non éclaircies par le blanc, et dont le sommet serait représenté par le blanc pur.

Car Lambert fait observer avec raison que plus les couleurs sont mélangées de blanc, moins il est facile de les distinguer les unes des autres et que l'on pourrait diminuer le nombre des intermédiaires à mesure que l'on se rapproche du blanc.

---

[1] Lambert, *Farbenpyramide*, p. 34 : « Dass die vollständige Behandlung des Colorites eine Arbeit für eine Malerakademie wære, wie es die Parisische ist, welche die geschicktesten und erfahrensten Meister der Kunst zu Mitgliedern annimmt. »

Dans la pyramide, dont il a dessiné une figure en perspective, le triangle formant la base représente les trois couleurs principales, plus sept intermédiaires placées entre les sommets, ce qui donne par côté neuf cases, soit un ensemble de :

couleurs primaires.................. 3
    —   binaires.................. 24
    —   ternaires.............. 18
         Total............ 45

Le deuxième triangle ne renferme que cinq intermédiaires, d'où il résulte :

couleurs primaires.................. 3
    —   binaires.............. 15
    —   ternaires.............. 10
         Total............ 28

Le troisième triangle ne renferme que trois intermédiaires, ce qui donne un ensemble de :

couleurs primaires.................. 3
    —   binaires.............. 9
    —   ternaires.............. 3
         Total............ 15

Le quatrième triangle n'a que deux intermédiaires, il renferme :

couleurs primaires.................. 3
    —   binaires.............. 6
    —   ternaires.............. 1
         Total............ 10

Enfin, le cinquième triangle ne montre plus d'intermédiaires, il est formé de :

couleurs primaires.................. 3
    —   binaires.............. 3
         Total............ 6

Le sixième triangle ne donne plus que les trois primaires.

Le septième représente le blanc pur.

Il y a dans la figure, dessinée par Lambert, en perspective, un huitième triangle, qui est vide et qui n'est là que pour la symétrie.

D'après cette conception, chaque triangle renferme les trois couleurs primaires ; il s'ensuit que les mêmes s'y reproduisent plusieurs fois. Mais chaque triangle donne ces couleurs de plus en plus claires.

Lambert place entre son premier triangle, contenant les couleurs sans mélange de blanc et entre le blanc pur, cinq intermédiaires, de sorte qu'en théorie, d'après la notation de Mayer adoptée par lui, le mélange de couleur C^6 et de blanc B^6 serait pour chaque triangle :

1. C^6
2. C^5B^1
3. C^4B^2
4. C^3B^3
5. C^2B^4
6. CB^5
7. B^6

Dans l'exécution, cependant, Lambert rencontre une difficulté à doser le blanc, et il se contente d'éclaircir les couleurs au juger, faisant observer que pour faire comprendre son idée, une plus grande précision est inutile.

Pour colorier les carrés dessinés dans sa pyramide, Lambert a fait choix de trois colorants aussi transparents que possible : il a compté sur cette transparence pour faire intervenir le blanc du papier qui doit éclaircir les mélanges.

Il a fixé son choix sur le carmin de cochenille, la gomme-gutte, le bleu de Prusse.

Chacune de ces matières a été broyée avant d'être pesée; on y a ajouté « la cire de Calau », qui donne du brillant aux couleurs, et on a délayé dans de l'eau de gomme.

Avant de procéder à la confection des mélanges, Lambert a pris une précaution essentielle. Il a déterminé au préalable le pouvoir colorant, ce qu'il appelle la « force » des trois colorants.

Dans ce but, il détermine la proportion dans laquelle il faut mélanger ces matières deux à deux pour avoir un orangé, un vert et un violet convenables.

Il essaie plusieurs marques commerciales de chacune de ses « couleurs fondamentales » et choisit les plus riches.

Il trouve ainsi que 2 parties en poids de son carmin valent 3 parties de bleu de Berlin et 12 parties de gomme-gutte.

Il donne alors le détail de la composition du mélange qui a servi à peindre chaque carré et ajoute la formule générale d'après laquelle ces proportions ont été calculées.

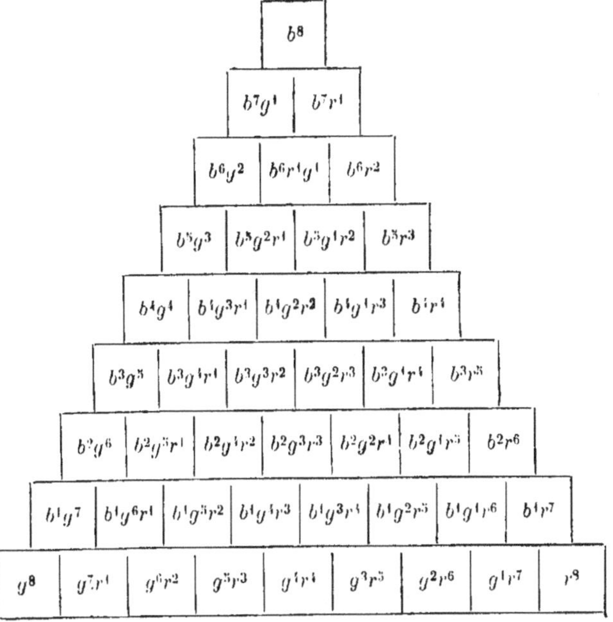

Base de la pyramide de Lambert.

Ces trois couleurs fondamentales sont aux sommets et représentées par b^8, g^8, r^8. L'orangé devient g^4r^4, le vert b^4g^4, le violet b^4r^4, le noir est $b^4g^2r^2$.

Lambert a donné la formule générale d'après laquelle il a calculé la proportion des trois matières colorantes employées pour chacun des 45 mélanges dont les places sont marquées dans la figure ci-dessus :

Soit

    m le pouvoir colorant du carmin,
    n —   du bleu de Prusse,
    p —   de la gomme-gutte,

soient μ, ν, π les proportions des colorants que l'on veut mélanger.

On prendra pour chaque mélange :

    μm parties de carmin,
    νn —   de bleu de Prusse,
    πp —   de gomme-gutte,

Le poids total du mélange sera de $\mu m + \nu n + \pi p$ et si l'on veut en faire un poids A on emploiera :

Carmin :

$$\frac{A\mu m}{\mu m + \nu n + \pi p}.$$

Bleu de Prusse :

$$\frac{A\nu n}{\mu m + \nu n + \pi p}.$$

Gomme-gutte :

$$\frac{A\pi p}{\mu m + \nu n + \pi p}.$$

Parmi les nombreuses publications qui ont paru depuis, et qui se rapportent au mélange des matières, je n'en connais pas qui soient conçues sur un plan plus méthodique et plus rationnel. Notamment la précaution prise par Lambert de déterminer le pouvoir colorant des substances employées par lui est à signaler.

Sur les divers triangles de sa pyramide se trouvent peints, dans de petits carrés, tous ces mélanges, de plus en plus éclaircis par le blanc du papier.

Lambert a ajouté à la planche, qui représente la pyramide vue en perspective, un document intéressant.

Il a fait peindre sur le socle de sa pyramide, dans de petits carrés, les douze colorants principaux en usage à son époque ; ce sont, en allant de gauche à droite :

1° jaune de Naples ; 2° jaune d'or ; 3° rauschgelb ([1]) ; 4° cendres bleues ; 5° smalt ; 6° indigo ; 7° noir de fumée ; 8° saftgrün ([2]) (vert de vessie) ; 9° cendres vertes ; 10° verdet ; 11° cinabre ; 12° laque de Florence.

Parmi ces colorants, il n'y en a qu'un seul qui soit transparent, c'est le « saftgrün », tous les autres sont couvrants.

Ils sont tous bien conservés, sauf le smalt qui est devenu gris.

§ 60. Le mérite de cette conception. — Au point de vue de la conception, cette pyramide présente une pensée juste : Le noir est placé au milieu de la base, et le blanc au sommet de la pyramide. Les trois couleurs fondamentales sont placées aux sommets d'un triangle équilatéral.

Ce sont ces conditions qui se retrouvent dans la construction déduite de la théorie de Th. Young, qui seront développées plus loin ([3]). Elles s'y retrouvent avec cette différence fondamentale, que dans la pyramide de Lambert le noir résulte du mélange de trois matières, et que dans la construction de Th. Young, il représente l'absence de toute sensation

---

[1] Le rauschgelb est le sulfure d'arsenic jaune, orpiment As^2S^3.

[2] Le « saftgrün » est une laque obtenue en précipitant une décoction de graines jaunes allemandes *Rhamnus cathartica*, avec l'alun et additionnant de carmin d'indigo. Les graines jaunes allemandes renferment le même colorant que les graines de Perse, la *xanthorhamnine*.

[3] A. ROSENSTIEHL, *Journal de Physique*, livraison juin 1910. *Société française de Physique*, 21 janvier 1910, et *Comptes rendus*, t. CL, p. 235 et p. 350.

lumineuse, que le blanc dans la pyramide de Lambert est représenté
par la matière incolore. Tandis que dans la théorie d'Young il résulte de
la somme des sensations colorées, prises à leur maximum pour un éclairage donné. Sur les arêtes des deux constructions sont placés les mélanges de la couleur principale avec le blanc. Et sur l'axe de la pyramide
se trouvent les dégradations du noir par le blanc.

La conception géométrique est rationnelle et telle qu'un mathématicien
comme Lambert pouvait la concevoir en 1772 (*fig.* 22).

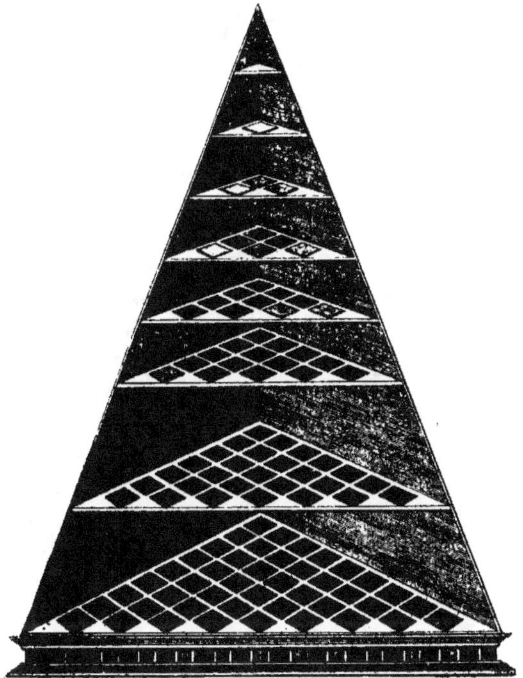

Fig. 22. — Pyramide chromatique de Lambert.

Elle ne s'applique qu'au mélange des matières colorantes en général,
et en particulier aux trois matières choisies par lui. La figure coloriée
ne correspond qu'au carmin, à la gomme-gutte et au bleu de Berlin, et
ne saurait s'appliquer à d'autres colorants de même couleur.

Il y a dans tout le travail confusion, au point de vue théorique, entre
le mélange des matières et le mélange des sensations, confusion qui
dure encore, et qui aurait pu cesser depuis les travaux de Maxwell,
publiés en 1855-1860.

Mais en ceci Lambert a été de son époque, et il a le grand mérite d'avoir conçu une construction qui se rapproche plus qu'aucune autre de celle qui représente l'état actuel de la science. Et au point de vue historique, il y a à retenir ceci :

Si c'est à l'astronome Mayer qu'il a emprunté le triangle équilatéral pour représenter le mélange des couleurs, c'est à lui-même que revient, sans conteste, le mérite d'avoir conçu la pyramide, pour classer les intermédiaires entre la couleur et le blanc.

On retrouve la pyramide de Lambert [1], inscrite dans le cône, qui est la représentation, dans l'espace, de la théorie de Thomas Young, théorie la plus claire, la plus simple qui ait été imaginée pour expliquer les phénomènes de la vision des couleurs. Et, à ce titre, il était intéressant d'en faire ressortir la valeur.

§ 61. Le cercle chromatique de Chevreul. — Ce cercle chromatique est basé entièrement sur le mélange des matières colorantes comme la pyramide de Lambert.

Chevreul étant directeur des ateliers de teinture des Gobelins a mis dans la conception et dans l'exécution de cet ouvrage considérable l'esprit méthodique et la précision qui caractérisent tous ses travaux. Mais il s'est confiné étroitement dans l'horizon du teinturier.

La manufacture des Gobelins reproduit par tissage des tableaux de maîtres. Il lui faut des fils teints de toutes couleurs avec leurs nombreuses dégradations en foncé ou en plus clair, et avec toutes les variétés que le peintre obtient sur sa palette avec le mélange des matières colorantes dont il dispose. Pour désigner au teinturier et au tisseur chaque nuance, sans équivoque possible, il a fallu adopter une classification et une nomenclature permettant de désigner les fils colorés qui devaient être employés pour reproduire tel ou tel dessin.

Chevreul a imaginé une construction chromatique permettant de cataloguer toutes ces couleurs.

Il prend, pour point de départ, les trois couleurs primaires des artistes et des teinturiers : le rouge, le jaune et le bleu. Il a disposé ces trois couleurs sur un cercle, à égale distance l'une de l'autre, et a placé entre elles les trois couleurs composées des artistes, savoir :

Entre rouge et jaune, l'orangé ;

Entre jaune et bleu, le vert ;

Entre bleu et rouge, le violet,

ce qui fait six couleurs.

<hr>

[1] Rosenstiehl, *Journal de Physique*, juin 1910 ; — *Comptes rendus*, t. CL, p. 233 et p. 350.

Entre deux de chacune de ces six couleurs, il a placé un autre intermédiaire auquel il a donné un nom composé : rouge ; orangé-rouge ; orangé ; orangé-jaune ; jaune ; jaune-vert ; vert ; vert-bleu ; bleu ; bleu-violet ; violet ; violet-rouge ; rouge.

Soit en tout 12 couleurs disposées en cercle.

Entre chacune de ces 12 couleurs il a intercalé 5 intermédiaires, ce qui fait 6 nuances de la même couleur et pour les 12 divisions principales adoptées, 72 couleurs franches ; ces couleurs sont dites « franches » parce qu'on les a choisies aussi belles qu'il était possible de les obtenir avec les matières colorantes dont on pouvait disposer alors, en excluant les couleurs trop fugaces à la lumière.

L'ensemble de ces 72 couleurs a été disposé suivant une circonférence et constitue ce que Chevreul appelle : *le premier cercle chromatique, ou cercle des couleurs franches.*

Le rouge et le vert se trouvaient de la sorte aux deux extrémités d'un même diamètre ; de même le bleu et l'orangé, le jaune et le violet.

Et sans autre preuve à l'appui, il a déclaré l'orangé complémentaire du bleu, le vert complémentaire du rouge, le violet complémentaire du jaune. En ceci il n'a fait que répéter et perpétuer l'erreur commise par Darwin à la fin du xviiie siècle.

Tout cela, bien entendu, fait à l'estimation. On verra plus loin à quelle précision l'œil exercé du savant et de ses collaborateurs a permis d'atteindre.

Ce cercle a été exécuté avec des écheveaux de laine.

Chevreul a ensuite imaginé, entre chacune de ces 72 couleurs franches, et un gris incolore supposé de même hauteur de ton, 9 intermédiaires.

Ce qui fait 9 cercles de couleurs mêlées de gris, ce que Chevreul appelle des couleurs rabattues. La différence d'un cercle à l'autre est de $\frac{1}{10}$ de gris.

Le deuxième cercle chromatique de Chevreul renferme les couleurs rabattues par $\frac{1}{10}$ de gris.

Le troisième est formé par les 72 couleurs rabattues de $\frac{2}{10}$ de gris ; et ainsi de suite jusqu'au dixième cercle qui réunit les 72 couleurs rabattues de $\frac{9}{10}$ de gris.

Cet ensemble de 10 cercles chromatiques fait 720 couleurs.

Pour avoir les différentes modifications de chacune de ces 720 couleurs en clair et en foncé, Chevreul a imaginé de considérer chacune d'elles éclaircie d'un côté par du blanc, et de l'autre poussée vers le noir.

Chaque couleur de ces 10 cercles est considérée comme le 10ᵉ ton d'une « gamme » commençant par le blanc finissant par le noir le plus foncé que l'on puisse produire avec des matières tinctoriales, le tout divisé en 20 tons régulièrement espacés.

Du 10ᵉ ton au blanc il y a donc 9 tons représentant la couleur de plus en plus éclaircie par le blanc et dans le sens opposé la couleur se fonce de plus en plus jusqu'à devenir noire.

Les 20 tons de 72 gammes forment un ensemble de 14.400 couleurs.

Il y a lieu d'ajouter à ces 720 gammes celle du gris qui s'étend du blanc parfait jusqu'au noir le plus foncé (ce qui forme 20 tons, le noir absolu n'étant pas exécutable avec des matières tinctoriales).

Dans la pratique, il n'a pas été nécessaire d'exécuter tous ces tons, car à mesure que la coloration s'approche du blanc et du noir, elle s'appauvrit ; les différences entre deux couleurs voisines deviennent de plus en plus petites et l'œil ne les distingue plus. Il a suffi de pousser à fond un certain nombre de gammes et d'en négliger d'autres. Au neuvième cercle chromatique, deux couleurs voisines se distinguent à peine.

Pour rendre accessible cet ouvrage à l'industrie, une copie chromolithographiée en a été faite par Digeon.

Cette copie, exécutée avec beaucoup de soins, donne : 1° l'image d'un spectre solaire dans lequel quelques couleurs franches ont été repérées avec celles du premier cercle ; 2° les dix cercles chromatiques ; 3° une gamme, celle du bleu-indigo donnant les vingt tons tels que les conçoit Chevreul.

J'ai comparé cette copie chromolithographiée, avec l'original des Gobelins (voir plus haut) et quelques différences ont été notées ; mais dans l'ensemble la copie a été reconnue comme satisfaisante et souvent d'une remarquable exactitude. Les feuilles colorées, qui ont servi aux expériences décrites dans cet ouvrage, sont la copie soignée du cercle chromolithographié par Digeon.

On a opéré ainsi parce que cette reproduction lithographiée est la seule qui soit accessible à tout le monde, elle est dans le domaine public.

§ 62. La construction chromatique de Chevreul dans l'espace. — En groupant ensemble les 720 gammes, on arrive à une figure dans l'espace dont la base est un cercle.

Ce cercle est divisé à la circonférence en 72 arcs égaux, tous reliés au centre par des rayons. La longueur de chaque rayon est divisée en 20 tons. Le blanc étant au centre, le noir à la circonférence, les couleurs franches se trouvent occuper la dixième division de chaque rayon.

Les cercles renfermant les couleurs rabattues seront placés dans des demi-cercles dans un plan perpendiculaire à celui du premier cercle. Chacune des 72 « normes » du premier cercle aura ainsi à supporter une tranche représentant les 10 cercles rabattus. L'ensemble de ces tranches formera de la sorte une demi-sphère.

Le centre de cette demi-sphère sera blanc, son enveloppe extérieure sera noire et les couches concentriques successives représenteront les divers tons des 72 couleurs du premier cercle, plus ou moins modifiés par le noir en allant vers la surface de l'hémisphère, ou par le blanc en allant vers le centre.

La forme hémisphérique est une conséquence logique du point de départ choisi par Chevreul, et du parti qu'il a pris de ne pas éliminer dans sa conception les tons qui, étant trop voisins du blanc ou trop voisins du noir, ne se peuvent plus distinguer.

Sous ce rapport, la pyramide de Lambert est plus rationnelle, et cela sans rien sacrifier de la rigoureuse logique qui doit présider à toute classification.

La construction chromatique ayant été réellement exécutée, sauf les réserves formulées plus haut, Chevreul a classé la couleur d'une foule d'objets naturels en les désignant par le numéro du cercle suivi du numéro du ton.

Ce travail long et fastidieux occupe un volume in-4° des mémoires des membres de l'Académie des Sciences.

Mais Chevreul n'a pu classer ainsi que les colorations représentées dans sa construction. Il y en a un grand nombre qui n'ont pu y trouver leur place. Ce sont celles qui sont plus vives que les normes du premier cercle !

Pour désigner ces couleurs plus brillantes que les teintures sur laine, il a imaginé le mot « *nitens* ». Et par là il entendait une qualité indéfinissable, donnant le brillant aux couleurs.

Aujourd'hui que les découvertes de la chimie ont permis de fabriquer des colorants plus beaux que ceux dont on disposait du temps de Chevreul, cette propriété du « *nitens* » n'a plus de mystère pour nous : elle est tout simplement due à une plus grande intensité de coloration, et surtout à la moindre proportion de blanc diffusé par la surface colorée.

CHAPITRE XII

ÉTUDES SUR LE CERCLE CHROMATIQUE DE CHEVREUL

§ 63. Relation entre les dix cercles chromatiques. — Pour étudier les lois de la vision des couleurs, il n'y a pas actuellement de meilleur document que le cercle chromatique de Chevreul. A la vérité, ce document n'est pas directement à la disposition du public, pour des expériences comme celles qui vont être décrites ; mais il y a la reproduction chromolithographiée par Digeon, qui se trouve dans le commerce. Nous avons déjà expliqué plus haut que nous avons fait la comparaison de notre copie avec l'original déposé aux Gobelins (§ 61) et que la concordance a été trouvée satisfaisante par Chevreul et son chef des teintures.

Cette copie a été exécutée par un artiste exercé, avec des matières colorantes couvrantes, et on en a peint des feuilles de papier fort, dans lesquelles on a découpé à l'emporte-pièce les disques fendus nécessaires aux expériences.

Les expériences ont porté :

1° Sur la gamme qui s'étend de la couleur franche vers le blanc ;

2° Sur la distance, à la vue, des dix cercles chromatiques, comprenant les couleurs franches et neuf intermédiaires entre ces couleurs et le gris foncé de même hauteur de ton ;

3° Sur les intervalles entre deux couleurs franches consécutives du premier cercle ;

4° Sur la répartition des couleurs complémentaires dans le même cercle.

Le résultat de la dégradation des couleurs franches par le blanc a été décrit plus haut (§ 38) : on a vu que les divers tons des gammes ainsi obtenues sont d'autant plus verdâtres que ces tons sont plus clairs. Chaque ton de ces gammes possède une autre complémentaire. Ce résultat est un des plus importants au point de vue des applications des couleurs à la décoration.

On a montré, à cette occasion, que notre œil ne se rend pas compte du mélange des sensations qu'il éprouve, et qu'il juge alors selon l'éducation qu'il a reçue. Les jugements sont prononcés par suite d'une comparaison inconsciente entre données expérimentales qui peuvent être fausses ; d'autre part, cette étude a montré la nécessité de prendre pour guide le résultat du mélange des sensations tel qu'on l'obtient par l'emploi des disques tournants, quand on veut associer le ton clair d'une couleur, à son ton foncé pour produire le vrai camaïeu.

§ 64. Passage d'une couleur franche au gris foncé. Intermédiaires équidistants à la vue. — On a copié, comme il a été dit, aussi exactement que possible les neuf rouges rabattus des cercles chromolithographiés. En les rapprochant alors on a constaté quelques défauts de copie. Mais il a été aisé, en brunissant les uns, en avivant d'autres, d'effacer les différences trop brusques, sans s'écarter sensiblement des « normes » du cercle chromolithographié.

On a obtenu alors une gamme d'une continuité satisfaisante à la vue.

En découpant ensuite dans ces dix feuilles de petits disques à l'aide de l'emporte-pièce, on a déterminé leur complémentaire. Cette complémentaire a été trouvée être la même pour tous les tons : le 4ᵉ vert. Ce qui montre que pour le rouge, le mélange avec des matières blanches et des matières noires ne produit aucun changement de couleur. Ce résultat remarquable provient de ce que les *matières rouges sont monochromatiques*, et il est démontré par cette expérience ce qui a été dit pour le mélange des matières colorantes avec des matières blanches : que les mélanges de rouges avec des matières noires incolores ne changent pas la couleur, et que toutes ces dégradations *possèdent même complémentaire*.

Variations de l'intensité. — Les rouges des dix cercles possédant même complémentaire, celle-ci devient leur commune mesure pour déterminer leur intensité.

Par la méthode des disques tournants, on a cherché les angles des secteurs de chaque rouge qui produit le gris normal avec le 4ᵉ vert.

Voici le résultat de ces mesures :

	Cercle 1	2	3	4	5	6	7	8	9	10
Secteur rouge.	74	82	90	100	120	140	180	210	244	288
Secteur vert...	286	278	270	260	240	220	180	150	116	72

Si on calcule les degrés du 4ᵉ vert correspondant à 100° de rouge, on obtient les chiffres suivants :

1er cercle	2	3	4	5	6	7	8	9	10
386	338	300	260	200	157	100	71	47,5	25

En transportant ces données dans une construction graphique pour avoir la courbe des intensités on obtient la figure suivante (*fig.* 23) :

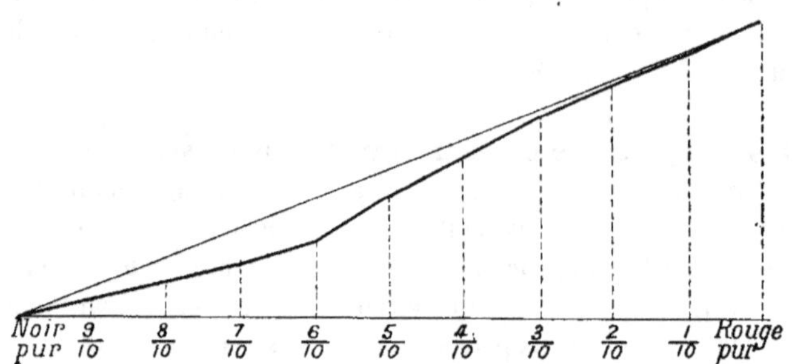

Fig. 23. — Les ordonnées représentent les intensités relatives de coloration. Les abscisses sont prises équidistantes *a priori*.

La courbe des intensités est une ligne brisée, elle est formée de trois parties chacune composée de quatre points sensiblement sur une ligne droite. Mais l'ensemble ne s'éloigne pas suffisamment d'une ligne droite pour qu'on ne puisse conclure que le mélange se forme suivant une progression arithmétique.

Et en effet, en composant un disque formé de onze cercles concentriques, c'est-à-dire :

		gris
le cercle extérieur rouge pur...........	360°	0
	324	36
	288	72
	252	108
puis en décroissant par dixièmes, le sec-	216	144
teur complémentaire étant formé de	180	180
gris pur.......................	144	216
	108	252
	72	288
	36	324
cercle de gris pur...................	0	360

En mettant en rotation rapide ce disque, on obtient douze anneaux concentriques unis montrant le passage successif par degrés, du gris au centre, au rouge placé à la circonférence.

L'aspect est absolument satisfaisant.

L'équidistance à la vue est régulière.

Aucun saut brusque d'un ton à l'autre ne choque le regard.

Il se produit en outre un autre phénomène décrit au début (§ 3), c'est-à-dire le contraste de ton qui fait que les lignes de contact des différents tons se trouvent accentuées.

Les conclusions de cette expérience se dégagent nettement :

L'équidistance à la vue des intermédiaires entre une couleur et le gris de même hauteur de ton suit une progression arithmétique.

La courbe qui représente le phénomène est une ligne droite.

Le disque tournant produit un intermédiaire avec une précision plus grande que ne le fait l'œil exercé d'un teinturier expérimenté.

Les écarts entre l'exécution et la théorie sont plus grands à mesure que l'intensité de la couleur est plus faible.

Les écarts sont plus grands aussi à mesure qu'augmente la distance entre intermédiaires.

L'œil peut très bien établir l'équidistance rigoureuse pour un petit nombre de couleurs à intercaler.

Ces constatations n'ont pu être faites qu'avec la gamme du rouge. Les colorants rouges étant les seuls dont la couleur ne varie pas sensiblement avec la dilution par des matières noires.

Avec le bleu et le jaune ces mesures sont impossibles, tous les intermédiaires entre couleur et gris étant d'une autre couleur, car elles ont une autre complémentaire et on n'a plus aucune commune mesure pour déterminer les variations d'intensité.

§ 65. Répartition des couleurs dites « primaires » dans le cercle chromatique de Chevreul. — Le cercle chromatique de Chevreul prend comme point de départ l'équidistance à la vue, du rouge, du jaune et du bleu. Entre deux de chacune de ces trois couleurs, Chevreul a intercalé vingt-trois intermédiaires supposées également franches, de même hauteur de ton et équidistantes entre elles.

Il est possible de vérifier expérimentalement s'il y a vraiment équidistance entre ces couleurs intercalées.

L'opération est assez facile à exécuter avec les disques tournants, car ils permettent de mesurer l'intensité d'une couleur à l'aide de sa complémentaire.

Chacune des vingt-trois intermédiaires est un mélange de deux des couleurs considérées comme primaires.

Ainsi l'*orangé* est considéré comme un mélange de rouge et de jaune du même cercle. Il est supposé être à égale distance entre ces deux extrêmes, ce qui veut dire qu'on se le figure formé par parties égales de rouge et de jaune.

Il est facile de s'en assurer en déterminant le rouge avec sa complémentaire, le 4e vert et le jaune avec sa complémentaire, le bleu.

Chacune de ces complémentaires servira ensuite à mesurer le rouge et le jaune dans chacune des vingt-trois intermédiaires; elle servira à comparer ces vingt-trois couleurs entre elles, et l'examen des chiffre obtenus permettra de tirer des conclusions.

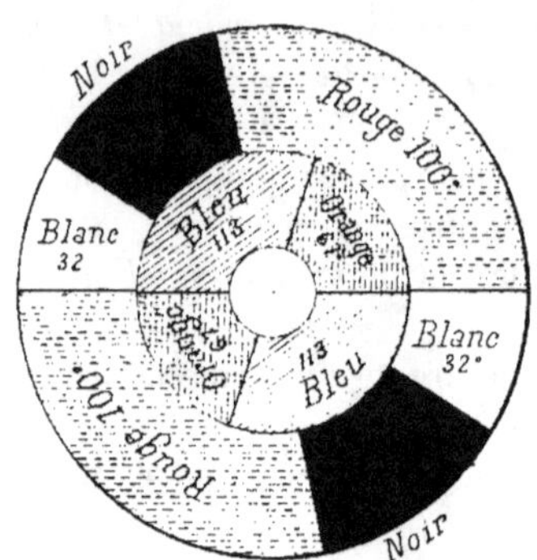

Fig. 24. — Disque extérieur rouge et blanc.
Disque intérieur orangé et bleu.

EXEMPLE. — Soit l'orangé; il s'agit d'y déterminer la proportion du rouge, puis celle du jaune. Pour obtenir le *rouge*, on composera un disque avec un secteur orangé auquel on adjoint un secteur de la complémentaire du jaune, c'est-à-dire le bleu.

Si les deux secteurs possèdent l'angle convenable, la rotation rapide de ce disque produira du rouge. Mais ce rouge sera plus clair que le rouge du premier cercle, parce que le mélange de bleu produit du blanc avec le jaune contenu dans l'orangé; on formera donc un deuxième disque avec des secteurs blancs et rouges, d'un diamètre plus grand qui servira de terme de comparaison, et on superposera les deux disques, en les enfilant sur l'axe de l'appareil.

$$\text{Mesure du rouge :} \quad \frac{134° \text{ orangé}}{226° \text{ bleu}} = \frac{200° \text{ rouge}}{64° \text{ blanc}}$$

L'aspect de l'ensemble sera le suivant (*fig.* 24) : Au centre un petit disque orangé et bleu, qui se détachera sur le fond formé par les secteurs rouges et blancs qui dépassent le petit disque et qui sont vus sur le fond noir, formé par l'orifice circulaire représentant l'absence totale de toute lumière et de toute sensation lumineuse.

On met le système en rotation rapide et on compare l'aspect de deux disques qui forment deux anneaux concentriques.

Par tâtonnement méthodique on fait varier l'angle de ces quatre espèces de secteurs de manière à amener l'identité d'aspect entre les deux cercles concentriques.

La mesure des angles des secteurs permet de représenter le résultat des expériences par des chiffres.

Pour mesurer le *jaune* renfermé dans l'orangé on compose un disque avec orangé et la complémentaire du rouge, c'est-à-dire le 4e vert.

Voici les données numériques relatives à l'orangé :

$$\text{Mesure du jaune :} \quad \frac{60^\circ \text{ orangé}}{300^\circ \ 4^e \text{ vert}} = \frac{36^\circ \text{ jaune}}{58^\circ \text{ blanc.}}$$

Ces chiffres n'ont pas de valeur absolue.

Il ne se rapportent qu'au cercle avec lequel on a opéré.

Or, les intensités de coloration dans ce cercle sont fort inégales, ainsi qu'on le verra plus loin.

Mais malgré cette incertitude, le fait essentiel reste confirmé, c'est que l'orangé est beaucoup plus près du rouge que du jaune.

En opérant de même pour les soixante-neuf intermédiaires entre rouge, jaune et bleu, on s'aperçoit de suite qu'il faut adjoindre à ces trois couleurs une quatrième : la complémentaire du rouge, le 4ᵉ vert.

La raison en est qu'il est impossible de produire la sensation du vert par le mélange du jaune et du bleu, celui-ci ne produit que du blanc. Par suite de cette adjonction, le cercle chromatique s'est trouvé divisé en quatre sections, dans lesquelles on mesure le rouge, le jaune, le bleu, le vert.

Le *rouge* a été mesuré sur tous les intermédiaires entre le rouge et le bleu, en passant par le violet; et sur les intermédiaires du rouge au jaune en passant par l'orangé.

Le *jaune* a été mesuré sur les intermédiaires du rouge au jaune et du jaune au 4ᵉ vert.

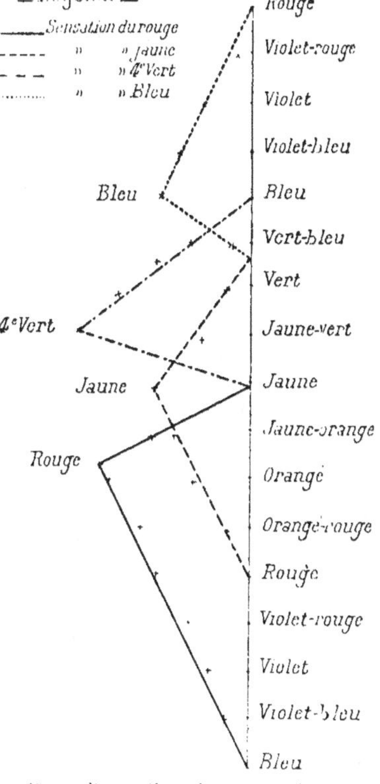

Fig. 25. — Proportion du rouge, du jaune, du 4ᵉ vert et du bleu dans les normes du cercle chromatique Chevreul chromo-lithographié par Digeon.

Le 4ᵉ vert a été mesuré du jaune au 4ᵉ vert et du 4ᵉ vert au bleu.

Pour représenter le résultat de ces mesures par une figure graphique, le cercle chromatique a été développé selon une ligne droite sur laquelle des divisions d'égale longueur correspondent aux couleurs équidistantes.

Les ordonnées représentent l'intensité de la sensation de la couleur composante, telle qu'elle a été mesurée à l'aide des disques tournants (*fig.* 25).

Les unités de mesure sont les feuilles de papier coloré copiées sur le cercle de Digeon. Elles sont au nombre de quatre : le rouge, le 4ᵉ vert, le jaune et le bleu et je fais expressément remarquer que ces unités ne sont pas égales entre elles et que leur intensité n'est pas, pour l'instant connue. Mais cette circonstance n'empêche pas de tirer les conclusions suivantes.

On voit que les extrémités des ordonnées se trouvent sensiblement sur une ligne droite, ce qui prouve que l'équidistance à la vue pour les intermédiaires entre deux couleurs est produite par un mélange en progression arithmétique des deux couleurs composantes. Mais le résultat le plus remarquable de ce classement est le suivant :

Entre le bleu et le rouge la proportion de rouge va régulièrement en croissant ; mais au lieu d'atteindre son maximum dans le rouge même, comme on pourrait s'y attendre, la ligne continue à s'élever jusqu'à l'orangé, où la proportion de rouge est de moitié plus forte que dans la feuille représentant le rouge pur.

A partir de là cette proportion s'abaisse rapidement jusqu'au jaune, où elle devient nulle.

De même la ligne qui représente la sensation du *vert* s'élève rapidement depuis le jaune jusqu'au 3ᵉ jaune-vert, où elle atteint son maximum, et elle s'abaisse vers le bleu en passant par le 4ᵉ vert.

La sensation du *bleu* atteint de même son maximum dans le 3ᵉ bleu et non dans le bleu lui-même.

Seule la ligne représentant la sensation du *jaune* atteint son point culminant sur l'ordonnée qui correspond à cette couleur.

Comment comprendre que la sensation du rouge est bien plus intense dans l'orangé que dans le rouge du même cercle ; que celle du bleu est maximum dans le 3ᵉ bleu et celle du jaune dans le 3ᵉ jaune-vert ?

1° Tout simplement par le fait que les matières orangées, bleues et vertes, qui ont servi à établir le cercle chromolithographié, avaient des couleurs plus vives que celles qui représentent les rouges, les bleus, les verts du même cercle.

L'intensité de coloration des couleurs du premier cercle est assez inégale, fait qui sera confirmé plus tard par une méthode plus précise (§ 79). Cette inégalité est, à première vue, plus grande dans le cercle de Digeon que dans celui des Gobelins. Mais dans les deux on constate que les couleurs du premier cercle ne sont pas également franches.

2° Le rouge, le jaune et le bleu ne sauraient être, comme sensations, des couleurs primaires, puisqu'elles ne peuvent produire le vert ; de là résulte aussi que rouge, jaune et bleu ne peuvent pas être équidistantes entre elles.

3° Mais l'équidistance des intermédiaires est démontrée pour une étendue limitée.

L'œil du teinturier juge bien les intervalles entre couleurs, quand les termes extrêmes ne sont pas trop éloignés les uns des autres.

4° L'intensité remarquable de l'orangé, du 3ᵉ jaune-vert et du 3ᵉ bleu du premier cercle chromolithographié a peut-être encore une autre raison :

C'est que ces trois colorations correspondent sensiblement aux sensations fondamentales dont il sera question plus loin (§ 70).

§ 66. De la répartition des couleurs complémentaires dans le cercle chromatique de Chevreul. — La différence profonde qui existe entre le résultat du mélange des matières colorantes et celui des sensations colorées ressort bien de l'étude de la répartition des couleurs complémentaires dans le cercle de Chevreul.

Ce cercle est basé sur le résultat du mélange des matières. Les couleurs complémentaires, au contraire, sont la conséquence de la structure de l'œil. Il s'agit ici d'un mélange de sensations.

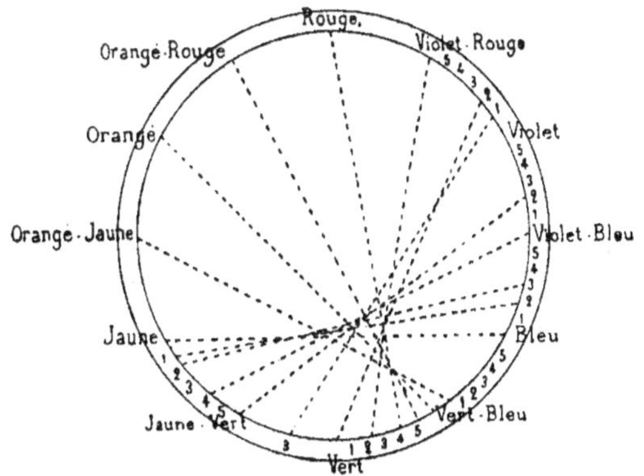

Fig. 26. — Répartition des couleurs complémentaires dans le cercle chromatique.

Le cercle Chevreul traduit les idées régnantes, admises à la suite de Darwin, sur les complémentaires, idées qui sont résumées dans le petit tableau suivant :

couleur primaire	couleur complémentaire
Rouge	Vert
Jaune	Violet
Bleu	Orangé

Dans la pensée de l'auteur du cercle, les couleurs situées aux extrémités d'un diamètre devaient être complémentaires.

Chevreul plaça donc aux extrémités d'un diamètre le rouge et le vert, le jaune et le violet, le bleu et l'orangé.

Il est facile de vérifier, à l'aide des disques tournants, si les couleurs placées aux deux extrémités d'un diamètre sont réellement complémentaires.

On forme un disque avec des secteurs orangés et des secteurs bleus. En faisant tourner rapidement ce disque autour de son centre, on a beau faire varier les angles relatifs des secteurs, jamais la sensation de couleur ne disparaît, il ne se forme pas de gris incolore, mais du rouge !

On remplace alors l'orangé successivement par ses variétés moins rouges, l'orangé, le jaune, etc. On n'obtient le gris incolore qu'avec un disque composé de jaune et de bleu !

Jaune et bleu sont donc complémentaires. Voici un premier point nettement établi.

Si on classe ensuite par ce procédé toutes les soixante-douze couleurs du premier cercle, en déterminant la complémentaire de chacune, on obtient le résultat représenté par la figure 26.

On y voit sur une circonférence, représentées par leurs numéros, les soixante-douze couleurs du cercle. Une ligne ponctuée réunit les couleurs complémentaires formant les couples. Ces lignes sont loin de se croiser au centre du cercle. Elles ne se croisent nulle part en un point unique. Leur distribution paraît très irrégulière.

On remarquera notamment que les couleurs comprises entre le violet, le rouge, l'orangé et le jaune qui occupent trente-six divisions, ont leurs complémentaires resserrées entre dix divisions.

§ 67. Essai de correction des défauts du cercle. — L'aspect de cette disposition irrégulière fait naître naturellement la pensée d'intercaler entre ces dix couleurs les complémentaires qui manquent.

Si l'on fait cette correction, on arrive au résultat représenté par la figure 27.

La moitié gauche de ce cercle représente la moitié du cercle chromatique primitif, qui s'étend depuis le rouge jusqu'à sa complémentaire, le 4ᵉ vert.

A l'extrémité opposée à chaque couleur se trouve inscrit le nom de la complémentaire.

Mais ce cercle corrigé n'est pas satisfaisant. Son défaut, c'est que des couleurs très voisines à la vue, telles que le 4ᵉ vert, le 5ᵉ vert, le vert-bleu, sont très éloignées les unes des autres, et qu'il a fallu intercaler entre elles quinze couleurs, complémentaires des couleurs comprises entre

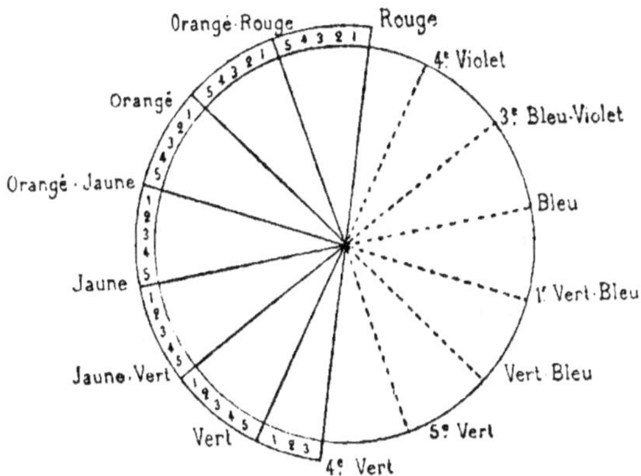

Fig. 27. — Le demi-cercle de gauche représente les couleurs telles qu'elles se succèdent
dans la construction chromatique de M. Chevreul. A l'extrémité opposée du diamètre
on a inscrit le nom de la complémentaire de chaque couleur.

le rouge et l'orangé. Dès lors, ces différents verts-bleus sont si voisins
à la vue qu'il est dif-
ficile de distinguer
ces couleurs les unes
des autres.

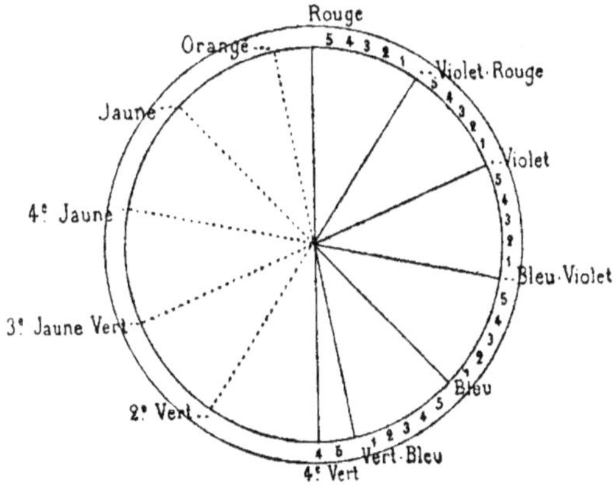

Dans ce cercle, le
côté des verts-bleus
est, en réalité, déve-
loppé outre mesure;
on peut en conclure
que peut-être les in-
termédiaires entre le
rouge et l'orangé sont
trop nombreux. Si on
retourne le problème,
on arrive à l'arrange-
ment représenté par la
figure 28. La moitié
de droite du cercle

Fig. 28. — Le demi-cercle de droite représente les couleurs
telles qu'elles se succèdent dans la deuxième moitié du
cercle chromatique de M. Chevreul. A l'extrémité opposée
du diamètre, on a inscrit le nom de la complémentaire.

primitif est conservée, et à l'extrémité de chaque diamètre se trouve
inscrit le nom de la complémentaire. Le résultat obtenu n'est guère
meilleur.

Si le côté vert-bleu se trouve avoir un développement raisonnable, par contre le passage du rouge à l'orangé est trop brusque, les intermédiaires se trouvant supprimées. Il y a dans le cercle chromatique un point singulier qui prendra dans la suite une grande importance : *Certaines couleurs qui paraissent équidistantes à la vue ont des couleurs complémentaires qui sont ou bien trop rapprochées ou trop écartées entre elles.*

En somme, cette tentative de corriger le cercle chromatique est infructueuse.

Quelle est la cause de cet insuccès ?

Elle est dans le principe même sur lequel le cercle chromatique est basé, et nous concluons de l'ensemble de ces expériences :

Que le rouge, le jaune et le bleu ne sont pas des sensations primaires, puisque ces trois sensations mélangées deux à deux ne produisent pas toutes les couleurs intermédiaires.

Au point de vue des applications, il y a une autre conclusion à tirer : c'est qu'il ne faut pas consulter le cercle chromatique de Chevreul pour y trouver la complémentaire d'une couleur donnée.

Mais on peut corriger ce défaut en consultant la figure 26.

Il reste maintenant à rechercher les couleurs du cercle chromatique, qui pourraient servir à reproduire tous les intermédiaires, par le mélange des sensations ; il faut rechercher de même la forme de la table des couleurs, et de la construction chromatique, qui donne satisfaction à l'esprit et qui soit d'accord avec les propriétés de l'œil.

On est ainsi amené à examiner à ce point de vue la théorie d'Young.

CHAPITRE XIII

LA THÉORIE DES TROIS SENSATIONS FONDAMENTALES

Le principe sur lequel a été fondé le cercle chromatique de Chevreul repose sur l'expérience séculaire des peintres et des teinturiers, expérience acquise par le mélange des matières colorantes.

Cette expérience sur le mélange des matières cependant ne saurait expliquer le résultat obtenu par le mélange des sensations ; car tandis que la matière bleue mélangée à la matière jaune produit une troisième couleur, tantôt le vert, tantôt le rouge, le mélange des sensations produit du blanc.

Elle n'explique pas davantage cette propriété de l'œil de voir la complémentaire d'une couleur sur laquelle il s'est reposé un instant : c'est-à-dire le phénomène de contraste, les images accidentelles.

Elle n'explique surtout pas une infirmité, connue sous le nom de « daltonisme » ; infirmité qui consiste à confondre deux couleurs, le rouge et le vert, par exemple, infirmité très fréquente, mais qui passe quelquefois inaperçue, parce que les personnes qui en sont atteintes ignorent le plus souvent qu'elles ne voient pas les couleurs comme les autres.

§ 68. Le daltonisme. — C'est Dalton qui le premier a fait de cette infirmité dont il était atteint, une étude méthodique. Et c'est à tort qu'on a désigné cette organisation incomplète de l'œil comme « cécité pour la couleur » (Farbenblindheit), ainsi qu'on la nomme dans les ouvrages de langue allemande. L'œil du daltoniste n'est pas aveugle pour la couleur, *mais il en distingue moins que l'œil normal.* Il est aisé de s'en rendre compte en remettant à un daltoniste une série de papiers de couleurs diverses, en le priant de les classer dans l'ordre rouge, orangé, jaune, vert, bleu et violet ; chaque couleur étant d'ailleurs représentée par plusieurs nuances· Le classement étant fait, on voit bien que le daltoniste mettra un vert à côté d'un rouge et inversement. Il confondra les orangés et les verts-jaunâtres, etc. Bleus et violets sont à peu près à leur place.

Un daltoniste, voulant assortir des franges de vert foncé avec un rideau vert clair, fait choix d'un rouge foncé, persuadé d'avoir assorti deux tons d'un même vert. C'est pour expliquer ce phénomène que Young imagina en 1802 la théorie des trois sensations fondamentales, théorie qu'il développa en 1807.

§ 69. Théorie d'Young. — L'œil est sensible à trois couleurs fondamentales ; la perception égale de ces trois couleurs produit la sensation du blanc. La perception simultanée de deux couleurs en diverses proportions produira la sensation des couleurs intermédiaires.

Young désigna comme sensations fondamentales : le rouge, le vert, le violet. L'absence de sensibilité pour le vert ne laisse plus subsister que celle du rouge et du violet. L'absence de sensibilité pour le rouge ne laisse plus subsister que celle du vert et du violet.

Ainsi s'expliquaient les erreurs des daltonistes en fait de couleurs.

La perception simultanée du rouge et du vert dans l'œil normal produit la sensation des intermédiaires : l'orangé, le jaune, le jaune-vert.

La perception simultanée du vert et du violet produit les sensations intermédiaires du vert-bleu, du bleu, du bleu-violet.

Enfin la perception simultanée du rouge et du violet produit la sensation du violet-rouge, du pourpre.

Voici en quels termes Thomas Young a formulé en 1807 sa pensée [1] :

« De trois sensations simples, avec leurs combinaisons nous obtenons sept distinctions primitives de couleurs ; mais les diverses proportions dans lesquelles elles peuvent être combinées conduisent à un nombre de teintes variées qui est au-dessus de toute calculation.

« Les trois sensations simples étant le rouge, le vert, le violet, les trois combinaisons binaires seront le jaune, formé par le vert et le rouge ; le bleu formé par le vert et le violet ; et le cramoisi résultant de la combinaison du violet et du rouge et la septième dans l'ordre est le blanc composé par toutes les trois réunies. Mais le bleu ainsi obtenu n'est pas le bleu du spectre, car quatre parties de vert et une du violet font un bleu très peu différent du vert ; tandis que le bleu du spectre paraît contenir autant de vert que de violet et c'est pour cette raison que le rouge et le bleu, habituellement, font un pourpre, dont la nuance provient de la prédominance du violet. »

Pour illustrer son idée, Young donne un dessin colorié représentant le diagramme des couleurs tel qu'il résulte de sa conception [2].

<hr>

[1] Thomas Young, *A Course of lectures on natural philosophy*, London, 1807, p. 440.
[2] *Ibid.*, plate XXIX, *fig.* 427.

C'est un triangle équilatéral de 35^{mm} de côté, aux trois sommets duquel sont peints le rouge, le vert, le violet. Le côté rouge-vert montre le passage du rouge au jaune, très rapide ; le jaune étant dans le premier tiers du côté rouge-vert. Le jaune-vert commence dans le milieu de ce côté et s'étend jusqu'au sommet vert.

Entre le vert et le violet se trouve le bleu, qui se nuance de vert dans un sens et de violet dans l'autre. Le côté rouge-violet offre le moins de couleurs, c'est là qu'est le vrai défaut du choix fait par Young : rouge et violet étant trop voisins comme sensations ; tandis que le côté du rouge au vert en renferme un trop grand nombre. Vers le milieu de la figure les trois couleurs se mêlent et produisent un gris neutre.

Cette théorie simple et claire présente, sur celle du mélange des matières, l'avantage de la précision. Elle ne permet aucune confusion entre le mélange des matières et celui des sensations. Elle dit nettement : « La couleur est en nous, elle est une sensation ».

« La théorie des sensations colorées d'Young était restée inaperçue, comme tant d'autres choses que ce merveilleux chercheur avait trouvées, en devançant son époque, jusqu'à ce que mes recherches et celles de Maxwell attirassent l'attention sur elle », dit Helmholtz. (*Optique physiologique*, traduction de Javal et Klein, p. 408.)

§ 70. Choix des couleurs fondamentales. — Si le principe imaginé par Th. Young a été reconnu comme vrai dans la suite, il n'en a pas été de même du choix des couleurs fondamentales. Maxwell, qui a cherché à reproduire, à l'aide de rayons simples pris dans le spectre solaire, la sensation du blanc avec trois couleurs, et celle des couleurs intermédiaires, a été amené à prendre un rouge plus orangé et un violet plus rapproché du bleu, dont il donne la place dans le spectre.

Le petit tableau suivant donne la place assignée par Maxwell dans le spectre, et en regard les noms des couleurs correspondantes relevées sur le cercle chromatique chromolithographié par Digeon :

Numéro du cercle chromatique	Place dans le spectre solaire.
3ᵉ rouge	$\frac{1}{3}$ C vers D
2ᵉ Vert	$\frac{1}{4}$ E vers F
5ᵉ bleu	$\frac{1}{2}$ F à *b*.

Le 5ᵉ bleu est presque le violet-bleu.

Maxwell a opéré sur seize couleurs du spectre, qu'il a mélangées trois par trois. A cette occasion, Helmholtz dit (*Optique physiologique*, p. 384) : « Le choix des sensations fondamentales présente tout d'abord quelque chose d'arbitraire. On pourrait choisir à volonté trois couleurs dont le mélange produise du blanc... Il n'existe encore, que je sache, aucun moyen de déterminer les couleurs fondamentales que l'examen des sujets affectés de dyschromatopsie (daltonisme). »

En ceci, Helmholtz se trompe.

Dans ce qui suit on verra que l'étude de l'œil normal donne le moyen d'arriver à la détermination de trois couleurs pouvant remplir les fonctions de couleurs fondamentales, et qu'il n'est nullement nécessaire de recourir à l'étude de l'œil infirme, pour savoir comment l'œil normal est organisé. Il suffit de définir nettement les qualités que doivent posséder les couleurs correspondant aux sensations simples.

§ 71. Caractères des couleurs correspondant aux sensations fondamentales. — En posant la question comme le fait Helmholtz, le problème est, en effet, indéterminé. Beaucoup de couleurs mélangées trois par trois produisent la sensation du blanc, et, mélangées deux à deux, donnent naissance aux couleurs intermédiaires. Il suffit pour cela que deux d'entre les trois ne soient pas complémentaires.

Mais nous avons à demander, aux couleurs que nous devons considérer comme fondamentales, une propriété de plus : *Il faut que, mélangées deux à deux, elles produisent les couleurs intermédiaires avec la plus grande intensité, tout en produisant la sensation du blanc moins que toutes les autres couleurs que l'on pourrait choisir à leur place.* (La sensation du blanc se produit toujours dans une certaine mesure par le mélange de deux sensations colorées. Ce blanc reste mélangé à la couleur résultante et l'éclaircit.)

Cette condition est précisément l'opposé de celles que remplissent les couleurs complémentaires, qui par leur mélange deux à deux ne donnent naissance à aucune couleur intermédiaire, et quand elles sont mêlées en proportions convenables ne produisent que la sensation du blanc.

Par leurs propriétés ces deux espèces de couleurs se limitent réciproquement [1].

C'est l'étude de la répartition des couleurs complémentaires dans le cercle chromatique de Chevreul (chromolithographié par Digeon) qui donne le moyen de choisir — non pas trois couleurs — mais trois couples de couleurs complémentaires, qui préciseront le choix des trois couleurs pouvant convenir le mieux comme représentants des trois sensations fondamentales.

---

[1] A. Rosenstiehl, *Comptes rendus*, t. XCII, p. 244, 14 février 1881, et p. 1286, 31 mai 1881.

Le cercle chromatique des Gobelins, tout en étant fondé sur le principe de l'équidistance à la vue du rouge, du jaune et du bleu, c'est-à-dire sur un principe scientifiquement erroné, a le mérite d'être conçu avec une méthode rigoureuse et d'être exécuté par des teinturiers exercés; c'est-à-dire que les intervalles des couleurs sont réguliers.

C'est cette qualité qui permet d'y trouver trois couples de couleurs équidistantes à la vue.

§ 72. Détermination des trois couples primaires.

— Une circonstance heureuse facilitera encore ce travail : c'est que deux des couleurs considérées comme primaires par Chevreul sont complémentaires, le jaune et le bleu. Or ces deux couleurs sont placées dans son cercle aux deux extrémités d'une corde qui soutient un tiers de la circonférence; c'est sur cette corde que sont réparties les couleurs intercalées entre le bleu et le vert, et le vert et le jaune, en tout vingt-quatre numéros, représentant les complémentaires des quarante-huit autres réparties dans les deux tiers du cercle, en passant par le rouge (voir *fig.* 26, p. 101, § 66).

Premier couple. — Entre le jaune et le bleu se trouve le vert qui, ne pouvant être obtenu par leur mélange, correspond nécessairement à une sensation fondamentale.

Pour en préciser la position, car nous avons le choix entre dix-neuf couleurs de ce nom, il faut se souvenir que ce vert doit donner, avec une deuxième couleur placée entre le rouge et l'orangé-jaune, et avec une troisième couleur placée entre le bleu et le bleu-violet, la totalité des couleurs du cercle chromatique, *tout en produisant le moins possible la sensation de blanc*. Ce vert sera donc placé à égale distance des complémentaires des deux groupes de couleurs.

On pourrait croire, à première vue, que la question posée dans des termes si larges devrait comporter plusieurs solutions. Il n'en est rien. Les compléments des dix-neuf couleurs qui s'étendent du rouge à l'orangé-jaune n'occupent dans le cercle que quatre numéros consécutifs, soit du 4ᵉ vert au 1ᵉʳ vert-bleu. Les compléments du bleu au bleu-violet s'étendent du jaune au 4ᵉ jaune. Entre les deux groupes de complémentaires, il y a un intervalle de dix numéros, dont le milieu est occupé par le 3ᵉ ou 4ᵉ jaune-vert.

Le premier couple ainsi déterminé est le 3ᵉ jaune-vert et le 1ᵉʳ violet.

Le *deuxième couple* se détermine par un raisonnement analogue. Il doit comprendre un violet-bleu et sa complémentaire. Ce violet-bleu doit produire avec le 3ᵉ jaune-vert les couleurs intermédiaires, soit le vert, le vert-bleu et le bleu, en produisant le moins possible la sensation du blanc. Il sera donc à égale distance entre la complémentaire du 3e jaune-vert, qui est le 1er violet, et du groupe complémentaire du rouge à l'orangé-jaune, c'est-à-dire du 4e vert au 1er vert-bleu. Or, entre le 1er violet et le 1er vert-bleu, il y a vingt couleurs; le milieu est le 3e ou 4e bleu, dont la complémentaire est un jaune situé entre le 1er et le 2e jaune.

Reste à déterminer le *troisième couple.*

Pour trouver ce troisième couple, la marche est à modifier, afin de ramener la discussion à la section qui s'étend du jaune au bleu. Si les trois couleurs correspondant aux sensations fondamentales sont équidistantes à la vue, leurs complémentaires le sont aussi; donc le complément de la troisième couleur à chercher est à égale distance entre le 3e jaune-vert et le 3e bleu. Cette couleur est le vert-bleu, dont le complément est l'orangé.

Les trois couples de couleurs équidistants à la vue sont d'après cela :

L'orangé et son complément, le vert-bleu ; le 3e jaune-vert et son complément, le violet; le 3e bleu et son complément, le jaune (entre 1er et 2e) (voir Pl. VII, nos 1, 3, 5).

Ces couleurs peuvent se placer sur un cercle à une distance de 60°, et on a ainsi fixé six points du cercle chromatique basé sur l'équidistance des sensations.

§ 73. Vérification expérimentale. — Le travail expérimental est fait avec des feuilles de papier coloré, qui sont dénommées d'après le cercle chromolithographié de Digeon. Les chiffres ne possèdent qu'une valeur relative, mais qui suffit dans ce cas. On dispose sur un disque trois secteurs colorés en orangé, 3e jaune-vert et 3e bleu, et on cherche par tâtonnement les angles des secteurs nécessaires pour produire le blanc. On trouve ainsi :

$$\text{Orangé} \ldots \ldots \ldots \quad 40° \\ \text{3e jaune-vert} \ldots \ldots \quad 152° \\ \text{3e bleu} \ldots \ldots \ldots \quad 168° \left.\right\} = 50° \text{ de blanc.}$$

Cette expérience montre que l'orangé qui a servi est bien plus vif que les deux autres couleurs qui y sont associées et cependant on les a toutes choisies aussi belles qu'il est possible de les produire avec les matières colorantes dont on peut disposer actuellement. Ce fait se reproduira encore dans la suite. Il est signalé ici sans autres commentaires. Il n'est pas pour empêcher notre démonstration expérimentale.

Cette première expérience montre dans quelle proportion il faut mélanger nos trois types de couleurs pour en avoir la sensation du blanc.

PLANCHE VI

La figure 1 montre comment on dégrade une couleur donnée à l'aide des disques tournants.

Pour réduire l'intensite de coloration de moitié on a composé un disque avec un secteur coloré de 180° (dans le cas particulier c'est l'orangé qu'il s'agit de dégrader).

Pour pouvoir copier la teinte résultante, on a ajouté un petit secteur blanc (de 20° dans l'exemple choisi) et on met en rotation rapide. Il en résulte un orangé foncé, dont le disque intérieur représente la copie exacte.

La figure 2 montre la formation du violet par le mélange d'orangé et de bleu.

Afin d'avoir un orangé de même intensité de coloration que le bleu, il a fallu opérer comme on le voit fig. 1.

Le disque (fig. 2) présente dans le cercle extérieur deux secteurs égaux d'orangé et de bleu (3° bleu Ch.) Par la rotation rapide, le mélange de ces deux sensations donne naissance à du violet, mélangé de blanc binaire, teinte qui a été copiée et qui est représentée dans le centre de la figure 2.

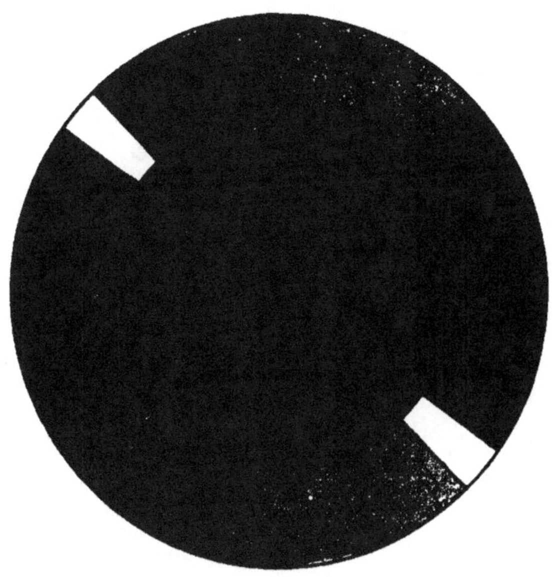

FIG. 1.

FIG. 2.

Si nous occultons l'une de ces trois couleurs à l'aide d'un secteur de velours noir de même angle et si nous mettons en rotation, le résultat de l'expérience nous donnera la complémentaire de la couleur occultée. Nous occultons l'orangé; le mélange des deux autres secteurs nous donnera le vert-bleu. Et en effet, ce vert-bleu est vif et bien caractérisé. En occultant le 3ᵉ jaune-vert, on a le violet et en occultant le 3ᵉ bleu, on a le jaune un peu verdâtre, qui est sa complémentaire.

L'expérience confirme donc le choix des trois couleurs fondamentales, car elles répondent aux conditions formulées plus haut : par leur mélange deux à deux, elles produisent les couleurs intermédiaires (Pl. VI, fig. 2).

Et le fait que ces couleurs sont belles permet de dire que la sensation du blanc produit par leur mélange deux à deux est minimum, car il a été démontré précédemment que le mélange avec du blanc nuit considérablement à la beauté d'une couleur (§ 25).

En utilisant l'équidistance des couleurs intermédiaires du jaune au vert et du vert au bleu dans le cercle chromatique de Chevreul, il a donc été possible de déterminer trois couples de couleurs équidistants à la vue, et de trouver ainsi trois couleurs possédant les propriétés des sensations fondamentales d'Young.

Et cette détermination a été faite en utilisant la propriété de l'œil normalement constitué.

Il est démontré par là que le concours des daltonistes n'est pas nécessaire.

Le daltoniste ne constitue pas d'ailleurs un aide bien précieux sous ce rapport.

Étant privé du plaisir de voir l'une des couleurs primaires, il en résulte que ce qui est blanc pour lui est pour nous déjà coloré.

Les différences de coloration sont moindres pour lui que pour nous, et il attache à la couleur moins d'intérêt. Son œil n'est pas exercé, et ses jugements sont hésitants. Les mesures sont vagues ; si en outre le daltoniste possède peu de culture, il ne sait même pas traduire ses sensations par des paroles. De là une grande difficulté de tirer de l'étude du daltoniste des conclusions précises sur la sensation qui lui manque.

CHAPITRE XIV

LA TABLE DES COULEURS SELON LA THÉORIE D'YOUNG

§ **74. Le diagramme.** — Young n'a donné aucune esquisse du diagramme traduisant sa théorie par une figure géométrique ; mais il est très intéressant et d'ailleurs facile d'exécuter cette construction pour en tirer ensuite les conclusions qui en découlent et pour les vérifier expérimentalement.

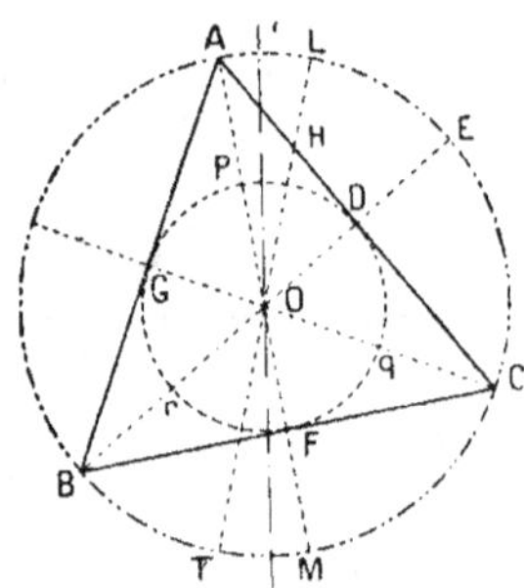

Fig. 29.

Soit O le point de départ de trois lignes OA, OB, OC, distantes entre elles de 120°, dispositions qui correspondent à l'équidistance des trois sensations fondamenta les En réunissant par des lignes droites les points ABC, on réalise un triangle équilatéral. Les lignes OA, OB, OC d'égale longueur, représentent la condition que les trois sensations A, B, C sont égales entre elles comme intensité.

De ce fait, les points intermédiaires, plus rapprochés du point O, tels que HO, DO, désignent des intensités plus faibles que AO. Ces intensités seront nulles au point O qui représente ainsi le noir absolu.

Le mélange des sensations A et C donnera des couleurs intermédiaires placées sur la ligne AC ; car il est démontré par l'étude de la répartition des intermédiaires du cercle chromatique, que le tracé qui représente l'équidistance à la vue entre deux extrêmes correspond à une ligne droite. Les points D, H représentent donc deux intermédiaires entre A et C, dont l'intensité respective sera OD et OH.

Les proportions des sensations A et C qui constituent la sensation D seront exprimées par CD et AD.

Celles qui reproduiront la couleur H seront AH + CH.

§ 75. Règle de Newton. — Ici se place une remarque importante : AH représente la proportion de sensation C et CH celle de la sensation de A.

Car la proportion de A au point H sera d'autant plus grande que H sera plus près de A. et quand H coïncide avec A, la sensation de A est pure et à son maximum d'intensité.

D'où cette règle que la proportion d'une sensation dans un mélange binaire est représentée par une ligne dont la *longueur est l'inverse* de cette proportion.

Or, cette règle est aussi celle des bras de leviers. Le point H est au centre de gravité d'un levier portant au point A un poids exprimé par HC et au point C un poids égal à AH.

L'identité de cette règle avec celle de Newton sur le mélange des couleurs saute aux yeux. La règle de Newton est utilisée dans les calculs parce qu'aucune autre ne saurait dans la pratique la remplacer. Mais sa raison d'être n'a pas été expliquée et on la considère comme bizarre.

La coïncidence qui vient d'être signalée n'est pas un effet du hasard, et si Newton n'a pas formulé la théorie d'Young, il en a eu tout au moins le pressentiment.

§ 76. La triade. — De ce fait que les couleurs A, B, C sont équidistantes à la vue, et d'égale intensité, il résulte qu'il y a un nombre indéterminé de couleurs qui possèdent les mêmes qualités.

Ce sont toutes celles qui sont placées aux sommets des triangles équilatéraux que l'on peut inscrire dans le triangle ABC.

Soit HIG ou DEF (*fig.* 30). Ce dernier est le plus petit de tous; il est formé par les couleurs complémentaires de la triade primaire. On peut choisir ces triangles équilatéraux aussi rapprochés qu'on le veut; de sorte que leur nombre est en réalité indéfini.

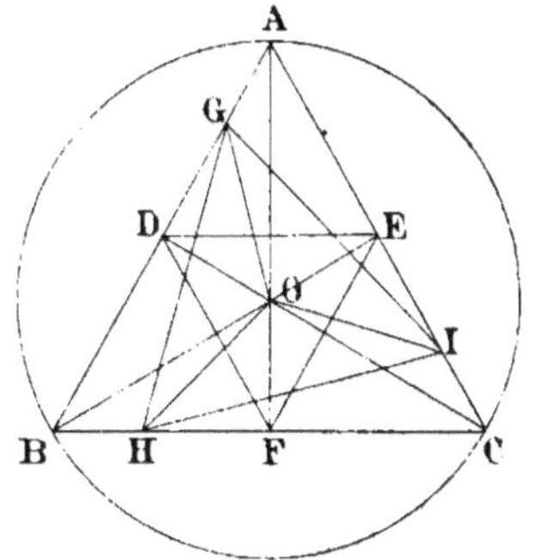

Fig. 30.

Le caractère qui leur est commun. c'est que l'intensité de coloration qui leur est propre est toujours plus petite que celle des couleurs primaires. Le mininum est OD, c'est-à-dire la moitié de OA. Le maximum de coloration appartient aux couleurs OA, OB, OC.

D'où la règle : le résultat du mélange de deux sensations primaires colorées est toujours une sensation colorée, d'une intensité inférieure, et *d'une manière générale mélanger deux couleurs, c'est en affaiblir la coloration ;* mais non pas la somme des sensations qui reste la même, ainsi qu'on le verra plus loin.

§ 77. Les couleurs fondamentales de Maxwell comparées à celles déterminées par l'auteur. — Maxwell a déterminé par tâtonnement trois couleurs qui, mélangées deux à deux à l'aide des disques tournants, lui donnent les couleurs intermédiaires passablement nettes. Il a ensuite comparé les feuilles de papier coloré qui représentent ces trois couleurs, avec celles du spectre solaire.

En rapportant les indications de Maxwell au cercle chromatique de Chevreul, de même que celles de Rosenstiehl on arrive au résultat suivant :

Maxwell	Rosenstiehl
4e rouge $\frac{1}{3}$ C vers D	Orangé $\frac{3}{4}$ C vers D
2e vert $\frac{1}{4}$ E vers F	3e jaune-vert $\frac{3}{4}$ D vers E
4e bleu $\frac{1}{2}$ F à b	3e bleu $\frac{1}{3}$ F à b.

On voit que Maxwell choisit un rouge moins orangé, un vert moins jaunâtre et un bleu moins violet.

L'écart entre les deux systèmes n'est pas grand, mais la différence entre le résultat de mélange des sensations est grande, ce qui est dû à ce que le 2e vert est presque complémentaire du rouge (dont la complémentaire est le 4e vert). Il en résulte que le 2e vert et le 4e rouge ne peuvent pas produire un jaune assez intense. L'orangé et le 3e jaune-vert donnent par leur mélange un meilleur jaune. On voit par ce qui précède qu'il y a avantage à ne pas considérer une couleur par elle-même, mais à *raisonner sur le couple de couleurs complémentaires.* C'est là la conclusion qu'il importe de retenir.

Il faut attacher peu d'importance aux places qui se trouvent assignées dans le spectre et dans le cercle chromatique, à ces deux systèmes de trois couleurs.

Car la place dans le spectre a été déterminée par deux observateurs différents et à des époques différentes ; et il est possible que la différence eût été moins grande si on avait pu comparer entre elles les feuilles de papier qui ont servi à Maxwell et celles qui ont été copiées du cercle chromatique de Digeon.

§ 78. L'équidistance à la vue et les couleurs complémentaires. — Dans le triangle équilatéral ABC *(fig.* 31) on joint chaque sommet au milieu du côté opposé. Il se trouve divisé en six triangles rectangles égaux. Les couleurs comprises dans deux triangles opposés par les sommets sont réciproquement complémentaires. Ainsi les couleurs placées sur le côté EC ont leurs complémentaires situées sur la ligne AQ. On peut calculer pour une couleur déterminée la position de sa complémentaire.

Étant donnée la distance b d'une couleur H au sommet A, la position de la complémentaire M sera représentée par la distance x qui la sépare du sommet C correspondant. Cette distance est $x = c \dfrac{\sin x}{\sin(30° + x)}$, formule dans laquelle c est une constante égale à $\dfrac{a}{3}\sqrt{3}$, a représentant le côté du triangle équilatéral et x l'angle AOH formé par la ligne HM joignant les deux couleurs, avec la médiane correspondante. x est d'ailleurs tiré de l'équation $b = c \, \lg x$.

La discussion de cette équation montre que, dès que x dépasse 45°, b croît plus rapidement que x. Si on fait pivoter la ligne RP autour du point O, on voit que pour la position M de la ligne RP, on a EM ou (EC — x) qui correspond à AH ou b; or si EM = 1, AH vaut 2 1/2 divisions, c'est-à-dire qu'en plaçant entre E et C cinq couleurs équidistantes à la vue et autant entre A et D, la distance EM

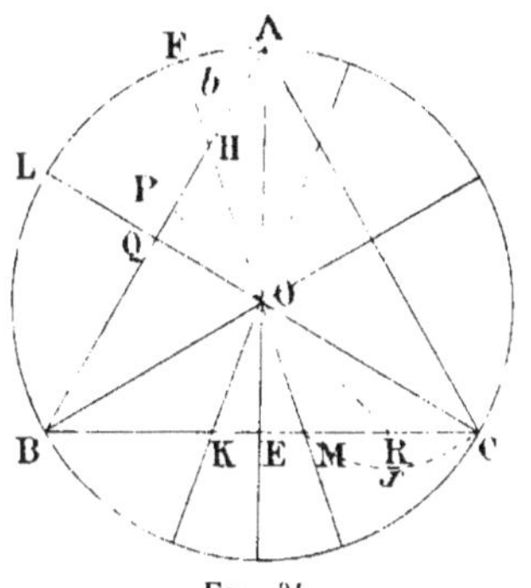

Fig. 31.

représente une couleur et les complémentaires correspondantes sont au nombre de 2 1/2.

Il s'ensuit qu'autour du sommet du triangle, cinq couleurs ne possèdent sur le côté opposé que deux complémentaires. De ces cinq couleurs les deux extérieures seulement auront leurs complémentaires représentées dans la construction. Les trois autres auront des complémentaires bien plus rapprochées à la vue que ne le sont les couleurs E et M.

Ce qui veut dire que l'équidistance à la vue ne saurait être réalisée, dans une construction chromatique, si l'on veut que les complémentaires soient opposées par le diamètre.

Dans un cercle chromatique basé sur l'équidistance des couleurs à la vue, nécessairement la seconde condition est sacrifiée.

Et c'est ce qui est arrivé avec le cercle chromatique de Chevreul.

Mais on peut aisément reconnaître les couleurs qui correspondent à un sommet à ce fait que leurs compléments sont resserrés sur un petit espace.

C'est ce caractère qui a causé les anomalies de la répartition des couples complémentaires dans le cercle de Chevreul, et qui frappent à première vue par leur singularité. Toutes ces anomalies disparaissent et s'expliquent dès que l'on renonce au système des trois matières colorantes primaires, pour adopter celui des trois sensations fondamentales de Thomas Young.

§ 79. Détermination de la distance angulaire des couleurs [1]. — Ayant déterminé trois types de couleurs possédant autant que possible les qualités des couleurs fondamentales, il devient facile de mesurer les distances angulaires des couleurs, et même leur intensité relative. Cette détermination se fait en trois expériences.

I. — On prépare un petit disque formé des trois couleurs fondamentales, et par tâtonnement, à l'aide des disques tournants on détermine l'angle des secteurs nécessaires pour reproduire le blanc, représenté d'autre part par un secteur peint en sulfate de baryte, tournant devant l'orifice noir représentant l'absence de toute sensation colorée. L'expérience donne :

$$
\begin{array}{lr}
\text{Orangé} \ldots\ldots\ldots & 40° \\
3^e \text{ jaune-vert} \ldots\ldots & 152° \\
3^e \text{ bleu} \ldots\ldots\ldots & 168°
\end{array} \left.\rule{0pt}{3em}\right\} = 48° \text{ de blanc.}
$$

$$
\text{Total} \ldots\ldots \quad 360°
$$

(Ces chiffres se rapportent à la copie du cercle chromolithographié par Digeon.)

Si ces couleurs possédaient égale intensité, les trois angles eussent été égaux entre eux.

Pour pouvoir rapporter ces données sur le triangle équilatéral, il faut les ramener à égale intensité par le calcul, ce qui se fera à l'aide du coefficient donné par l'expérience. C'est la couleur la moins intense qui servira d'unité. On a ainsi :

$$
\begin{array}{llcc}
 & & \text{Coefficient} & \text{Produit} \\
3^e \text{ bleu} \ldots\ldots\ldots & 168° & \times 1 & 168 \\
3^e \text{ jaune-vert} \ldots\ldots & 152° & \dfrac{168}{152} = 1,1 & 168 \\
\text{Orangé} \ldots\ldots\ldots & 40° & \dfrac{168}{40} = 4,2 & 168
\end{array}
$$

Dans les expériences suivantes les angles des secteurs de l'orangé seront multipliés par 4,2, ceux du 3e jaune-vert par 1,1, etc.

À l'aide de ces coefficients. on a étudié la distance angulaire et l'inten-

[1] A. Rosenstiehl, *Détermination de la distance angulaire des couleurs; Comptes rendus*, t. CXLVIII, p. 207, 1881.

sité de coloration du cercle Chevreul, en se servant des feuilles copiées sur le cercle chromolithographié par Digeon.

§ 80. Détermination de la distance angulaire et intensité de coloration du couple rouge et 4ᵉ vert ; détermination de l'intensité relative des deux couleurs. — A l'aide de deux disques fendus que l'on engage l'un dans l'autre, on détermine l'angle des secteurs reproduisant le gris normal.

D'autre part, le rouge résulte du mélange de l'orangé avec le 3ᵉ bleu.

On compose un petit disque avec les secteurs de ces deux couleurs. Ce petit disque est posé sur un secteur d'un diamètre plus grand coloré par le rouge qu'il s'agit de classer. A ce secteur rouge, il faut adjoindre un petit secteur blanc (car le mélange d'orangé et de 3ᵉ bleu produit un peu de blanc).

Par tâtonnement on détermine l'angle de ces quatre espèces de secteurs composant les deux disques concentriques.

L'identité d'aspect une fois obtenue, on mesure l'angle des secteurs orangé et bleu et celui du rouge.

On opère de même pour le vert qui est complémentaire du même rouge, en reproduisant ce vert par les secteurs 3ᵉ bleu et 3ᵉ jaune-vert.

Ces données sont suffisantes pour calculer la distance angulaire et l'intensité de coloration des couleurs du couple, c'est-à-dire leur place dans le triangle équilatéral.

La distance angulaire se tire du rapport des secteurs orangé et 3ᵉ bleu pour le rouge et des secteurs 3ᵉ bleu et 3ᵉ jaune-vert pour le 4ᵉ vert :

L'expérience donne les résultats suivants :

Noms des couleurs	Angle des secteurs			
3ᵉ bleu........	185°	⟩ identiques d'aspect ⟨	Rouge.........	265°
Orangé........	175°	⟩ avec............ ⟨	Blanc.........	44°

N. B. — Dans l'état actuel de la question, le blanc n'entre pas dans les calculs.

Le premier terme de cette équation permet de déterminer la distance angulaire, le deuxième donne l'intensité ; il faut pour cela le concours de la construction graphique, pour éviter de longs calculs.

Voici la marche à suivre :

1° Ramener les chiffres du premier membre, qui sont obtenus avec des types d'intensité différente, à la même unité en multipliant l'angle du secteur orangé par son coefficient d'intensité déterminé par la première expérience, 4,2. On a ainsi $175 \times 4,2 = 735$.

2° Ramener en centièmes le rapport $185 + 735 = 920$, ce qui donne $\dfrac{735 \times 100}{920} = 80$, en supprimant les décimales.

Le rouge est donc obtenu par orangé 80 et 3ᵉ bleu 20.

3° Introduire ces données dans la construction :

Sur le triangle ABC, c'est le côté CB où sont placées les couleurs comprises entre le 3ᵉ bleu et l'orangé, c'est-à-dire le rouge, le violet-rouge, le violet et le violet-bleu.

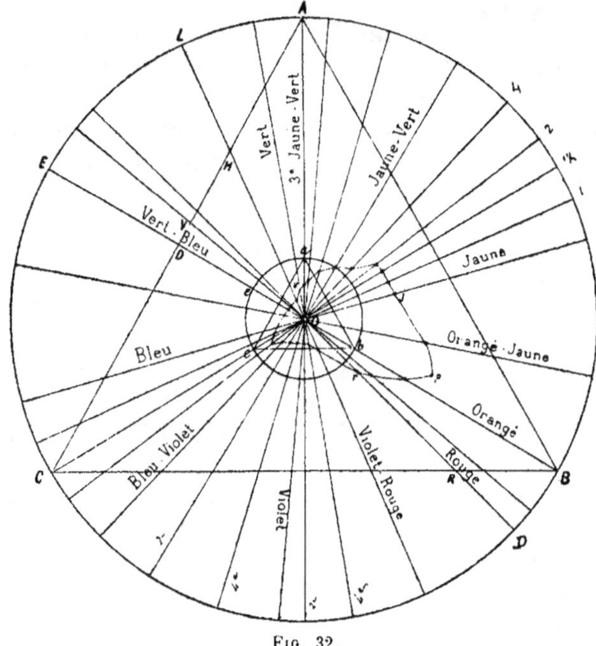

Fig. 32.

Le point R (*fig.* 32), place du rouge, sera situé à 80 centièmes de C et à 20 centièmes de B ; c'est par le point R que nous menons la ligne OR. C'est sur cette ligne que se trouvera le point *r* représentant par sa distance du point O, l'intensité O*r* de notre échantillon de rouge.

Cette longueur O*r* se déduit de l'angle du secteur rouge donné par l'expérience.

Soit I, l'intensité du type rouge.

Nous avons la relation $\dfrac{Or}{OB} = I \dfrac{\alpha}{360}$, α étant l'angle du secteur rouge, soit 265° dans l'exemple choisi.

D'où $I = \dfrac{Or \times 360}{\alpha \times OB}$ et en mesurant OB et remplaçant α par sa valeur numérique 265°, on trouve pour Or la longueur de 15 qui représente, dans la figure 27, l'intensité du rouge.

§ 81. Détermination des mêmes données pour quinze couples. Courbe correspondant à la copie du cercle chromatique, chromolithographié par Digeon. — Par ce procédé on a mesuré la distance angulaire et l'intensité de quinze couples de couleurs complémentaires copiées sur le cercle de Digeon.

La courbe *vjpr*, inscrite dans le triangle ABC, donne le résultat de ces mesures (*fig.* 32, p. 118).

On voit d'abord que cette courbe est loin d'être un cercle, car les intensités des diverses normes sont très différentes entre elles.

Elle a vaguement la forme d'un triangle dont les sommets sont nettement accusés près de l'orangé, du bleu un peu violacé, et vaguement entre vert et jaune.

Cette courbe n'a d'intérêt que pour le cercle qui a été l'objet de ces mesures, quant aux détails.

Son intérêt général est de montrer qu'en se basant sur la théorie d'Young, on peut mesurer l'intensité relative de couples de couleurs complémentaires, couleurs entre lesquelles on ne voit pas, à première vue, d'unité de mesure.

La preuve de l'exactitude de la méthode est donnée par le petit tableau suivant, donnant l'intensité relative de quelques couples de couleurs complémentaires de ce cercle.

Couples	Rapport	
	trouvé directement	calculé d'après la construction
Violet et jaune-vert.....	1,25	1,17
Rouge et 4e vert........	3,73	3,72
Vert-bleu et orangé.....	6,20	6,28
Bleu et jaune...........	3,30	3,34

§ 82. Le blanc binaire. — Dans les expériences précédentes, on a vu que quand on mélange deux couleurs non complémentaires, il se produit toujours, en même temps qu'une troisième couleur, une certaine quantité de blanc.

L'intensité de cette troisième couleur est toujours moindre que la moyenne des deux composantes, et peut s'abaisser à un minimum égal à la moitié de cette moyenne. Ce qui disparaît comme sensation colorée se retrouve comme blanc binaire, mélangé à cette couleur.

En voici la preuve (¹). — Une conséquence importante de la théorie d'Young, c'est qu'à la vue d'une surface blanche l'œil éprouve, à son

____
(¹) *Comptes rendus.* t. CI, p. 235.

insu, les trois sensations colorées primaires, dans leur plus grande intensité, pour un éclairage déterminé,

Si à cette donnée on ajoute la condition que la sensation du blanc résulte de l'excitation *égale* des trois sensations fondamentales, le blanc devient l'unité de mesure pour ces trois couleurs, dont chacune représente alors, en intensité le tiers de celle du blanc.

Cette dernière intensité peut être mesurée, d'une façon précise à l'aide des disques tournants. Elle est définie par l'angle du secteur blanc qui reproduit un gris identique d'aspect avec celui obtenu par le mélange des trois sensations colorées.

Première expérience. — La surface d'un disque est recouverte par trois secteurs colorés représentant les couleurs qui s'approchent le plus des sensations primaires, c'est-à-dire l'orangé, le 3ᵉ jaune-vert et le 3ᵉ bleu du cercle chromatique de Chevreul. Les teintures ont été faites aussi belles qu'il est possible de les obtenir actuellement avec les matières colorantes fabriquées par l'industrie chimique. Les angles du secteur nécessaires pour produire le blanc sont les suivants :

$$
\left.
\begin{array}{ll}
\text{Orangé} \dots\dots\dots & 50° \\
\text{3}^e\text{ jaune-vert} \dots\dots & 122° \\
\text{3}^e\text{ bleu} \dots\dots\dots & 188°
\end{array}
\right\} = 50° \text{ de blanc.}
$$

Ces couleurs sont, on le voit, d'une grande inégalité d'intensité de coloration. Mais il est aisé d'en faire trois autres qui puissent donner le blanc avec des secteurs de 120° pour chaque couleur, c'est-à-dire des couleurs d'égale intensité de coloration. Il faut pour cela diminuer l'intensité de l'orangé et du 3ᵉ jaune-vert et les ramener à celle du 3ᵉ bleu, qui est la plus faible des trois.

On a alors pour l'orangé :

$$(a) \qquad \frac{50 \times 360}{188} = 95°,$$

angle du secteur orangé qui, mis en rotation devant l'orifice noir, produira la couleur cherchée.

De même pour le 3ᵉ jaune-vert on aura :

$$(b) \qquad \frac{122 \times 360}{188} = \text{secteur de } 233°.$$

On copie avec des matières colorantes l'aspect du disque et on obtient ainsi les couleurs d'intensité de coloration voulue. Mais une difficulté pratique se présente (que j'ai signalée il y a trente ans déjà)[1], c'est que

---

[1] *Bulletin de la Soc. ind.*, Rouen, 1882, p. 381-389, et *Comptes rendus*, t. XCIV, p. 1412.

l'aspect de ces couleurs, telles qu'elles résultent de la rotation du secteur coloré devant l'orifice noir ne peut être imité par les matières colorantes dont nous disposons. Ce que nous pouvons reproduire par la copie, ce sont des couleurs plus ternes et plus claires. Il faut ajouter au secteur coloré un petit secteur blanc, qui éclaircit l'aspect du disque. Cette addition a l'inconvénient d'augmenter l'intensité lumineuse totale en ajoutant à la sensation colorée celle du blanc ternaire ; mais elle est indispensable pour la reproduction exacte de l'aspect du disque.

Deuxième expérience. — A l'aide des trois couleurs, *a*, *b*, *c*, on compose un disque formé par des secteurs de 120° de chacune d'elles.

En mettant en rotation, on constate la formation d'un gris qui, d'autre part, peut être obtenu par la rotation rapide d'un secteur de 70° de blanc.

Ce qui veut dire que le blanc surajouté pour les raisons indiquées ci-dessus est de (70 — 50), soit 20°, quantité qui se répartit entre le nouveau type d'orangé et le 3ᵉ jaune-vert.

Troisième expérience. — On compose un disque avec secteurs égaux des couleurs *a* et *c* de troisième jaune vert et 3ᵉ bleu, et on copie l'aspect du disque, avec des matières colorantes, soit *d* cette couleur. C'est un vert-bleu complémentaire de l'orangé *b*.

Quatrième expérience. — A l'aide de cette couleur *d* et de sa complémentaire l'orangé, etc., on détermine par tâtonnement les angles des secteurs qui forment un gris incolore, que d'autre part, on cherche de même à reproduire par un secteur blanc, tournant devant l'orifice noir. On trouve :

$$239° \, d + 121° \, b = 70° \text{ blanc}$$

ou sensiblement :

$$240° \, d + 120° \, b = 70°.$$

§ 83. Discussion.

— On remarquera qu'il a fallu un secteur *d*, double du secteur *b*, pour avoir un mélange incolore, ce qui indique que la couleur *d* est d'une *intensité de coloration moitié de celle de b*. En général, l'intensité de coloration des mélanges sera toujours plus petite que celle de la moyenne des deux composantes. Malgré cette diminution considérable de la coloration, rien n'a disparu comme sensation lumineuse ; car *ce qui s'est perdu comme coloration se retrouve comme intensité lumineuse totale*, ainsi que le prouve le chiffre de 70° trouvé pour l'angle du secteur blanc, qui est en effet le même dans l'expérience 3 que dans l'expérience 1. On conclut de là qu'à côté de la couleur *d* il s'est formé du blanc, et la somme des deux espèces de sensations est la même dans les deux cas. (Voir *fig.* 32, § 80, p. 118.)

Si à la place des trois couleurs *a*, *b*, *c*, nous substituons par la pensée les trois couleurs A, B, C, représentant les sensations fondamentales, avec l'intensité de coloration qu'elles possèdent dans le blanc vu par le même éclairage, chacune d'elles représentera 1/3 de l'intensité du blanc pris comme unité.

La couleur D complémentaire de B possédera une intensité de coloration moitié, c'est-à-dire 1/6 du blanc; et en outre elle sera mélangée d'une sensation lumineuse incolore représentée par DE dont l'intensité est aussi de 1/6, de telle sorte que la somme des sensations éprouvées par l'œil, à la vision de la couleur *d*, sera de 1/3 ; c'est-à-dire la même intensité lumineuse totale que celle de chacune des 3 couleurs primaires. Ces résultats se traduisent aisément par une figure géométrique.

§ 84. La construction chromatique dans l'espace. — On a vu dans ce qui précède que, quand on n'envisage que le mélange de deux sensations primaires, le lieu des intensités de coloration se trouve sur le périmètre d'un triangle et celui des intensités lumineuses totales sur le cercle circonscrit, c'est à-dire qu'elles sont situées dans un plan. Mais la grande majorité des couleurs que la nature nous montre, ou que les arts savent reproduire, sont le résultat de l'excitation de trois sensations colorées primaires. C'est-à-dire qu'à la sensation binaire colorée vient s'ajouter une sensation ternaire incolore, celle du blanc.

Ce n'est plus alors dans un plan que l'on peut caser les diverses sensations lumineuses colorées, que l'œil peut éprouver pour un éclairage donné.

L'arrangement qui leur assure, à toutes, une place devient une figure dans l'espace. Les divers auteurs qui se sont occupés de la question ne semblent pas avoir connu le fait de la formation du blanc binaire; car ils n'en ont pas tenu compte.

Lambert, qui le premier a donné place au noir, a adopté la forme d'une pyramide où il a placé le noir au milieu de la base et le blanc au sommet, comme moi. Rood (¹) lui donne la forme d'un cylindre pouvant se transformer en un cône, par suppressions, et même en deux cônes semblables réunis par leur base; et Chevreul a conçu une construction hémisphérique.

Par voie de déduction, nous avons montré que la base de la figure est un triangle équilatéral inscrit dans un cercle.

Le centre du cercle est le noir parfait. Ce dernier, représentant l'absence totale de toute sensation lumineuse, représente aussi, à plus forte raison, l'absence de toute coloration.

(¹) Rood, *Théorie scientifique des couleurs*, p. 185.

La sensation du blanc, qui implique de même l'absence de coloration trouvera donc sa place sur une ligne partant du point O, normale au plan du triangle ABC. Cette ligne constitue l'axe de la figure. Sa longueur est limitée par la définition qui fait du blanc la somme de toutes les sensations colorées que l'œil peut éprouver pour l'éclairage donné, c'est-à-dire la somme de AO + BO + CO. Cet axe aura en conséquence une hauteur égale à trois rayons.

Au sommet O', la sensation lumineuse est à son maximum, mais incolore. Cette sensation baissera graduellement d'intensité à mesure que l'on se rapproche du point O où elle sera nulle. La ligne O'O représente donc toute l'échelle des gris partant du blanc en O' et aboutissant au point O au noir absolu.

La ligne AO' sera à son tour le lieu des points qui représentent les couleurs intermédiaires entre la couleur A et le blanc O'.

Le raisonnement est le même pour B et pour C. La coloration sera maximum au point A et nulle au point O'; l'intensité lumineuse totale ira en croissant depuis A, où elle est de 1/3 jusqu'au sommet O' où elle est égale à l'unité.

Dans la pratique, à chaque point de la ligne AO', la couleur sera définie par les angles des secteurs de couleur A et du secteur blanc qui servent à la reproduire

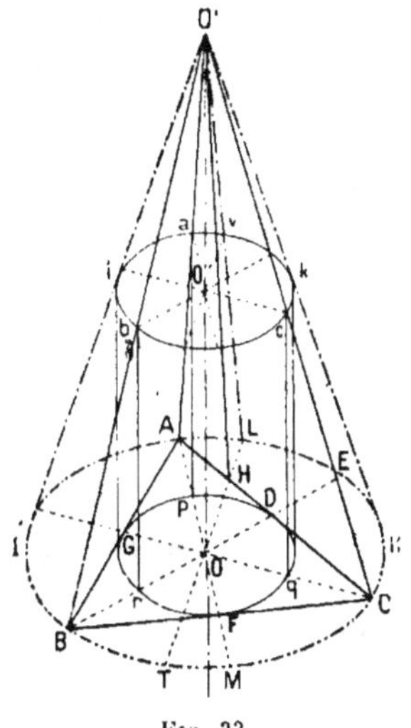

Fig. 33.

(*fig. 33*). Soit *a* cette couleur, elle est obtenue avec couleur A, *n* degrés et avec un secteur blanc de (360 — *n*)°.

Sa place sur la ligne AO' sera à une distance de A représentée par $\frac{360 - n}{360}$ et à une distance de $\frac{n}{360}$ du sommet O'. Car les distances comptées à partir des extrémités seront toujours en raison inverse des angles des secteurs correspondants.

Les couleurs binaires étant représentées par deux points, placés sur le même rayon : l'un H, situé à l'intersection du rayon et de l'un des côtés du triangle; l'autre L, placé sur la circonférence, la ligne HO' sera la place des intermédiaires entre la couleur H et le blanc en O'. Elle fait partie de la pyramide O'ABC, et la ligne LO' représentant les intensités lumineuses totales fait partie du cône enveloppant.

Toutes les couleurs qui peuvent se concevoir pour un éclairage donné trouvent leur place dans cette figure, depuis le noir absolu jusqu'au blanc parfait en passant par le maximum de coloration que l'œil puisse éprouver, et qu'il éprouve en réalité inconsciemment à la vue d'une surface blanche. Aucune des matières colorantes dont nous puissions actuellement disposer ne peut nous donner des couleurs possédant l'intensité de AO, qui reste un idéal.

Les plus belles matières colorantes ne nous ont donné, ainsi qu'on l'a vu plus haut, en les disposant sur un disque, de manière à obtenir par sa rotation un gris parfaitement incolore, qu'un secteur blanc de 50°; tandis que, théoriquement, on devrait obtenir un gris de 120°.

La place de ces couleurs se trouve en conséquence à l'intérieur du triangle ABC. On peut se figurer une série de triangles plus petits inscrits dans ABC correspondant à des couleurs d'une intensité de coloration plus petite que OA.

Ces couleurs correspondent aux couleurs rabattues du cercle de Chevreul, et leur intensité de coloration peut décroître jusqu'en O, le lieu du noir absolu.

Il y a une classe de couleurs, comprise dans cette construction, qui est particulièrement intéressante au point de vue des applications aux arts décoratifs, ce sont les

§ 85. Couleurs d'égale intensité de coloration. — Ce sont elles qui forment les camaïeux parfaits.

En pratique on les obtient en composant un disque avec un secteur coloré d'un angle α et des secteurs blancs dont l'angle peut varier depuis 0° jusqu'à 360° — α. On met ce disque en rotation rapide devant l'orifice noir qui, dans nos expériences, représente le noir absolu.

Ces couleurs sont d'autant plus foncées que le secteur blanc est plus petit et d'autant plus claires que le secteur blanc est plus grand. Mais qu'elles soient claires ou foncées, leur intensité de coloration est la même pour toutes celles qui sont obtenues avec le même secteur coloré; seule l'intensité lumineuse totale est différente. Et non seulement toutes les teintes dérivées ainsi d'une même couleur franche ont même complémentaire, mais celles qui dérivent d'un même secteur d'angle constant produisent avec la complémentaire commune un gris incolore, avec un secteur qui est le même pour tous les tons : ce qui change, c'est la hauteur de ton du gris obtenue : le secteur blanc représentant chacun de ces gris est d'autant plus grand que ce ton est plus clair, et d'autant plus petit que le ton de la couleur est plus foncé. Elles sont équivalentes entre elles au point de vue de la coloration et peuvent se substituer à surface égale dans les coloris. Leur emploi produit des effets intéressants autant par leur harmonie que par leur nouveauté. Car, ainsi que je l'ai démontré autrefois (¹), on ne peut les obtenir en éclaircissant par une matière blanche la couleur d'une matière colorante. Le seul moyen de préparer ces camaïeux consiste à copier l'aspect des disques tournants composés comme il vient d'être dit.

Dans la construction chromatique (*fig.* 33), ces couleurs sont placées sur des lignes parallèles à l'axe OO'.

Leur intensité de coloration est représentée par rO (*fig.* 32 et 33), et leur intensité lumineuse totale par $rO + OO''$. Si rO reste constant, OO'' peut varier. Les limites sont : minimum zéro, maximum OO''. — Or plus rO devient petit (il peut varier depuis O, jusqu'en rO) plus OO'' peut devenir grand ; la limite est OO' ; dans ce moment la sensation colorée est nulle, mais l'intensité lumineuse totale a atteint son maximum pour l'éclairage donné ; elle est alors le blanc parfait.

Pour l'ensemble des couleurs d'un même cercle chromatique (cercle FGD), les couleurs de même intensité de coloration sont placées sur les génératrices du cylindre $FGDabc$, dont la hauteur et le diamètre peuvent varier entre les limites assignées par la construction.

§ 86. Le cercle chromatique (²). — Les conséquences de la théorie d'Young présentent donc le diagramme des couleurs projeté dans un plan comme un triangle inscrit dans un cercle. Les couleurs correspondant aux sensations fondamentales occupent les sommets, et les couleurs binaires les côtés du triangle. Il résulte de là que l'intensité de coloration de ces couleurs, étant représentée par la distance qui les sépare du point O, varie depuis le maximum OA qui égale à $\frac{1}{3}$ jusqu'au minimum OD $\left(\frac{1}{6}\right)$ qui est l'intensité de coloration des complémentaires des couleurs primaires.

De plus, l'intensité lumineuse totale étant la même pour toutes ces couleurs est représentée par le rayon du cercle.

Elle est constante pour toutes les couleurs binaires du système, et toujours plus grande que l'intensité de coloration.

La différence OL — OH est constituée par le blanc binaire, dont la mesure est donnée par la longueur HL qui varie depuis zéro (au point A) jusqu'à 1/6. C'est-à-dire que les couleurs sont lavées de blanc, et celles qui le sont le plus sont les complémentaires des trois couleurs primaires.

Cette disposition, donnant des couleurs d'intensité de coloration

(¹) *Comptes rendus*, t. LXXXVI, p. 383, 1878.
(²) A. ROSENSTIEHL, *Cercle chromatique selon l'hypothèse d'Young : Comptes rendus*, t. CXLVIII, p. 1312, 1909.

variable et inégalement lavées de blanc, est moins intéressant pour la pratique qu'une collection de types de couleurs ayant toutes même intensité de coloration.

L'ensemble possède alors nécessairement la forme d'un cercle, et le plus grand que l'on puisse concevoir théoriquement est le cercle inscrit tangent aux côtés du triangle.

L'intensité de coloration maximum est alors de 1/6.

On est obligé de ramener l'intensité des couleurs primaires de la valeur de 1/3 à celle de 1/6, c'est-à-dire qu'il faut les rabattre de moitié et rabattre d'une manière correspondante toutes les couleurs binaires.

Un cercle chromatique de cette intensité ne peut pas être exécuté faute de matières colorantes pouvant représenter ces couleurs. Ce sera toujours un cercle d'un rayon plus petit que OD (*fig.* 33).

Mais de combien plus petit ?

Dans l'état actuel de la question, on ne peut répondre avec précision. En effet, l'intensité de coloration est mesurée par rapport au blanc. Le blanc ne peut être obtenu que par un couple de couleurs complémentaires ; et alors l'angle du secteur blanc représente l'intensité lumineuse totale du couple, et non celle de la coloration de chacune des deux couleurs. Cet angle est la somme de trois espèces de blanc [1] :

1° La lumière blanche diffusée par la surface colorée ;

2° Le blanc binaire, inhérent à la couleur ;

3° Le blanc ternaire surajouté au moment du rabat.

Or ce dernier seul est connu ; le premier, pour l'instant, ne peut être mesuré, et par conséquent le deuxième, qui ne peut être obtenu que par différence, l'est également, et on ne peut actuellement pas même savoir quelle est l'intensité de coloration d'un couple. Tout ce que l'on peut constater, c'est que l'intensité lumineuse totale, obtenue par le mélange de nos plus belles couleurs teintes sur laine par exemple, est représentée par un secteur blanc de 50°, tandis (expérience I, p. 120) que la théorie demande 120°. L'intensité lumineuse totale des couleurs du cercle chromatique [2] que nous avons exécuté selon la théorie d'Young n'est que des 5/12 de la théorie. L'intensité de coloration est nécessairement encore plus éloignée de la limite.

---

(1) Ce cercle a été présenté par M. Violle à l'Académie des Sciences dans sa séance du 17 mai 1909 et à la Société française de Physique par l'auteur dans la séance du 21 janvier 1910.

(2) Un moyen d'éliminer la lumière blanche diffusée à la surface du corps a été donné par Tyndall : « La lumière blanche réfléchie à la surface du corps empêche de voir leur vraie couleur. Or, comme elle est partiellement polarisée, on peut éteindre cette lumière en regardant à travers un nicol, et faire apparaître ainsi leur vraie couleur. » TYNDALL. *Communication à la Royal Institution*, Londres, 15 janvier 1869.)

Il n'a pas été possible pour l'instant d'aller plus loin ; et cela parce que l'on s'est posé la condition de l'égalité parfaite, de l'intensité de coloration de tous les couples du cercle.

Si nous possédons des rouges, des orangés, des jaunes et des jaunes-verts très beaux et d'une grande intensité de coloration, nous manquons par contre de bleus et de violets équivalents.

Et pour se mettre au niveau des couleurs les moins intenses, on est obligé de rabattre les plus belles. Ceci donne au cercle chromatique que nous avons exécuté un aspect très différent de celui des cercles, exécutés par les teinturiers, que l'on voit dans les expositions.

Là l'artiste s'applique à employer les couleurs les plus vives qu'il peut se procurer. Tel est ce cercle chromatique exécuté sur soie par la maison Meister Lucius à Hoechst-sur-Main et qui représente certainement ce que l'on peut exécuter de plus brillant avec les matières colorantes les plus connues, celles du goudron de houille. Dans ce cercle, le rapport des intensités de coloration est, par exemple pour le couple vert-bleu-orangé, de 1 à 6. De semblables différences d'intensités se constatent pour le cercle chromatique de Chevreul, où il n'y a qu'un seul couple pour lequel il y ait égalité d'intensité pour les deux couleurs, c'est le couple vert-violet. Pour tous les autres, le côté du rouge, du jaune est toujours plus intense que le côté de leurs complémentaires.

Le cercle chromatique nouveau forme une collection de 24 couleurs ou de 12 couples de couleurs complémentaires, qui sont autant que possible d'égale intensité de coloration.

C'est-à-dire que les deux couleurs, étant fixées sur un disque, produisent la sensation du blanc, quand elles occupent chacune la moitié de la surface du disque.

L'angle du secteur blanc obtenu devrait être rigoureusement le même pour tous ces couples. Mais cette condition est la plus difficile à remplir de toutes les trois qu'on s'est imposées. Le secteur blanc varie en réalité de 40° à 60° et est en moyenne de 50°. Cette différence se traduit à la vue par un aspect plus ou moins foncé de l'une des deux couleurs du couple.

Enfin on s'est imposé une quatrième condition, c'est la distance angulaire régulière des couples. Elle est de 15°. Comme on doit s'y attendre, cette condition n'a été réalisée que d'une manière approchée ; il y a des couples pour lesquels la distance n'est que 10° ; pour d'autres, et c'est le plus grand nombre, elle est rigoureuse. Et il faudrait remplacer les couples trop rapprochés. Mais le travail est difficile. Il a fallu tant de teintures pour atteindre l'approximation voulue, que finalement, et pour conclure, on s'est contenté du résultat obtenu. Car cette condition d'équidistance angulaire n'est qu'une satisfaction de l'esprit. L'essentiel pour la pratique est que les couleurs d'un couple soient complémentaires. Toutes les autres conditions sont d'autant moins importantes, que par mesure directe on peut connaître pour chaque couple : 1° les intensités relatives ; 2° l'intensité lumineuse totale, et 3° la distance angulaire, conditions intéressantes à connaître, mais nullement indispensables dans la pratique.

Quelle est la place exacte de ce cercle dans la construction dans l'espace ?

C'est là encore une question sans intérêt pratique immédiat. Les inégalités constatées par la mesure directe à l'aide des disques tournants permettent d'affirmer que ce cercle ne se place pas rigoureusement dans un plan, mais que seule sa projection dans ce plan peut être connue.

Par suite aussi des inégalités d'intensités de coloration, sa forme n'est pas rigoureusement celle d'un cercle. Elle est celle d'une courbe fermée très voisine et dont le périmètre est légèrement ondulé. Il faut le considérer simplement comme une collection de couples complémentaires dont les composants ont sensiblement même intensité de coloration et comme une première approximation. Il suffit pour guider les artistes dans leurs applications aux coloris décoratifs. Mais au point de vue où nous sommes placés, celui de la science de la couleur, il n'est pas nécessaire d'exécuter ni le cercle chromatique, ni la construction chromatique dans l'espace.

Le diagramme (*fig.* 33) suffit à tous les besoins, il permet de résoudre tous les problèmes relatifs au mélange des sensations colorées. Il permet de déterminer les intensités de coloration, les distances angulaires.

Il permet d'analyser une couleur quelconque, de trouver sa complémentaire, et de là calculer les angles des secteurs colorés et des secteurs blancs, qui reproduisent cette couleur par une expérience synthétique. rien que par des expériences exécutées avec les disques tournants, expériences dont les données numériques servent de base à des calculs. Ces calculs sont simplifiés par des mesures prises sur la figure géométrique. Pour donner un intérêt général aux chiffres obtenus, il n'est pas nécessaire de posséder un grand nombre de types colorés teints à l'avance.

Il suffit de posséder cinq données, savoir : le noir absolu, le blanc (au sulfate de baryte) et trois étalons colorés, correspondant aux sensations fondamentales. Sur ces cinq, deux : le blanc et le noir, peuvent être reproduits en tout temps et en tout lieu, identiques à eux-mêmes. Il n'en est pas de même des étalons colorés dont la fabrication ne donne pas des résultats suffisamment constants. Il faut s'en rapporter à des types fixés par convention.

L'expérience a montré qu'en opérant à la lumière diffuse du jour, entre dix heures du matin et quatre heures du soir, on obtient des résultats numériques suffisamment constants.

En effet, les disques qui ont servi en 1875 à Mulhouse, en 1881 à Paris, donnent encore aujourd'hui, dans les limites indiquées, les mêmes chiffres. Les résultats sont assez indépendants du temps et du lieu pour acquérir une valeur générale.

Et si l'on voulait procéder à une classification des couleurs et à leur définition, on pourrait le faire si le besoin s'en faisait sérieusement sentir.

CHAPITRE XV

LE DIAGRAMME DE MAXWELL

§ 87. But de Maxwell. — Maxwell est le premier qui se soit servi des disques tournants, pour faire des expériences précises sur la vision des couleurs. Il décrit ces expériences dans un mémoire présenté à la Société royale [1] d'Edimbourg, le 19 mars 1855.

La description de Maxwell est si parfaite et si claire, qu'on ne saurait mieux faire que de la reproduire.

Ce mémoire est intitulé : *Experiments on colour, as perceived by the eye, with remarks on colour blindness.*

« Le but du présent travail est de décrire une méthode qui permet de comparer exactement toutes les variétés de couleurs visibles; de représenter le résultat de l'expérience par des chiffres et de déduire de ces chiffres certaines lois de la vision.

« Les différentes teintes sont produites par des disques en papier recouvert avec les pigments usités dans les arts et disposés autour d'un axe de telle façon qu'on puisse donner à chaque couleur un secteur d'angle voulu. Quand un système de disque est mis en rotation rapide, les secteurs de différentes couleurs ne peuvent plus se distinguer, le tout paraît coloré d'une manière uniforme.

« Les teintes résultant de deux combinaisons différentes de deux mêmes couleurs peuvent être comparées à l'aide de disques plus petits que l'on place au centre de manière à ne couvrir qu'une partie du grand disque. La couleur résultant de la combinaison apparaîtra sous forme d'anneau entourant le petit disque et peut être soigneusement comparé avec lui. »

Maxwell se sert d'une toupie ordinaire, munie d'un plateau qui porte le disque; une vis à pression le maintient en place (sur l'axe). Cette toupie a été perfectionnée par M. Bryson, et le papier de couleur dont

[1], *Transactions of the Royal Society of Edinburgh*, vol. XXI, p. 275-298.

il s'est servi provient de M. Purdis à Édimbourg. Ces papiers ont été recouverts de pigments non mélangés ; plusieurs toupies avaient été disposées à la fois, de manière à permettre à plusieurs observateurs d'essayer et de comparer des résultats obtenus indépendamment.

Liste des couleurs de M. Purdie, qui ont été employées :

Vermillon	V	Outremer	U
Carmin	C	Bleu de Prusse	PB
Minium (Redlead)	RL	Cendres bleues	VB
Orpiment rouge	OO	Vert-émeraude	EG
Orange de chrome	OC	Vert de Brunswick	BG
Jaune de chrome	CY	Mélange d'outremer et de chrome	UC
Gamboge (gomme-gutte)	Gam	Noir d'ivoire	BK
Pale chrome	PC	Blanc de neige	SW

« Le vermillon, l'outremer, et le vert-émeraude paraissent les matières les plus convenables pour ramener les autres à un type uniforme.

« On pourra demander pourquoi j'ai choisi l'une ou l'autre nuance de jaune à la place d'un vert, le jaune qui est considéré comme une couleur primaire, tandis que le vert au contraire est considéré comme couleur binaire ?

« La raison en est que mes disques ne doivent pas du tout représenter des couleurs primaires, mais uniquement être un moyen propre à produire les diverses combinaisons dont j'ai besoin. Car j'aurais éprouvé quelque difficulté à reproduire du vert avec du bleu et du jaune, tandis qu'avec du vert-émeraude et du vermillon, j'obtiens un jaune passablement net.

« Ceci ressortira de la discussion des expériences.

« Essayons de former un gris neutre par la combinaison du rouge, du vert et du bleu ; l'un des opérateurs disposera les disques, mettra la toupie en mouvement, tandis que l'œil de l'autre se reposera. On s'arrangera de manière à produire, avec le disque extérieur composé de trois couleurs, le même gris que le petit disque formé de blanc et de noir placé au centre.

« L'observateur ne doit jamais regarder les papiers colorés, et ne pas savoir dans quelles proportions ils se trouvent sur les disques.

« On notera les chiffres représentant les surfaces occcupées.

« C'est ainsi que le 6 mars 1855, on a obtenu à la lumière diffuse :

$$(1) \qquad 37V + 27U + 36EG = 28SW + 72BK.$$

« En substituant alors au vert-émeraude un autre vert, on obtiendra un autre gris plus ou moins foncé, et on déterminera de la sorte les quantités de chaque couleur, nécessaires pour obtenir le gris normal.

« En substituant ainsi successivement à chaque couleur type, l'une ou l'autre des couleurs placées au-dessous dans le tableau, on a une série d'équations dont chacune contient deux couleurs types, et l'une des couleurs en expérience.

« Ainsi dans le jaune de chrome clair, nous aurons par la même suite d'expériences :

$$(2) \qquad 33PC + 55U + 12EG = 37SW + 63BK.$$

« Nous pouvons aussi faire des expériences dans lesquelles la couleur résultante n'est pas un gris neutre, mais une couleur décidée. Ainsi nous pouvons combiner l'outremer, le jaune de chrome et le noir, de manière à obtenir une teinte identique avec un composé de vermillon et de vert-émeraude. Mais les expériences de ce genre sont plus difficiles, d'abord parce que l'observateur voit moins nettement les différences qui existent entre deux couleurs qui sont de la même nuance et de la même intensité, mais qui n'ont pas la même pureté; ensuite, à cause des couleurs complémentaires produites dans l'œil quand il fixe trop long-temps les couleurs qu'il s'agit de comparer.

« La meilleure méthode pour arriver à un résultat exact consiste à rendre la combinaison du rouge et du vert à peu près semblable au jaune, à diminuer la teinte du jaune par du bleu, et à diminuer son intensité par du noir. Ces opérations sont répétées et ajustées jusqu'à ce que les deux couleurs soient non seulement semblables mais iden-tiques.

« Une expérience faite le 5 mars donne :

$$(3) \qquad 39PC + 21U + 40BK = 59W + 41EG.$$

« En regardant à travers un verre coloré, ou à la lumière du gaz, les proportions devront être changées, ce qui prouve que ces phénomènes sont des faits relatifs à la constitution de l'œil et non simplement la comparaison de deux choses identiques par elles-mêmes. Ainsi dans le cas de carmin, nous avons avec la lumière du jour :

$$44C + 22U + 34EG = 17SW + 83BK,$$

tandis qu'à la lumière du gaz à Edinburgh, on a :

$$47C + 8U + 45EG = 25SW + 75BK,$$

ce qui montre que l'effet jaunissant de la lumière artificielle s'adresse plus au blanc qu'à la combinaison des couleurs.

« Le premier résultat qui est digne d'être noté, c'est que les équations obtenues, par différentes personnes jouissant d'une vue normale, con-

cordent d'une manière remarquable. Si on prend soin d'avoir toujours le
même éclairage pour l'expérience, les équations obtenues par la même
personne montrent rarement une divergence de plus de trois divisions
pour les couleurs les plus lumineuses ; les couleurs plus sombres ont une
moindre influence et on a plus de marge. La précision de la vision de
chaque observateur peut se constater par la comparaison d'équations
obtenues à différentes reprises.

« Des expériences de ce genre faites à Cambridge en novembre 1854
montrent que, de dix observateurs, les meilleurs ne varient que d'une
division et demie, et la moyenne des écarts de toutes les expériences était
moindre qu'une division. Les plus mauvaises expériences ne s'écartent
que de 6 degrés du cercle, et l'écart moyen de toutes n'est que de
4 à 5 degrés.

« On est ainsi amené à conclure :

« 1° Que l'œil humain est capable d'estimer la ressemblance des couleurs avec une précision souvent très grande ;

« 2° Que le jugement ainsi formé est déterminé non par l'identité des
couleurs, mais par une cause résidant dans l'œil de l'observateur ;

« 3° Que les yeux de différents observateurs varient quant à leur sensibilité, mais concordent entre eux de si près, qu'il ne peut y avoir de
doute que la loi de la vision des couleurs est identique pour tous les
yeux normaux.

§ 88. Recherche de la loi de perception des couleurs. — « La nature

de la couleur peut être considérée comme dépendant de trois données,
par exemple de la proportion de rouge, de bleu et de vert ; c'est-à-dire
que chaque couleur peut être obtenue en mêlant le rouge, le vert et le
bleu, pourvu que cette couleur ne soit pas trop vive.

« D'autre part, des couleurs peuvent différer par les qualités suivantes : 1° l'une peut être plus foncée que l'autre : elles diffèrent par le
ton (*shade*) ; 2° l'une peut être plus rouge ou plus bleue que l'autre,
c'est-à-dire qu'elles diffèrent par leur *nuance* (*hue*) ; 3° l'une peut être plus
décidée en couleur ; elles peuvent varier en intensité ou en neutralité,
c'est ce que l'on exprime quelquefois par (*tint*) (*teinte*) [1].

« Ainsi, le ton, la nuance, la teinte sont trois éléments qui constituent
une couleur.

« On fera voir que ces deux méthodes de considérer une couleur se
déduisent l'une de l'autre et sont capables d'une comparaison numérique exacte.

[1] « Rabat » de Chevreul.

§ 89. Sur une manière graphique de représenter la relation entre les couleurs.

— « La méthode, qui montre le mieux à l'œil le résultat de cette théorie de trois éléments de couleur, est celle qui suppose chaque couleur représentée par un [1] point dans l'espace, dont les distances de trois plans coordonnés sont proportionnelles à ces trois éléments. Mais toute construction qui représente dans *un* seul plan les opérations est préférable à celle qui exige les trois dimensions.

« Nous donnons en conséquence la préférence à celle qui a été adoptée pour le cercle de couleurs de Newton et le triangle de couleurs de Mayer et de Young.

« Nous placerons aux sommets d'un triangle équilatéral le vermillon,

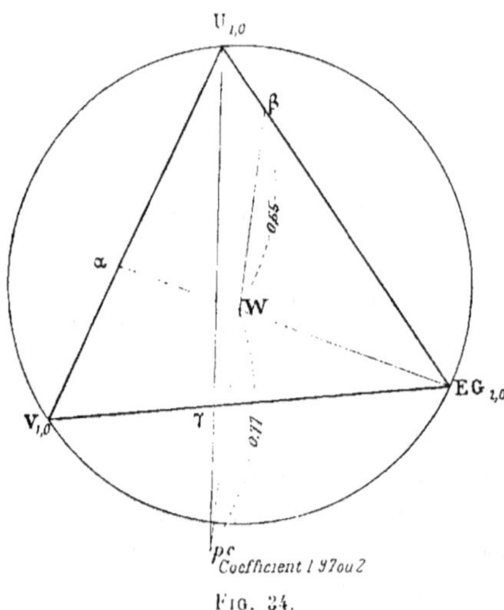

Fig. 34.

le vert émeraude, le bleu. Chaque couleur composée de ces trois données doit être représentée par un point obtenu en représentant chaque composante par un poids proportionnel à sa quantité, et en prenant le centre de gravité de ces trois masses. De cette manière chaque couleur indiquera par sa position les proportions des éléments qui la composent. L'intensité de la couleur doit être représentée par la somme des divisions de V, U, EG qui la composent.

« Ceci sera indiqué par un numéro ou coefficient inscrit à côté du nom de la couleur, par lequel le nombre des divisions qu'elle occupe doit être multiplié pour obtenir sa masse, dans le cas où l'on voudra calculer les résultats d'une nouvelle combinaison.

« Un exemple fera mieux comprendre (*fig.* 34). L'expérience (1) a donné :

$$37V + 27U + 36EG = 28SW + 72BK.$$

« Pour trouver la position du gris, je divise le côté UV en parties proportionnelles de 27 à 37 ; c'est le point α. Je trace la ligne αEG que

---

(1) Voir p. 123 et 129, *fig.* 36. — N. B. : une couleur ne peut être définie que par deux points, à moins qu'elle ne soit une couleur fondamentale.

je divise en partie 27 + 37 et 36. Le point W est la portion du gris qui est formé de 0,28 de blanc et de 0,72 de noir (qui étant absence de lumière n'entre pas dans les calculs).

« L'intensité totale du blanc est représentée par $\frac{100}{28} = 3,57$.

« Chaque fois que le blanc fera partie de l'équation, le nombre de divisions devra être multiplié par le coefficient 3,57 avant d'arriver au vrai résultat.

« Nous allons maintenant appliquer cette méthode au jaune de chrome pâle que nous avons substitué au vermillon dans l'expérience (2).

« Celui-ci nous a donné la relation :

$$33PC + 55U + 12EG = 37SW + 63BK.$$

« Pour obtenir des résultats comparables à ceux de l'expérience (1), nous devons multiplier la variable 37 par 3,57, ce qui nous donne pour l'intensité du blanc $3,57 \times 0,37 = 1,32$, qui représente aussi la quantité totale de lumière émise par les trois matières colorantes. En retranchant de cette valeur celle de $55\ U + 12\ EG = 67$, il reste $1,32 - 0,67 = 0,65$, qui est la valeur corrigée de 0,33 PC.

« Pour éviter la confusion nous représenterons les valeurs corrigées par des lettres minuscules ainsi :

$$0,65pc + 0,55U + 0,12EG = 1,32W.$$

« En conséquence, pc doit être placé en un point tel que W soit le centre de gravité du système :

$$0,65pc + 0,55U + 0,12EG.$$

« Je divise la ligne U — EG en parties proportionnelles à 12 : 55, le point β est réuni à W par une droite que je prolonge et sur laquelle doit se trouver le point cherché ; ce point sera situé à la distance :

$$0,65 : 0,77 :: \beta W : Wpc.$$

« Le coefficient particulier de PC est

$$\frac{0,65}{0,33} = 1,97 \text{ ou } 2.$$

« De cette manière nous avons déterminé la position d'une couleur par une simple expérience, dans laquelle nous avons produit un gris normal, avec le concours des couleurs types.

« Nous avons déjà fait observer que des expériences, dans lesquelles la teinte résultante est elle-même une couleur, sont moins précises que celles où l'on forme un gris neutre. Les expériences doivent donc être répétées plusieurs fois, jusqu'à ce qu'un bon résultat moyen ait été obtenu.

« Quoique la position d'une couleur soit fixée par l'expérience (2), la concordance avec les résultats d'une autre expérience (3) sera une preuve de l'exactitude de notre méthode :

« Ainsi l'expérience (3), faite en même temps que (1) et (2), nous a donné

(3) $\qquad$ $39PC + 21U + 40BK = 59V + 41EG.$

« Nous joignons U et PC et V avec EG, le seul point commun est γ. En mesurant les longueurs de la ligne VEG, nous les trouvons dans la proportion de

$$58V \text{ et } 42EG = 100.$$

« De même la ligne Upc est divisée dans la proportion de

$$78pc + 22U = 100.$$

« Mais 0,78 pc doit être divisé par 1,97 pour être ramené à PC.

« Nous avons donc

$$39PC + 22U = 58V + 42EG,$$

résultat qui concorde sensiblement avec ceux obtenus dans l'expérience (3).

« Il est bon de ne pas oublier que ces expériences sont faites indépendamment de toute idée théorique, et prises, pour ainsi dire, au hasard.

« Des expériences faites à Cambridge, avec toutes les combinaisons de cinq couleurs (y compris le blanc et le noir!) montrent qu'elles concordent entre elles toujours à 0,012 près, et souvent à 0,002.

« En répétant ces expériences aussi souvent que possible, la précision des résultats peut encore être augmentée. — Je ne pense pas que l'on ait jamais supposé l'œil humain capable de tant de précision.

§ 90. Considérations sur le cercle des couleurs. — « Nous avons vu comment la composition de chaque teinte par rapport aux trois couleurs types détermine la position dans le cercle, et son propre coefficient. De la même manière, le résultat obtenu en mélangeant les autres couleurs, situées à d'autres points du diagramme, peut être trouvé en prenant le centre de gravité de leurs « masses réduites », ainsi qu'on l'a fait dans le dernier calcul de l'expérience (3).

« Nous allons maintenant examiner l'aspect général du cercle.

« Les couleurs types V, U et EG occupent les sommets des angles du triangle équilatéral et les autres sont disposées selon l'ordre dans lequel elles participent du rouge, du vert, du bleu, le point neutre étant le point W situé à l'intérieur du triangle.

« Si nous traçons des droites joignant W à ces différentes couleurs disposées autour, nous trouvons que, si nous passons d'une ligne à l'autre en partant du rouge au vert et revenant au rouge en passant par le bleu, l'ordre sera :

	Coefficient			Coefficient
Carmin	0,4		Chrome pâle	2
Vermillon	1		Vert mélange UC	0,4
Minium	1,3		Vert de Brunswick	0,2
Orange-orpiment	1		Vert-émeraude	1
Orange de chrome	1,6		Cendres bleues	0,8
Jaune de chrome	1,5		Bleu de Prusse	0,1
Gomme-gutte	1,8		Outremer	1

« Cet arrrangement correspond au spectre du prisme. La seule différence est que les couleurs pourpres manquent dans le spectre.

« Les expériences nécessaires pour fixer la relation entre ces couleurs et les lignes du spectre ne sont pas encore achevées.

« Si nous examinons les couleurs représentées par différents points sur l'une des lignes qui passent à travers W, nous trouverons les plus pures et les plus franches en dehors et les teintes les plus pâles plus rapprochées du point W.

« Si nous étudions aussi les coefficients propres à chaque couleur, nous trouverons que les couleurs les plus brillantes et les plus lumineuses ont des chiffres plus élevés que celles qui sont foncées.

« De cette manière, les qualités que nous avons déjà distinguées, comme la nuance, la teinte et le ton, sont données sur le cercle par les positions angulaires par rapport à W, la distance de W, et leur cofficient ; et la relation entre les deux procédés de réduire à trois, les éléments d'une couleur devient une méthode géométrique [1]. »

Rood [2] a exécuté le diagramme d'un certain nombre de matières colorantes, en suivant les indications de Maxwell.

Le mode de représentation graphique choisi par Maxwell a été adopté par Rood, avec quelque modification.

Il est adopté par les physiologistes qui ont étudié des infirmités de l'organe de la vue, par exemple, par Tcherning.

Il a le défaut de ne pas montrer les conséquences de la théorie d'Young qui ont été exposées plus haut.

Il doit cette imperfection à une hypothèse que, dès le début, Maxwell a adoptée comme base de sa construction, sans d'ailleurs ni l'énoncer ni

[1] Voyez aussi : CLERK MAXWELL, *Account of experiments of the perception of colours*. *Philosophical Magazine*, juillet 1857. p. 40 ; — *Of the theory of compound colours* (*Philosophical Transactions*, CL., p. 57, 1860 .

[2] ROOD, *Théorie scientifique des couleurs*. Paris, Germer Baillière et C⁽ᵉ⁾, 1881.

la justifier. Il commence par choisir trois couleurs, telles que par leur mélange deux à deux on puisse produire « passablement » les couleurs binaires.

Il fait observer qu'on ne peut prendre comme primaire le jaune et le bleu, qui sont complémentaires et ne peuvent produire aucune couleur intermédiaire. Il remplace le jaune par du vert (le vert de chrome), prend un bleu un peu violacé (l'outremer) et un rouge un peu orangé (vermillon).

Et par une expérience faite avec disques tournants, il détermine l'angle des secteurs des trois couleurs, nécessaire pour obtenir un gris neutre,

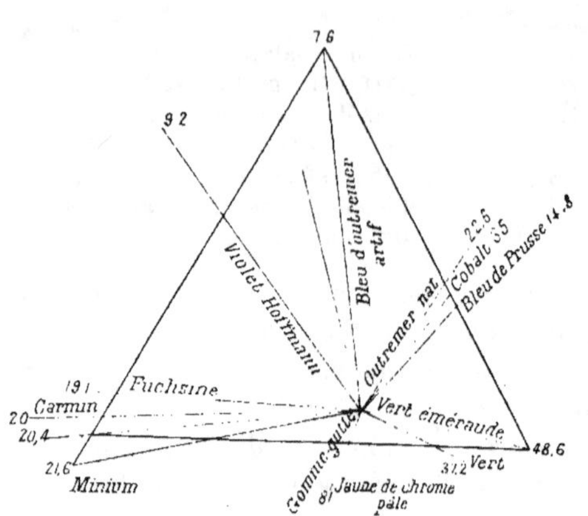

Fig. 35. — Diagramme de Maxwell reconstruit par O. Rood avec ses coefficients exacts.

que d'autre part il reproduit avec des secteurs blancs et des secteurs noirs. La mesure des angles lui donne une équation qu'il traduit par un triangle équilatéral.

Les trois sommets équidistants représentent l'équidistance à la vue des trois couleurs choisies par lui. En ceci il n'y a pas d'arbitraire : la condition de l'équidistance ressort de la définition même.

Puis il fait une hypothèse en assignant arbitrairement une *même intensité de coloration* à ses trois types colorés, qui, on le voit, à première vue, sont d'une intensité si inégale. En conséquence de cette hypothèse, pour trouver la place du blanc, il a dû recourir au procédé de Newton, et placer ce blanc au centre de gravité d'un système dans lequel la quantité de chaque couleur est représentée par des poids.

Ces poids sont proportionnels aux secteurs qui expérimentalement concourent à la formation du blanc.

Ces angles étant fort inégaux, parce que l'intensité des colorations des trois couleurs est en réalité très différente, le centre de gravité se trouve placé quelque part à l'intérieur du triangle, et fort loin du centre de la figure.

§ **91. Critique de cette construction.** — Il résulte de cette conception ceci : c'est que pour trois couleurs qualitativement identiques,

comme celles de notre expérience 1 et 2, mais différentes par l'intensité,
on aurait dans cette construction des distances angulaires différentes,
pour chacun des deux systèmes. Ce qui est
un grand inconvénient, et cette circonstance
a empêché Maxwell de reconnaître l'existence
du blanc binaire et les conséquences qui en
découlent

Car non seulement une couleur binaire ne
saurait être représentée par un point unique ;
mais un point unique peut appartenir à deux
couleurs différentes.

Chaque point peut être à la fois sur une circonférence et sur le périmètre d'un triangle
inscrit (*fig.* 36).

Une autre particularité de la construction
de Maxwell, c'est que, tout en assignant au
blanc une place déterminée, elle n'en a pas
pour le noir, qui étant l'absence de toute sensation lumineuse, n'est pas pris en considération par lui. Non seulement Maxwell n'a pas

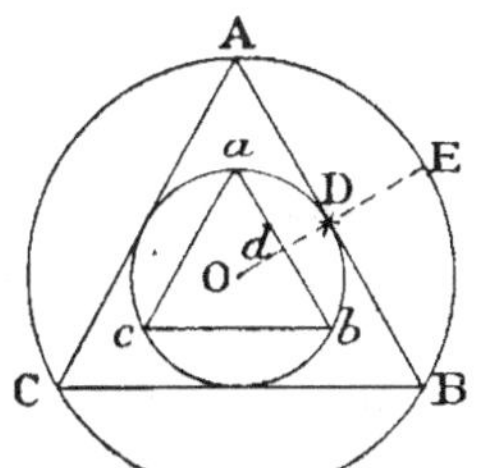

Fig. 36. — Le point D est
sur le périmètre du triangle ABC et définit l'intensité de coloration de la
couleur OE. Mais il est
aussi sur la circonférence
abc et correspond à l'intensité lumineuse totale de la
couleur, dont O*d* repré-
sente l'intensité de coloration.

pu reconnaître l'existence du blanc binaire, mais sa construction n'a pas
pu lui montrer l'existence des gammes esthétiques et des vrais camaïeux
qui ont pour l'harmonie des couleurs une si grande importance.

Un autre inconvénient de la construction telle que Maxwell l'a adoptée,
c'est que les intervalles entre deux couleurs voisines peuvent devenir
démesurément grands ; exemple l'outremer naturel et l'outremer artificiel (*fig.* 35) et la distance entre le violet-rouge (fuchsine) au violet
Hoffmann, qui est de 50°. Un côté du triangle équilatéral est presque
totalement occupé par cet intervalle. Ce défaut provient uniquement de
ce que Maxwell a envisagé *a priori* le rouge, le bleu, et le vert comme
étant d'égale intensité de coloration.

Tandis que, dans la construction que j'ai adoptée (*fig.* 32 et 33), l'intensité a été considérée comme étant en raison inverse de l'angle des
secteurs nécessaires pour reproduire avec ces trois couleurs la sensation du blanc.

§ 92. Ce qu'il faut retenir. — Si la manière dont Maxwell a traduit
ses expériences prête à la critique, il n'en faut pas moins retenir sa méthode d'expérimentation.

Il a montré la valeur scientifique des résultats obtenus avec les disques
tournants.

Sa manière de classer les couleurs en les rapportant à trois, considérées comme types A, B, C, est très pratique, et nous l'avons souvent employée dans nos recherches.

On aura noté, qu'après avoir déterminé les angles des secteurs de ces trois types, qui produisent le gris normal, Maxwell détermine la position d'une 4ᵉ couleur D, en la substituant à l'un des trois types qui s'en rapproche le plus soit C, et mesure l'angle des secteurs de A, B et D, qui produisent le gris normal.

Ces mêmes données expérimentales, qui, avec la construction de Maxwell, donnent les résultats peu satisfaisants que l'on voit figure 35, conduisent au contraire à un arrangement rationnel, si l'on opère, comme il est dit, § 80 (voir *fig.* 32).

Il a suffi pour arriver à ce résultat de partir du noir absolu (le point O) des figures 28, 29, 30, 31 et 32 ; au lieu de partir des sommets A, B et C d'un triangle équilatéral.

Par cette simple substitution nous avons fait disparaître les inconséquences qui frappent dans le diagramme de Maxwell.

§ 93. Adoption de trois types pour la classification des couleurs.
— Nous avons dit plus haut que « si l'on voulait procéder à une classification des couleurs et à leur définition, on pourrait le faire si le besoin s'en faisait sérieusement sentir ».

C'est cette question de la classification que nous voulons approfondir dans ce qui suit.

La place d'une couleur, dans la construction chromatique (p. 123), dépend de trois données à déterminer expérimentalement :

1ᵉ La nuance de la couleur franche dont elle dérive, c'est-à-dire son *espèce* ;

2° L'angle du secteur de couleur franche qui permet de la reproduire, à l'aide des disques tournants, c'est-à-dire son *intensité*, ce qui équivaut à l'idée de quantité ;

3° La proportion de lumière blanche qui y est mêlée, addition qui l'*éclaircit*, la *ternit*, c'est-à-dire son intensité lumineuse totale ou sa *luminosité*.

De ces trois données, deux peuvent être exprimées par des angles de secteurs : 1° angle du secteur coloré, qui correspond à *intensité* et à la notion de *teinte* ; 2° angle du secteur blanc, ce qui donne le *ton*.

Par exemple, les mots et les chiffres : rouge 90°, blanc 40° définissent par des chiffres précis une couleur dérivée du rouge.

Ces chiffres disent que l'on obtient l'aspect de la couleur en question en faisant tourner devant l'orifice noir un secteur de 90° du rouge type et un secteur de 40° de blanc au sulfate de baryte.

Ils indiquent aussi l'intensité de coloration et l'intensité de la sensation du blanc. Ce qui reste indéterminé, c'est la qualité que représente le mot « rouge ».

C'est ici que commence la réelle difficulté de la classification : définir la *couleur franche*.

La langue française n'a que quatre mots pour désigner la couleur : ce sont les termes *rouge*, *jaune*, *vert*, *bleu*, auxquels on peut ajouter un cinquième, le mot *pourpre*.

L'usage a rempli l'intervalle du *rouge* au *jaune* par le mot *orange*, et celui entre rouge et bleu par le mot *violet*, mots qui ne sont pas primitivement des noms de couleurs, mais des mots pris dans le règne végétal ; le premier est le nom d'un fruit, le second celui d'une fleur. Ces six expressions ne suffisent pas de loin à notre besoin de précision.

Le physicien possède la ressource de désigner une couleur donnée, correspondant à un rayon simple du spectre, par sa réfrangibilité ou, ce qui revient au même, par sa longueur d'onde. Mais, outre que la comparaison d'une couleur franche avec un rayon du spectre n'est pas à la portée de tout le monde, ce moyen n'est applicable qu'aux couleurs existant dans le spectre, c'est-à-dire aux $\frac{5}{6}$ du cercle des couleurs visibles seulement. Tout l'intervalle du rouge au violet, où se trouve la couleur *pourpre* n'y existe pas et ne peut être désigné par une longueur d'onde. Ce qui manque ainsi est environ $\frac{1}{6}$ du cercle. Le moyen physique n'est donc pas général.

Il ne reste plus que la définition par convention, et c'est le parti auquel s'est arrêté Chevreul ; cela l'a conduit à douze couleurs représentées par autant de mots simples ou composés et à soixante couleurs franches intermédiaires numérotées soit un total de soixante-douze couleurs qu'il appelle *normes*. Pour qu'on puisse se servir de la méthode de Chevreul, il faudrait posséder ces soixante-douze normes, afin d'y comparer les couleurs à classer. C'est là un grand inconvénient, que la reproduction chromolithographiée par Digeon atténue sans le faire disparaître.

La méthode de Maxwell intervient ici utilement, car elle n'exige que trois *normes*, disons « étalons », choisis de telle sorte que, par leur mélange à l'aide des disques tournants, on puisse reproduire, avec deux d'entre elles, les couleurs intermédiaires. Celles-ci sont alors désignées par les angles des secteurs des deux couleurs qu'il faut mélanger pour obtenir l'aspect de la couleur à classer. Nous avons décrit cette méthode (§ 87-92). C'était une grande simplification que Maxwell a déduite de la théorie d'Young ; car elle permet de définir la nuance de toutes les couleurs, en les rapportant à trois couleurs prises comme type. Mais elle a un défaut provenant d'une erreur originelle que nous avons indiquée (§ 90 et 91).

Rood a essayé en vain de corriger ce défaut (*Théorie scientifique des couleurs*, p. 198). Il porte sur la distinction entre la teinte et la hauteur de ton qu'on ne peut faire dans le système de Maxwell.

La construction dont nous avons donné la figure (page 123) évite ces défauts.

Par le fait que nous avons pris comme point de départ le *noir absolu* dont ni Maxwell ni Rood n'ont tenu compte ; par le fait que nous avons posé en principe que le blanc résulte de l'excitation *égale* des trois sensations fondamentales d'Young. le *blanc* est devenu la commune mesure pour toutes les couleurs, même la mesure de la nuance.

Cette mesure est donnée par la distance angulaire qui sépare les couleurs, distance qui se déduit de la mesure des angles des secteurs des trois couleurs choisies comme fondamentales ou des trois étalons. La nuance est donc définie par les angles des secteurs de deux ou de trois couleurs prises comme types (étalons). (Voir § 79, p. 116.)

Le mélange de deux couleurs donne la nuance ; le mélange de trois couleurs donne la teinte et le ton de toute couleur.

Cette méthode est donc parfaite en théorie ; et la figure 33, page 123, renferme tous les cas possibles.

Mais elle suppose : 1° la connaissance exacte des trois couleurs fondamentales d'Young ; 2° la possibilité de les reproduire par des colorants.

Or ces deux conditions ne sont pas remplies complètement. La première est remplacée, dans l'état actuel, par une approximation, à laquelle nous sommes arrivés par l'étude de la répartition des couples complémentaires dans le cercle chromatique de Chevreul (voir § 66, p. 101 et la discussion qui l'a suivie § 71-73).

A la suite de cette étude, nous sommes arrivé à fixer non pas trois couleurs équidistantes à la vue, mais trois couples de couleurs complémentaires possédant cette propriété.

Ce qui a pour conséquence la fixation de six points sur le cercle chromatique au lieu de trois, et diminue considérablement l'incertitude de la détermination des trois sensations fondamentales.

Ce résultat important est dû à une qualité du cercle chromatique de Chevreul, qui en fait un document unique et précieux.

La détermination de ces six points est appuyée sur la propriété que possède l'œil d'évaluer la régularité des intervalles entre couleurs, quand ces intervalles ne sont pas trop grands.

Il suffit de regarder l'ensemble des couleurs franches du premier cercle de Chevreul, pour constater la continuité parfaite, et la régularité avec laquelle il se développe, et qui fait qu'aucun saut brusque, entre couleurs voisines, ne choque la vue.

Ce résultat témoigne de l'éducation très avancée de l'œil des teinturiers qui ont exécuté ce travail, et de celui qui a dirigé leurs travaux [1].

Cette qualité nous a permis d'accepter comme élément de calcul les chiffres des numéros de son cercle chromatique.

De sorte que, pour la définition des couleurs, nous avons pu nous procurer les trois types approchant, autant que faire se peut actuellement, des sensations fondamentales d'Young, ou ce qui équivaut au point de vue de la classification, à une triade voisine §76, p. 113, de ces couleurs.

Il reste encore un dernier point à préciser pour montrer l'incertitude dans laquelle nous demeurons relativement à la définition des couleurs. C'est la pureté de couleur de nos trois types. Tels qu'ils sont, ils nous servent à chiffrer la nuance, le ton et la teinte, et nous supposons par là que ces trois types ne sont formés que de couleur, sans mélange de blanc, ce qui est inexact.

Nous avons montré §86, p. 126 que chaque couleur renferme du blanc de trois catégories, dont une seule nous est connue, mais dont les deux autres ne peuvent même pas être déterminées approximativement.

Rappelons que ces trois espèces de blanc sont :

1° La lumière incidente diffusée sans altération ;

2° Le blanc binaire propre à la couleur;

3° Le blanc surajouté par nous pour pouvoir copier avec des matières colorantes l'aspect du disque tournant et obtenir le type coloré qui doit servir à nos classifications.

Pour montrer l'importance de ce dernier point rappelons l'expérience décrite page 120, où nous avons produit le blanc à l'aide d'un disque, couvert par les représentants les plus vifs de la couleur des trois sensations fondamentales, et l'expérience nous a donné :

$$
\left.
\begin{array}{ll}
\text{Orangé} \dots\dots & 50° \\
\text{3}^e \text{ jaune-vert.} & 122° \\
\text{3}^e \text{ bleu} \dots\dots & 188°
\end{array}
\right\} = 50° \text{ de blanc.}
$$

Puis, pour ramener ces trois couleurs à égale intensité de coloration, nous avons dû rabattre l'orangé et le 3ᵉ jaune-vert, ce qui nous a forcé d'y ajouter du blanc. De sorte que, la correction achevée, trois secteurs égaux de 120° de chaque couleur corrigée nous ont donné par rotation

[1] Ce sont : MM. Lebois, chef, et Chevreul, directeur de l'atelier de teinture des Gobelins.

rapide 70° de blanc. C'est dire que au moins 20° de blanc sont dus à la correction.

Cette expérience ne nous dit pas combien de blanc est diffusé par les trois couleurs de notre premier disque. Si cette quantité était connue nous posséderions l'équivalence parfaite entre la couleur dont nous nous servons et le blanc. Et nous connaîtrions l'intensité de coloration absolue de nos couleurs relativement à un éclairage donné. Cette indétermination nous oblige à adopter des types conventionnels. Ceux qui servent à nos expériences ayant été contrôlés par mainte opération et étant les mieux étudiés, on peut s'en servir, et nous les conservons jusqu'à nouvel ordre.

En somme, la question de la définition d'une couleur est un problème à trois inconnues, *nuance, intensité, luminosité*, avec deux équations seulement pour le résoudre.

Les deux équations données par l'expérience directe sont relatives à l'*intensité* et à la *luminosité*.

Nous avons remplacé la troisième, celle relative à la nuance, par une solution approximative.

Mais, en tenant compte de la propriété que possède l'œil exercé d'évaluer les distances, nous avons diminué de beaucoup l'importance de l'indétermination. Dans le cas particulier, c'est le jugement des teinturiers habiles qui ont exécuté le cercle chromatique de Chevreul qui a été utilisé ; jugement contrôlé par les disques tournants. On peut considérer le choix des couleurs fondamentales comme une première approximation, et pour les besoins de la pratique, on peut s'en servir en attendant mieux.

§ 94. De l'emploi des trois couleurs correspondant à une triade, pour la classification des couleurs. — Dans le paragraphe précédent, nous avons montré que l'on peut classer les couleurs en les ramenant à trois couleurs franches prises comme étalons. Nous les avons choisies dans le cercle chromatique de Chevreul, et nous avons pris celles qui produisent par leur mélange deux à deux moins de blanc binaire qu leurs voisines, car c'est aussi elles qui donnent les couleurs intermé\`diaires avec le moins de perte d'intensité de coloration.

Nous avons décrit le mode de procéder (§ 79, p. 116). Cette man\` d'opérer nous donne : 1° la mesure de la distance angulaire des cou\` leurs, et 2° la mesure de leur intensité.

Ici il ne sera question que de la mesure de la distance angulaire. Elle nous donne directement les angles des secteurs de nos étalons, qui sur le disque tournant reproduisent la nuance de la couleur en question ; et par calcul, la proportion en centièmes des deux sensations primaires qui entrent en jeu.

Nous avons fait cette mesure pour trente normes de Chevreul, copiées sur la chromolithographie de Digeon (*Bulletin de la Société industrielle de Mulhouse*, t. III, pp. 194, 195, 28 septembre 1881).

COULEURS COMPRISES ENTRE LE 3° JAUNE-VERT ET LE 3ᶜ BLEU

	3ᵉ Bleu		3ᵉ Jaune-vert	
	Angle des secteurs	en centièmes	Angle des secteurs	en centièmes
Vert	56°	15,5	304°	84,5
2ᵉ vert	106°	29,5	254°	70,5
4ᵉ vert	144°	42,8	216°	57,2
5ᵉ vert	164°	45,5	196°	54,5
Vert-bleu	180°	50	180°	50
Bleu	284°	78,8	76°	21,2
2ᵉ bleu	320°	89	40°	11
3ᵉ bleu	360°	100	0°	0

COULEURS COMPRISES ENTRE LE 3ᶜ BLEU ET L'ORANGÉ

	Orangé		3ᵉ Bleu	
	Angle des secteurs	en centièmes	Angle des secteurs	en centièmes
4ᵉ bleu	38°	10,5	322°	89,5
Bleu-violet	77°,5	21,5	282°,5	78,5
2ᵉ bleu-violet	113°,5	31,5	246°,5	68,5
4ᵉ bleu-violet	148°	41	212°	59,0
Violet	171°	47,5	189°	52,5
1ᵉʳ violet	180°	50	180°	50
2ᵉ violet	196°	54,5	164°	45,5
4ᵉ violet	205°	57	155°	43,0
Violet-rouge	237°	63	123°	37,0
Rouge	288°	80	72°	20,0
Orangé-rouge	306°	85	54°	15,0
2ᵉ orangé-rouge	320°	89	40°	11,0
4ᵉ orangé-rouge	336°,5	93,5	23°,5	6,5
Orangé	360°	100	0°	0,0

COULEURS COMPRISES ENTRE L'ORANGÉ ET LE 3ᶜ JAUNE-VERT

	Orangé		3ᵉ Jaune-vert	
	Angle des secteurs	en centièmes	Angle des secteurs	en centièmes
Orangé-jaune	270°	75	90°	25,0
Jaune	205°	57	155°	43,0
1ᵉʳ jaune	191°	53	169°	47,0
Complémentaire du 3ᵉ bleu	180°	50	180°	50
2ᵉ jaune	171°	47,5	189°	52,5
4ᵉ jaune	153°	42,5	207°	57,5
Jaune-vert	124°	34,5	236°	65,5
2ᵉ jaune-vert	83°	23	277°	23,0

En se servant des données contenues dans ces trois tableaux, on peut reproduire exactement les nuances de ces trente normes.

Il est utile de rappeler ceci :

Toutes les fois que l'on mélange deux sensations, l'intensité de la couleur résultante sera affaiblie dans la mesure indiquée par la figure 32 (p. 118), et une quantité correspondante de blanc prendra sa place.

Aussi le rouge que nous obtenons par le mélange d'orangé et de 3ᵉ bleu est-il lavé de blanc, car il est représenté (p. 117) par :

<pre>
Secteur rouge (de la chromolithographie de Digeon).....   265°
   —   blanc...   44°
</pre>

Et il en est ainsi pour toutes les couleurs faites par mélange des sensations.

Malgré cette production de blanc, la nuance d'une couleur est nettement déterminée par les angles des secteurs de deux des trois couleurs servant de normes. Et en tout temps, elles peuvent être reproduites à l'aide de ces normes. Les chiffres communiqués ci-dessus sont le résultat d'un

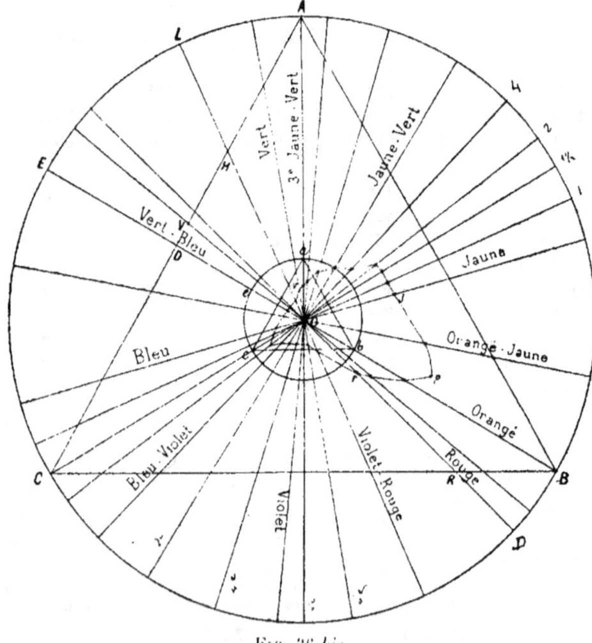

Fig. 36 bis.

grand nombre d'expériences répétées à diverses époques en présence de divers expérimentateurs habitués à juger des couleurs et à énoncer leur jugement. Ils peuvent être considérés comme l'expression d'un cas général.

Il n'en est pas moins intéressant de constater expérimentalement que les résultats obtenus avec une triade prise dans la figure 36 *bis*, p. 146, peuvent être obtenus avec une autre triade prise dans le même diagramme.

Dans ce but, nous avons recommencé le même travail de classification, en prenant comme point de départ le 1er violet, le vert-bleu et le jaune complémentaire du 3e bleu, trois couleurs distantes de 120° dans le diagramme.

La concordance des résultats obtenus ressortira bien si nous transformons les données des tableaux ci-dessus en distances angulaires, ce qui a été fait figure 32, page 118.

On a divisé les côtés AB, BC, et AC du triangle en centièmes et on y a porté les résultats de la classification. C'est-à-dire qu'on a placé le point R à 20 0/0 de l'orangé (point B) et à 80 0/0 du 3e bleu (point C), puis en traçant le rayon DO qu'on a prolongé des deux côtés jusqu'à la rencontre de la circonférence ABCE. On a opéré ainsi pour chacune des trente couleurs, de la triade, c'est-à-dire du 3e bleu... et pour six couleurs de la triade du 1er violet. Puis on a mesuré les distances angulaires de ces couleurs entre elles par rapport au rouge.

Voici les chiffres trouvés :

	1re triade : Orangé, 3e jaune-vert 3e bleu	2e triade : Vert-bleu, violet jaune
Du rouge au 4e violet............	34°	34°
— 1er violet...........	45°	46°
— 3e bleu............	105°	105°
— bleu..............	120°	118°
— vert-bleu..........	164°	165°
— 4e vert............	180°	180°

Les résultats sont aussi concordants qu'on peut le désirer. En transportant ces résultats dans un diagramme, on remarquera que la nouvelle figure est exactement superposable à la première en ce qui concerne la position des couleurs ci-dessus. On en peut conclure que la distance angulaire des couleurs reste la même, quelle que soit la triade qui serve de point de départ, à la condition bien entendu que ces triades soient prises dans la même construction *(Société industrielle de Mulhouse*, t. III, p. 196, 28 septembre 1881).

§ 95. Détermination des couleurs complémentaires par la méthode de Maxwell. — La théorie d'Young nous a permis de donner la

relation mathématique qui existe entre une couleur et sa complémentaire. Cette relation est exprimée, en distances de chacune des deux couleurs du sommet du triangle A, B, C correspondant (voir figure 31, p. 115).

La détermination de la complémentaire exige un calcul trigonométrique. Tandis que la méthode Maxwell donne cette même complémentaire par une simple expérience sans calcul.

Admettons qu'on ait formé un disque avec trois couleurs non complémentaires entre elles, et que l'angle des secteurs soit tel que la rotation du disque produise le gris normal. Il suffira de retirer l'une des trois couleurs, de la remplacer par un secteur incolore, noir, gris ou blanc et de mettre en rotation, sans rien changer aux deux autres couleurs.

La couleur du disque en rotation sera la complémentaire de la première. Il suffira de la copier pour s'en servir ultérieurement.

C'est une complémentaire de faible intensité, naturellement ; mais il est aisé d'obtenir avec son aide une couleur plus intense.

En effet, l'expérience n° 1 de Maxwell (p. 130), qui a donné les relations numériques suivantes :

$$37\,V + 27\,U + 36\,EG = 28\,Sw + 72\,BK,$$

nous dit que $37V + 27U$ sont complémentaires de $36EG$, car ces trois couleurs ont produit un gris représenté par 28Sw et 72BK.

En composant un disque avec 37V et 27U et en remplaçant 36EG par du noir, on aura la complémentaire de 36EG. Cette expérience donne la proportion des couleurs V et U nécessaire pour former la complémentaire de 36EG, permet de calculer les proportions de V et de U, correspondant à la complémentaire de 100EG ; et cela par une simple opération d'arithmétique.

On a en effet $(37 + 27) : 38 = 100 : x$, ce qui donne pour x, c'est-à-dire l'angle de la couleur, $V\,\dfrac{3\,700}{64}$, soit 57,8 0/0.

La complémentaire de EG, la plus intense que nous puissions produire par le mélange de U et de V, sera formée de 57,8 0/0 de couleur V et de 42,2 0/0 de la couleur U.

Pour l'exécution pratique, il faudra transformer les centièmes en degrés, c'est-à-dire en 360°, opération qui eût été inutile, si les résultats des expériences de Maxwell avaient été exprimés en degrés, tels que l'expérience directe les donne.

Si dans cette expérience, on prend à la place de U et de V deux des couleurs adoptées comme étalon, la couleur résultante se trouvera par là classée dans notre diagramme page 118.

Il est donc aisé, en adoptant les manipulations de Maxwell et nos trois couleurs normes, de déterminer la place d'une couleur dans notre diagramme et notre construction dans l'espace ; de déterminer son intensité de coloration, son intensité lumineuse totale et sa complémentaire.

§ 96. Les appareils de M. Dosne.

§ 96. Les appareils de M. Dosne. — La méthode expérimentale de Maxwell a reçu une application récente pour mesurer l'action destructive de la lumière sur les teintures. Dans son article intitulé : *Étude* [1] *sur la détermination de la solidité des couleurs à la lumière*, M. Dosne, auditeur de mon cours au Conservatoire national des Arts et Métiers, s'est inspiré de cette méthode. Il y développe une notation adaptée à son but, il y décrit un dispositif mécanique, très pratique, permettant une manipulation rapide.

Dans ce nouvel appareil à disques tournants, le moteur est changé, la chambre noire est conservée. Elle sert d'enveloppe à un moteur électrique peu volumineux, cylindrique, pareil à ceux qui servent de ventilateurs. La mise en mouvement a lieu par l'intermédiaire d'un conduit électrique servant habituellement à l'éclairage. La vitesse de rotation est réglée par un rhéostat à fils de ferro-nickel, avec curseur, et donnant une résistance de 1.200 à 1.500 ohms. L'ensemble, moteur et chambre noire, est monté sur un socle articulé, permettant de l'incliner à volonté. L'axe du moteur est prolongé de manière à dépasser l'enveloppe cylindrique en tôle, qui constitue la chambre noire. L'intérieur et le fond sont tapissés de velours noir, de manière à absorber le plus possible la lumière incidente, ainsi que cela a lieu dans l'appareil classique figuré page 21, § 16.

L'extrémité de l'axe reçoit les divers disques et secteurs nécessaires à l'expérimentation. Ils sont fixés par un bouton métallique s'ajustant en baïonnette.

Ce dispositif mérite une mention spéciale, car il caractérise l'invention de M. Dosne.

Pour ne pas défraîchir les trois couleurs servant de normes, l'auteur a imaginé de fixer les papiers qui les représentent sur de très minces plateaux de nickel parfaitement dressés, fendus selon un rayon (*fig.* 37, p. 150) et pourvus d'un appendice, qui permet de les manœuvrer sans toucher la partie colorée.

La figure 38 montre mieux qu'une description comment les disques se superposent, s'emboîtent entre eux et comment on les manœuvre pour faire varier leurs angles.

[1] *Revue générale des Matières colorantes*, t. XIV, p. 193, 1910.

Les diamètres des disques et des secteurs sont de deux sortes, comme

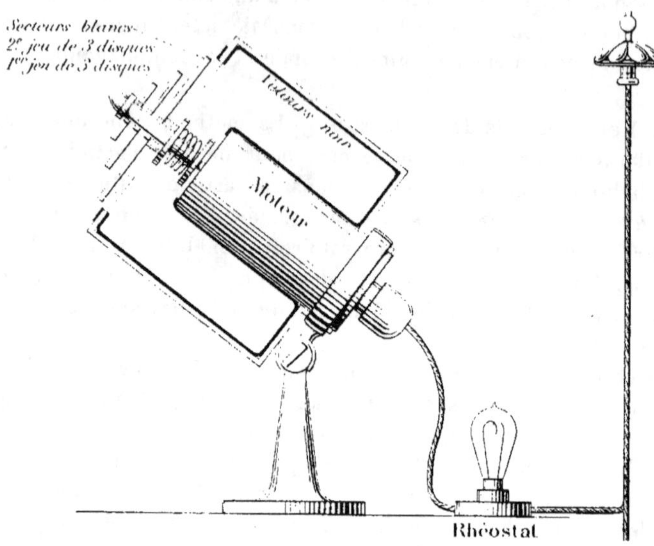

Fig. 37.

dans l'appareil classique ; c'est la condition indispensable pour pouvoir comparer le résultat de deux combinaisons différentes de secteurs colorés ou non. Pour rendre les opérations plus rapides, l'auteur a renoncé à faire avec la couleur à classer

Disque

Fig. 38.

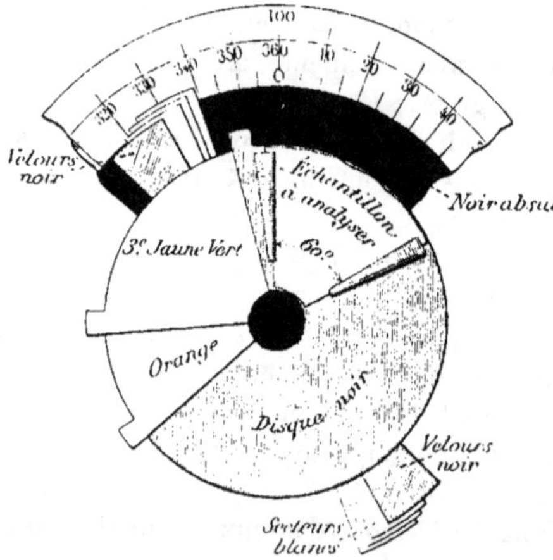

Fig. 39.

un disque complet, permettant d'en faire varier l'angle.

Il a pris le parti d'employer toujours un secteur de 60° qui restera constant, pendant la durée d'une expérience et de ne faire varier que les angles des deux couleurs fondamentales, de manière à obtenir le gris

Fig. 40.

normal. Celui-ci se compare à un gris obtenu par un secteur blanc, tournant devant l'orifice de la chambre noire comme dans l'appareil classique.

La modification faite par M. Dosne de partir toujours d'un secteur à angle fixe, dont la couleur doit être définie, entraine une série d'autres conséquences qui se traduiront par des détails d'organisation, pour lesquels nous renvoyons le lecteur aux mémoires originaux de l'auteur. (*Revue générale des matières colorantes*, t. XIV, 1910, p. 193, et *Moniteur scientifique*, juillet 1911, pp. 422-431).

La figure 40 représente la vue d'ensemble de l'appareil à moteur électrique, avec quelques accessoires.

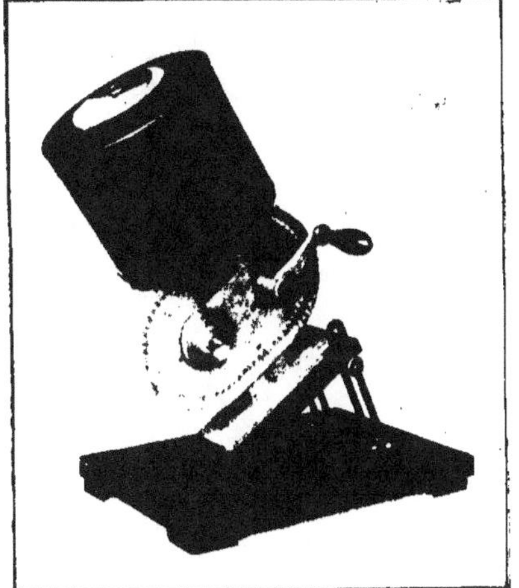

Fig. 41.

Depuis, l'auteur a imaginé un autre appareil, mû par une manivelle, comme dans l'appareil classique. Seulement les dispositions sont prises pour que l'opérateur puisse tourner cette manivelle lui-même, tout en regardant l'aspect des disques en rotation. La disposition générale reste la même que pour l'appareil à moteur électrique. La multiplication du mouvement imprimé à la manivelle a lieu par cette transposition adoptée pour les petits appareils à force centrifuge, employés dans les laboratoires, dans le but de hâter le dépôt de corps solides, en suspension dans un liquide. C'est une roue dentée d'un diamètre relativement grand, qui agit sur une vis sans fin de petit diamètre fixée sur l'axe portant les disques.

Un mouvement modéré de la manivelle suffit largement pour obtenir une vitesse de rotation convenable.

L'appareil est monté sur un socle en bois, et l'axe est incliné selon les besoins, par l'opérateur, de manière à présenter le plan de rotation des disques, normalement aux rayons visuels d'un homme assis (*fig.* **40** et **41**).

Les deux appareils de M. Dosne, avec les dispositions spéciales imaginées par lui, permettent un travail très rapide, et faciliteront l'exécution des coloris harmonieux dont il sera question plus loin.

CHAPITRE XVI

DES MOYENS DIVERS DE PRODUIRE
LA SENSATION COLORÉE

§ **97.** — La sensation de couleur n'est qu'une fraction de la sensation
du blanc.

Si donc on vient à soustraire d'un ensemble de sensations formant le
blanc, une sensation colorée, ce qui subsiste sera coloré. C'est ainsi que
naissent les images accidentelles de Buffon et que se produisent les phénomènes du contraste simultané ou successif des couleurs.

Dans ce cas, la sensation de couleur est la conséquence de l'action
physiologique qu'exerce la couleur « inductrice » sur les nerfs chargés
de percevoir la sensation colorée. A notre point de vue, c'est là la propriété fondamentale de notre appareil visuel.

Ceci est un moyen physiologique de produire la sensation colorée,
moyen qui est constamment en action quand nous sommes en présence
d'un ensemble d'objets colorés.

C'est la lumière colorée qui est ainsi la source première de nos sensations colorées.

Or la lumière colorée est une fraction de la lumière blanche.

Toutes les fois que par un procédé quelconque on éteint un ou plusieurs
des rayons colorés formant par leur ensemble la lumière blanche, ce qui
reste est la lumière colorée. La coloration est ici le résultat d'un procédé
physique.

Et dans les deux cas envisagés, le cas physiologique et le cas physique,
la couleur résulte de la soustraction d'un élément coloré à un ensemble
incolore.

Pour la matière, les choses ne se passent plus de même. La matière
blanche ne peut être séparée en matières colorantes. Elle est blanche
par elle-même, et ce qui la caractérise au point de vue optique, c'est

qu'elle jouit de la propriété de renvoyer les lumières colorées ou incolores, sans en modifier les proportions.

La matière blanche éteint certainement une fraction de la lumière incidente ; mais ce qui est éteint est de même nature physique, en qualité et en quantité, que ce qui est réfléchi ou diffusé.

La proportion éteinte nous est inconnue ; mais ce qui est réfléchi ou diffusé est notre unité de mesures pour l'intensité de coloration.

C'est à un type de blanc, au sulfate de baryte, que nous avons comparé les intensités lumineuses totales et les intensités de coloration.

La coloration est donc produite en premier lieu par l'extinction d'une portion colorée de la lumière incidente. Elle est le résultat d'une opération physique. Et les moyens de produire cette extinction partielle sont nombreux et ne sauraient être étudiés tous ici. Ce serait faire de ce livre un traité d'optique.

Les procédés de coloration n'ayant qu'un intérêt purement théorique ne seront pas étudiés.

Cette réserve faite, rappelons que les moyens d'obtenir la coloration, qui ont déjà été utilisés dans ce qui précède, sont comme procédés *physiologiques* :

1° Les actions mécaniques et nerveuses exercées sur le globe oculaire ; ce sont des cas plutôt pathologiques ;

2° La cécité partielle et passagère procurée par la vue d'une lumière colorée, phénomène qui constitue la propriété fondamentale de l'œil.

Comme procédés *physiques*, il y a :

3° La dispersion, qui donne les couleurs simples du spectre ;

4° Les couleurs par absorption, c'est-à-dire celles des matières colorantes.

Ces quatre moyens ont été examinés plus haut.

Reste les suivants :

5° Coloration par ralentissement de vibration des rayons invisibles, ou couleur de *fluorescence* ;

6° Couleur des milieux troubles ou *opalescence* ;

7° Couleur de lames minces ou *d'irisation* ;

8° Enfin les couleurs des matières *colorantes lumineuses* ;

9° Couleurs d'interférence produites par cristaux biréfringents (ne seront pas décrites) ;

10° Couleurs de *diffraction*, réseaux.

§ 98. Les couleurs produites par dispersion. — Les couleurs du spectre ne sont pas les seules qui résultent de la dispersion de la lumière blanche, que l'on rencontre dans la vie de tous les jours. Les couleurs brillantes de l'arc-en-ciel, celles des gouttes de rosée, et les feux des diamants et des cristaux sont de ce nombre.

L'arc-en-ciel. — Tout le monde aime à le voir, autant pour la beauté de ses couleurs, que parce qu'il indique la fin de la pluie et annonce le retour du beau temps.

Ce phénomène se produit chaque fois que les conditions suivantes sont remplies :

1° L'observateur a devant lui un nuage qui se résout en pluie. L'ensemble des gouttes d'eau qui tombent forme un rideau, en réalité discontinu, mais qui devient continu à la vue par suite de la rapidité de la chute et de la persistance des impressions sur la rétine ;

2° L'observateur tourne le dos au soleil ;

3° L'inclinaison des rayons solaires sur l'horizon forme un angle supérieur à 40°.

Le centre du soleil, l'œil de l'observateur et le centre de l'arc sont sur une même ligne droite.

L'arc se déplace avec l'observateur. Cet arc est le lieu des points où les gouttes d'eau sont vues sous le même angle. Chaque goutte d'eau fonctionne comme un prisme et disperse la lumière solaire selon les lois de la réfraction.

La forme sphérique de la goutte d'eau a pour conséquence la formation simultanée de deux arcs concentriques ; l'arc intérieur est vu sous un angle de 40 à 42° ; et l'arc extérieur (qui ne peut toujours se former) est vu sous un angle de 52 à 54°. Ces angles sont déterminés par l'indice de réfraction de l'eau et par l'angle de réflexion totale du rayon lumineux, dans l'intérieur de la goutte d'eau.

Dans le premier arc, le rouge est en dehors, le violet en dedans.

Le deuxième arc montre les couleurs dans le sens inverse ; le rouge est tourné en dedans, et le violet forme la partie convexe. Si le rideau de pluie est interrompu, l'arc l'est aussi, et la continuité parfaite des deux arcs est un phénomène qui se produit rarement. Le plus souvent, on ne voit que les deux pieds droits du premier arc. Les couleurs sont belles, mais fondues sur leurs lignes de contact. La hauteur du centre de l'arc au-dessus de l'horizon est en raison inverse de celle du soleil. Si le soleil est au zénith, l'arc ne peut être vu, car le rideau de pluie est dans un plan vertical. Mais on peut produire artificiellement une nappe de pluie horizontale à l'aide d'un appareil à pulvériser l'eau tel qu'on les emploie pour l'arrosage des gazons. Si l'observateur se place convenablement entre le soleil et la nappe de pluie, il peut voir l'arc-en-ciel se dessiner sur un plan à peu près horizontal. Ce phénomène peut s'observer à certaines heures du jour dans les cascades que forment les torrents dans la montagne et auprès des grandes chutes d'eau des fleuves.

La rosée. — Les couleurs brillantes des gouttes de rosée, suspendues aux herbes d'un gazon, sont aussi un phénomène de dispersion.

En théorie, les faits se passent comme pour l'arc-en-ciel. Avec cette différence qu'ici la nappe de gouttes d'eau n'est pas continue, mais interrompue.

Chaque point coloré, dû au jeu des rayons solaires est le lieu des points où l'œil de l'observateur se trouve sur le trajet d'un rayon réfracté dans la goutte d'eau. Et la couleur du rayon de lumière change à mesure que l'observateur se déplace.

Pour que le phénomène se produise, il faut que le soleil soit peu élevé au-dessus de l'horizon. Il se produira le matin après la rosée, le soir après une chute de pluie.

Couleurs des cristaux. — Les feux des diamants, les couleurs dispersées par les cristaux soit naturels soit taillés, sont encore des couleurs de réfraction. Les facettes de ces milieux transparents et réfringents forment autant de prismes, qui dispersent les rayons de la lumière incidente selon leur inclinaison, et selon l'angle de ces prismes. La vivacité de ces couleurs, leur grand éclat, sont des propriétés recherchées pour l'ornementation de la personne humaine et pour celle de nos habitations.

§ 99. Les couleurs d'irisation. — La couleur est produite, dans les arts et dans la nature, le plus souvent par l'action de la matière colorante sur la lumière incidente.

C'est là le cas de beaucoup le plus général, mais la nature nous présente aussi des cas ou des couleurs très vives se remarquent sans que leur présence puisse être attribuée à de la matière colorante.

Tel est le cas de la coloration de l'aile des papillons et des plumes des oiseaux.

Elles changent selon l'inclinaison sous laquelle on les voit.

Les couleurs des bulles de savon, celles que produisent de petites quantités d'huile répandues à la surface de l'eau, sont de même nature

Les morceaux de verre incolores par eux-mêmes prennent quelquefois, quand ils ont séjourné longtemps en terre, des reflets richement colorés. Toutes ces couleurs ont la même origine : elles résultent de l'interférence de deux rayons lumineux. Ce sont les couleurs dites des « lames minces ».

§ 100. L'interférence. — L'interférence est ce singulier phénomène de physique qui fait que des milieux absolument transparents peuvent éteindre un rayon lumineux dans certaines conditions.

C'est le cas de la tournaline.

La lumière traverse aisément une lame de ce minéral.

Mais quand on en superpose deux dont on laisse l'une fixe et dont on déplace l'autre en la faisant tourner dans le plan de superposition, on voit que, dans une certaine direction, la lumière traverse les deux tournalines et dans la direction perpendiculaire, elle ne les traverse plus. *Toute lumière est éteinte* sans qu'on ait interposé un corps opaque; elle est éteinte dans des milieux transparents.

Ce fait montre que la lumière peut éteindre la lumière, et c'est pour l'expliquer que l'on a imaginé la théorie de l'*ondulation* de la lumière.

§ **101.** — On suppose que la sensation lumineuse éprouvée par l'œil est due aux mouvements vibratoires d'un fluide sans poids, et parfaitement élastique répandu dans l'univers entier et qu'on appelle « éther ». Ce mouvement ondulatoire particulier peut se comparer à l'effet que produit une pierre que l'on jette dans l'eau. Il se produit des cercles concentriques de vagues en relief et de vagues en creux, qui vont en s'agrandissant, s'éloignant du centre où l'ébranlement s'est produit. En s'éloignant ainsi, ces cercles donnent l'illusion, comme si l'eau était déplacée. Mais il n'en est rien; l'eau reste en place, ce n'est que le mouvement qui s'est transmis régulièrement; il s'est transmis dans toutes les directions à la surface, aussi bien que dans la profondeur de l'eau, sous forme de sphères concentriques de rayons de plus en plus grands. Pour comprendre comment ce mouvement peut être éteint sur place, on peut concevoir un deuxième mouvement parti du même point, et qui serait fait de manière à produire une nouvelle vague en relief à la place où le premier mouvement a fait un creux.

Soit AB le niveau de l'eau; il y a en A*h*S une vague en relief et en S*n*B une vague en creux.

Les deux sections sont de même dimension; de

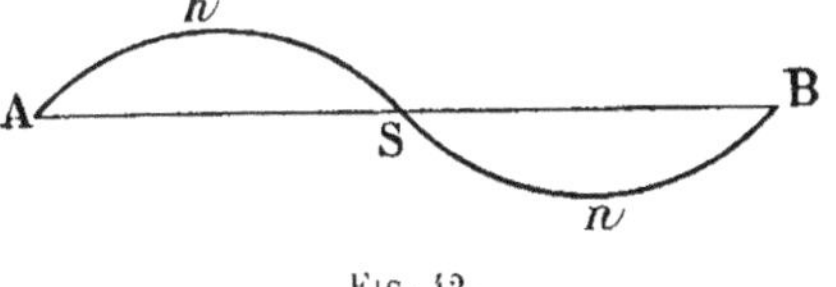

Fig. 42.

sorte que la vague en relief pourrait exactement remplir le creux. L'ensemble d'un creux et d'un relief s'appelle une *onde*, la distance AB est une « longueur d'onde »; et les longueurs AS et SB constituent chacune une « demi-longueur d'onde ». Tout ce qui est expliqué ici pour l'eau s'applique aussi bien aux rayons lumineux.

Si nous admettons maintenant une deuxième vague survenant et diffé-
rant de la première d'une « demi-longueur d'onde », les reliefs de la
première vague correspondront aux creux de la deuxième et les rem-
pliront.

Tout mouvement ondulatoire est supprimé, il y a eu « interférence ».

Dans le cas de la lumière, le mouvement arrêté correspond à l'extinction.

Or les divers rayons lumineux colorés ont des longueurs d'onde différentes, de sorte que l'extinction ne saurait être absolument totale ; il n'y
a que ceux de même longueur d'onde qui puissent s'éteindre, les autres
subsistent, ils échappent à la destruction, et dès lors il y a coloration par
les rayons non éteints.

§ 102. Rôle de la lame mince. — Maintenant comment pouvons-

nous arriver à mettre en retard d'une demi-longueur d'onde un rayon sur
deux ? Dans le cas particulier, le retard est obtenu par réfraction et réflexion à travers des lames minces transparentes.

Toutes les fois qu'un rayon de lumière rencontre une couche de matière transparente en lame suffisamment mince, posée sur un plan miroi-
tant, il y a interférence, donc coloration.

Soit LL' une lame mince transparente. Un rayon incident A rencontre en B la surface L et s'y divise en deux. Une portion est réfléchie
(BE, une autre pénètre dans la lame jusqu'à la face L' au point C et elle
sera fléchie et renvoyée en D et forme, en sortant de la lame, un rayon
DF parallèle à BE. Ce rayon a parcouru un chemin qui est de BCD plus
long que celui du rayon ABE. Si l'épaisseur de LL' est telle que le
parcours BCD soit égal à une demi-longueur d'onde, DF peut interférer
avec BE et l'éteindre (voir *fig.* 43, p. 175).

Pour que BE et DF puissent interférer, il faut que les rayons soient
superposés ; c'est donc un rayon parallèle, soit A'D, qui interférera. Mais
seulement il ne pourra interférer qu'avec un rayon de même longueur
d'onde, c'est-à-dire de même couleur. Celui-ci étant éteint, le reste possédera une couleur qui sera le résultat du mélange de toutes les radiations ayant échappé à la destruction. Et si la lumière incidente renferme,
comme la lumière solaire, un grand nombre de radiations colorées, on
verra des colorations très variées se produire. Il résulte de ces explications que ces couleurs d'interférence sont des couleurs composées, et
non pas des couleurs simples, comme le sont les couleurs de spectre.

§ 103. Production artificielle des couleurs d'irisation. — On

peut obtenir des effets d'irisation sur une lame d'acier. Il suffit de la chauffer à une température où commence l'oxydation du fer. C'est la couche d'oxyde de fer, si mince qu'elle en est transparente, qui produit l'interférence. La coloration variera avec l'épaisseur de la couche. La plus mince correspond à la coloration jaune, puis vient l'orangé (plutôt brun), finalement le bleu ; une couche plus épaisse supprime toute coloration.

Cette apparition de couleur se produit dans la pratique pendant le recuit de l'acier ; et puisqu'elle varie avec la température, on se sert de la couleur pour la désigner ; on dira un acier recuit au « bleu ». Ce degré de recuit correspond à certains emplois, notamment aux outils tels que la scie.

Des dépôts minces, produits par voie électrolytique, peuvent servir de même à iriser la surface des métaux.

M. Renard emploie une dissolution de plombite de soude. Une lame métallique plongée dans ce bain et mise en contact avec une cathode dont la pointe est en platine, se colorera sous forme d'anneaux concentriques.

En céramique les lames minces servent à produire l'irisation sur des vases et des verres. Ici l'irisation est obtenue en mouillant les vases avec une émulsion étendue, d'un savon métallique. Ce sont les combinaisons de l'or, de l'argent, du bismuth qui donnent les irisations les plus employées ; ces dernières se développent au four céramique. L'irisation a été aussi produite sur papier et sur étoffe par M. Charles Henry (professeur de physiologie de la Sorbonne).

Le papier ou l'étoffe reçoivent au préalable une préparation à la gélatine que l'on coagule ultérieurement par le formol, ce qui leur donne l'imperméabilité voulue. Sur le support ainsi préparé, on dépose une couche mince d'une solution de bitume de Judée et de gomme Dammar dans la benzine. Pour obtenir cette lame mince, la dissolution est versée en quantité infinitésimale à la surface d'une nappe d'eau. Elle s'y étale en s'irisant. On amène le papier ou l'étoffe en contact avec cette mince pellicule. On peut faire un millier de mètres par cuve et par jour en opérant par déroulement continu de la bande à iriser.

M. Charles Henry a déterminé les conditions de réussite qui sont les suivantes :

1° Insolubilité du dissolvant dans l'eau ;

2° Imperméabilité du tissu ou du papier pour le vernis ;

3° Continuité parfaite de la pellicule irisée.

On peut varier les effets en imprimant à la pellicule des mouvements divers ; chaque remous se traduit par une coloration différente.

Par le gaufrage du papier, l'effet décoratif est encore augmenté.

§ **104. L'opalescence.** — Ce ne sont pas seulement les lames minces des corps solides et transparents qui peuvent colorer la lumière.

Les lames forment en somme une nappe continue de particules de matière soudées entre elles suivant une surface plane, de manière à ne laisser aucun intervalle entre elles. On va voir que cette continuité n'est pas nécessaire pour l'obtention de la couleur.

Des corps infiniment divisés, en suspension dans un milieu transparent, peuvent colorer la lumière.

Si l'on fait tomber dans l'eau faiblement calcaire une goutte d'une solution alcoolique de savon, il se produit un précipité très ténu de savon calcaire, qui trouble l'eau. Ce précipité est d'autant plus fin qu'il s'est formé dans une eau moins impure. En regardant le ciel à travers le liquide trouble, celui-ci montre nettement une teinte jaunâtre. Pour que cette coloration ait lieu, il faut que le précipité soit extrêmement divisé, et quand il devient plus épais, il paraît franchement blanc.

Un liquide troublé de la sorte paraît alors bleu par réflexion ; on n'a qu'à se rappeler l'aspect du lait étendu d'eau. Le liquide est bleu par réflexion et jaunâtre par transparence. Les mêmes phénomènes s'observent quand on verse dans l'eau une solution alcoolique d'une résine, par exemple du mastic.

Brücke dit avoir obtenu ainsi des colorations comparables au bleu du ciel.

Colorations de la fumée. — Les colorations qui peuvent se produire dans l'eau se produisent aussi dans l'air. Ainsi la fumée de bois sec, vue sur fond noir, est bleue.

De même la fumée d'un cigare, avant qu'elle n'ait été aspirée. Celle qui est expulsée par la bouche, étant saturée d'humidité, est grise.

Ces phénomènes de coloration se produisent aussi dans des corps solides.

Il faut pour cela que le corps soit par lui-même transparent, et qu'il tienne en suspension une substance opaque très ténue qui le trouble. La lumière qui a traversé un pareil milieu est franchement colorée en jaune.

Le type de cette classe de corps est une pierre précieuse naturelle dite « opale ».

C'est un quartz résinite, d'un blanc laiteux et bleuâtre, qui reflète en outre, dans les fines fissures dont il est traversé, toutes les couleurs du prisme, et produit ce chatoiement recherché, qui en fait un joyau.

« Les couleurs de l'opalescence accompagnent les phénomènes naturels les plus grandioses ou les plus délicats ; le bleu du ciel, l'aurore et les couleurs du soleil couchant sont de ce domaine », dit Brücke (*Phy-*

siologie der Farben, p. 95). Ce sont toujours les particules fixes en suspension dans l'atmosphère qui jouent là leur rôle.

D'autre part, on chercherait vainement une trace de colorant dans l'œil bleu le plus beau. Ce bleu résulte uniquement de ce que l'iris est une membrane trouble vue sur fond noir formé par l'intérieur de l'œil.

§ 105. Bleu du ciel, d'après Tyndall. — Ce bleu est, on le sait, très variable comme degré de foncé et comme nuance.

Le bleu est pâle quand il y a de la vapeur d'eau dans l'air formant brouillard léger et transparent. Plus l'air est sec, plus le bleu est foncé, et dans les hautes régions de l'atmosphère, il se rapproche du violet. La sécheresse de l'air s'accroît avec la température.

Aussi est-ce en plein été, dans nos climats ou dans les pays du midi en toute saison, qu'on observe ce bleu dans toute sa beauté.

L'explication de cette coloration a préoccupé et préoccupe encore les physiciens.

Il y en a une donnée par Tyndall à la suite de ses études sur les radiations. Elle se trouve exposée dans une conférence faite par le célèbre physicien, lors d'une séance de l'Institut royal de Londres, le vendredi 15 janvier 1869. Et ce qui va être dit est inspiré par la lecture de ce beau travail.

Expérience de Tyndall. — Tyndall a fait voir l'expérience suivante : Dans un long tube de verre, fermé à ses deux extrémités par des glaces rodées, il fait le vide. Il éclaire fortement à la lumière électrique l'intérieur de ce tube, par un rayon parallèle à l'axe, et concentre ce rayon en un cône de lumière à l'aide d'une lentille dont le foyer se trouve vers le milieu de la longueur du tube.

Cette lumière reste invisible tant qu'elle ne rencontre aucune matière qui puisse l'arrêter et la réfléchir.

On fait alors entrer dans ce tube de l'air chargé d'un éther volatil (du nitrite de butyle dans le cas actuel), de manière à déprimer la colonne mercurielle du manomètre d'un vingtième de pouce, puis de l'air chargé de gaz chlorhydrique jusqu'à un demi-pouce.

La lumière arrive donc dans un milieu extrêmement raréfié. D'abord on ne constate aucun changement. Mais peu à peu on voit apparaître un azur magnifique « plus beau que le plus beau ciel d'Italie » qui se fonce de plus en plus. Il atteint un maximum de coloration, puis pâlit et passe graduellement au blanc.

Le nitrite de butyle de cette expérience peut être remplacé par d'autres éthers : l'iodure d'allyle, le benzoate d'éthyle, le sulfure de carbone et par la benzine, etc.

§ 106. Caractère physique de cette coloration. — La coloration est concomitante de la destruction chimique de la vapeur de ces éthers et disparaît quand celle-ci est achevée.

Il y a deux actions qui ont marché simultanément : la lumière a détruit la combinaison chimique; puis elle s'est réfléchie sur les fines particules de matière mises en liberté par elle aux dépens des molécules organiques.

Ce qui prouve que le bleu est un bleu obtenu avec de la lumière réfléchie, c'est qu'elle est polarisée. Et le maximum de polarisation se trouve dans un plan qui fait un angle de 90° avec la direction du rayon lumineux.

Mais à mesure que la lumière blanchit, cet angle change et devient plus petit, c'est-à-dire que le plan de polarisation devient oblique par rapport au rayon. Cette direction du plan varie avec la structure du nuage qui s'est formé dans le tube, et souvent il y a des inversions séparées par des zones neutres.

Or les mêmes phénomènes s'observent avec le bleu du ciel. La lumière diffuse du ciel est polarisée et le maximum se trouve dans la zone qui est à 90° avec la direction des rayons solaires, preuve que cette lumière diffuse est réfléchie par un corps qui possède un angle de polarisation de 45° et dont l'indice de réfraction est par conséquent égal à *un*. C'est l'indice de réfraction de l'air (Herschel). « Le ciel réel est moins parfait que le ciel artificiel » dit Tyndall. « car dans le ciel réel, il y a mélange. Aux particules les plus divisées qui produisent le bleu, sont mêlées des particules plus grossières qui ne sauraient renvoyer la lumière polarisée dans un plan perpendiculaire. »

Les analogies de propriétés entre la lumière bleue du ciel et la lumière bleue obtenue artificiellement, autorisent à admettre l'analogie des causes.

Il restait à expliquer comment l'action chimique destructive, exercée par la lumière, peut produire la coloration bleue.

Or cette lumière est incontestablement de la lumière réfléchie, et elle est réfléchie par les particules de matière les plus fines que l'on puisse réaliser. Et Tyndall constate que la lumière incidente, une fois qu'elle a agi chimiquement, a perdu le pouvoir de décomposer de nouvelles quantités de matière. Elle a donc été dépouillée sur son trajet de ses radiations actives.

§ 107. Explications tirées par analogie avec l'acoustique. — Pour expliquer cette action chimique des radiations lumineuses, Tyndall invoque les faits analogues constatés en acoustique. « Nous ne saurions pas ce qu'est la lumière et la chaleur, si auparavant on n'avait reconnu que le son est un mouvement vibratoire. » C'est là qu'il va chercher les preuves par analogie. Et il trace le parallèle suivant entre ce qui se passe avec les molécules rayonnantes et ce qui se passe en acoustique.

1° Les corps simples sont doués d'un faible pouvoir rayonnant. Mais, dès qu'ils sont réunis en molécules, leur pouvoir rayonnant est augmenté dans de fortes proportions. De même, si on fait vibrer un diapason unique, c'est à peine si on l'entend. On le pose sur une caisse renforçante et il en résulte un son puissant.

Ce qu'on interprète en disant : le diapason avec sa caisse possède un pouvoir émissif plus considérable que le diapason seul pour les vibrations acoustiques.

2° Le spectre de la lumière électrique est comparable à une série indéfinie de diapasons donnant des notes de plus en plus élevées. Son étendue visible est un peu moindre qu'une octave. Elle s'étend du rouge (longueur d'onde $0^{mm},0007$) au violet (longueur d'onde $0^{mm},0004$).

Ces vibrations peuvent-elles se transmettre à distance à un autre diapason ?

EXPÉRIENCE. — Deux diapasons vibrent à l'unisson. On met l'un au repos, tandis que l'autre continue à résonner. On rapproche les deux, en évitant le contact. Le diapason muet se met aussitôt à vibrer, tandis que celui qui était en vibration s'arrête. L'un a donc transmis son mouvement vibratoire à l'autre, complètement, intégralement, à travers l'air. Il a perdu lui-même ce qu'il a donné à l'autre : exactement comme le rayon lumineux qui, ayant agi chimiquement sur les atomes d'une molécule, perd ses propriétés chimiques.

3° Exemple de l'harmonica chimique. Il y a trois tubes chacun avec sa flamme ; aucun de ces tubes ne sonne.

A côté se trouve une sirène que l'on fait sonner en commençant par une note grave, et on monte peu à peu à des notes plus élevées. Au moment où la sirène produit la note fondamentale du tube d'harmonica le plus long, celui-ci se met à chanter. Les deux autres restent muets. On continue à faire sonner la sirène avec une vitesse progressive, alors vient le tour du deuxième tube, le tube moyen : et finalement, quand la note fondamentale du troisième tube, le plus court des trois, est atteinte, celui-ci chante à son tour.

Il a fallu, pour faire chanter trois tubes, arriver avec la sirène à la note vibrant à l'unisson avec le tube correspondant.

CONCLUSION. — Pour mettre en vibration une colonne d'air, il ne suffit pas d'un mouvement vibratoire quelconque, mais il faut un mouvement exactement du même rythme. Pour la lumière nous dirons : pour qu'il y ait action de la lumière sur un groupe d'atomes, il faut que le groupe d'atomes soit susceptible de vibrer avec le même rythme que celui des rayons incidents. Et dans un mélange de radiations, celles-là seules entrent en action et sont éteintes, qui possèdent le même rythme pour les atomes.

Le mouvement propre du rayon est transformé en mouvement atomique, c'est-à-dire en action chimique. Pendant ce temps les atomes réfléchissent la lumière qui continue d'arriver avec la vitesse que l'on sait, et cette lumière devient visible et prend la couleur qui caractérise la longueur d'onde correspondante. Or les plus petites longueurs d'onde visibles, celles du violet et du bleu, sont arrêtées les premières, à leur arrivée dans le tube, dont le contenu paraîtra bleu, coloration qui ne durera que tant qu'il y a de la matière à décomposer, et des radiations de rythme correspondant à éteindre ou plutôt à transformer. Cette lumière étant réfléchie par les particules de la matière est par là même polarisée. Ces explications de Tyndall cadrent exactement avec les faits bien établis par lui ou par d'autres observateurs.

§ 108. Conclusions de Tyndall. — Et nous pouvons conclure avec lui : La couleur bleue du ciel est une couleur de polarisation par réflexion qui résulte de l'action de rayons bleus, violets (et aussi ultra-violets) sur des particules très raréfiées en suspension des hautes régions de l'atmosphère [1].

La lumière est réfléchie par ces produits en combustion, et de ce fait elle se polarise.

Ce phénomène peut être observé sur les couches d'air qui nous séparent, par exemple, des montagnes. La lumière interposée entre notre œil et la montagne est polarisée et colore l'air en bleu; par là elle rend la vue moins distincte ; de ce fait que ce léger voile de brume est dû à la polarisation de la lumière, nous possédons un moyen de l'éloigner. Il suffit de regarder le paysage à travers un nicol. La brume disparaît et les lointains nous apparaissent avec une netteté parfaite.

Cette observation, Tyndall l'a étendue à d'autres phénomènes qui nous intéressent particulièrement. La lumière diffuse du jour, réfléchie à la surface des objets, ternit leur vraie couleur par l'addition de la sensation du blanc.

[1] Ces particules pourraient résulter de la combustion d'un produit encore inconnu, qui est peut-être un hydrocarbure ou même de l'hydrogène dont la combustion s'achèverait dans ces conditions, sous l'influence des rayons ultra-violets, qui sont chimiquement d'autant plus actifs que l'on s'élève davantage vers les régions où l'air est très raréfié, et qui disparaissent graduellement à mesure que ces radiations se rapprochent de la terre.

En les regardant à travers un nicol, leur couleur paraît beaucoup plus vive. Un pré, par exemple, vu ainsi, possède une coloration verte plus intense que si nous le regardons sans instrument.

§ 109. La fluorescence. — On a vu que les rayons lumineux peuvent s'éteindre dans certains milieux transparents ; mais le mouvement ondulatoire de l'éther ne s'anéantit pas.

Le plus souvent, il se transforme en chaleur, et aussi fréquemment en travail chimique. D'autre part, il y a des rayons invisibles à l'œil, d'une longueur d'onde plus petite que celle du violet, et qui, au contact de certains produits, se transforment en rayons visibles, d'une longueur d'onde plus grande. Le spath fluor, parmi les minéraux, jouit de cette propriété, d'où le nom de « fluorescence » donné à ce phénomène. Les sels de quinine et l'esculine parmi les substances organiques sont les produits fluorescents les plus anciennement connus.

Mais leur liste s'est considérablement accrue, dans ces derniers temps, par la découverte de toute une série de matières colorantes qui se conduisent comme la quinine.

Ce sont les rayons violets et les rayons ultra-violets qui produisent ces phénomènes, qui frappent fortement l'imagination quand on les voit pour la première fois. En effet, dans une chambre obscure, on projette sur un plan un spectre de lumière solaire ou de lumière électrique et on intercepte par un écran toute la partie visible.

Si alors on présente dans la partie invisible située près du violet une substance fluorescente, celle-ci devient aussitôt lumineuse. Et cette lumière ainsi produite est colorée. Si l'obscurité est suffisante, les corps ainsi colorés semblent rayonner de la lumière, et ils en rayonnent en effet, c'est une lumière qui, regardée à travers un prisme, n'est pas toujours simple, mais qui présente comme celle des matières colorantes des bandes d'absorption.

§ 110. Les rayons ultra-violets. — Ce sont les rayons ultra-violets dont la longueur d'onde varie de $0^\mu,330$ à $0^\mu,395$. Or les rayons visibles possèdent les longueurs d'onde $0^\mu,400$ à $0^\mu,700$. On voit donc de combien cette longueur d'onde se trouve augmentée, modification qui correspond à une diminution de la rapidité du mouvement vibratoire. La source la plus abondante en rayons ultra-violets, est la lampe à mercure, découverte en 1903 par Hewitt, munie, non d'une enveloppe de verre, mais d'une enveloppe en quartz. Celle-ci laisse passer des radiations qui n'ont que $0^\mu,1$ de longueur d'onde. Ces radiations sont absorbées par les milieux transparents. Le collodion absorbe les radiations comprises entre 0ᵘ,1 et 0ᵘ,25. Il ne peut donc servir à les photographier.

Le verre les absorbe jusqu'à la longueur d'onde 0ᵘ,330 [1]. Les radiations comprises entre 0,100 et 0,330 sont dangereuses pour la cellule vivante et peuvent causer de grands désordres et même la mort. Leur présence dans la lumière solaire n'est pas douteuse, car, à mesure que l'on s'élève dans l'atmosphère, on en constate une proportion plus forte sans cependant jamais atteindre la proportion produite par la lampe à mercure à enveloppe de quartz. C'est l'atmosphère qui nous protège contre leur action. Tous ces rayons, même ceux à 0ᵘ,100 de longueur d'onde, agissent chimiquement sur les bromures d'argent et sont ainsi décélés par la photographie (sans emploi de collodion).

Il résulte de tout cela que le maniement de la lampe à mercure et à enveloppe de quartz doit se faire avec précaution. Pour les expériences qui nous intéressent au point de vue de la coloration, une lampe à enveloppe de verre suffit, et pour en avoir le maximum d'effet, il faut éteindre tous les rayons lumineux de cette lampe, moins les rayons violets. On arrive à ce résultat en interposant une lame de verre colorée en bleu au cobalt. Et il faut choisir ce verre d'une épaisseur telle que la lumière bleue qui la traverse soit à peine visible.

Si on présente alors à cette lumière des étoffes teintes, on observe les changements les plus étranges.

§ 111. Les matières colorantes dans l'ultra-violet. — Une lampe électrique à arc, dont on fait passer la lumière à travers un verre bleu produit les mêmes effets : La chryséine, matière colorante jaune, paraît avec sa couleur, mais la flavazine et le jaune de quinoléine sont d'un violet presque noir, et l'auramine, la tartrazine et la fluorescéine brillent comme des sources de lumière.

Toutes ces matières colorantes qui, à la lumière du jour, sont jaunes, sont ainsi différenciées par l'éclairage violet et ultra-violet.

Il en est de même des matières colorantes rouges.

La plupart des rouges éclairés par la lumière ultra-violette sont noirs, tandis que les éosines, les rhodamines brillent dans l'obscurité comme du feu. Ce phénomène est très impressionnant. Et l'on pense immédiatement aux effets surprenants que l'on obtiendrait en arrangeant dans un dessin ces matières colorantes de manière à combiner leurs effets : Les noirs seraient faits avec les rouges non fluorescents, les violets avec

---

[1] Il y a un verre qui laisse passer les longueurs d'onde jusqu'à 0ᵘ,25. C'est « l'uviol ».

la flavazine et le jaune de quinoléine. Les jaunes avec l'auramine, les rouges et les roses avec les rhodamines et les éosines.

Dans la lumière du jour le dessin ne produirait que du rouge, du jaune et du rose. Et dans l'obscurité de la lumière ultra-violette on verrait apparaître, en plus des couleurs vues de jour, du noir, du violet et des couleurs rayonnant leur propre nuance comme du feu.

§ 112. Fluorescence à la lumière du jour. — Il y a des phénomènes de fluorescence visibles de jour. Ils sont produits par les diverses phtaléines en dissolution : par transparence elles ont la couleur qui les caractérise, mais à la lumière réfléchie elles paraissent comme opaques, et cette opacité possède une couleur propre : elle est plus ou moins orangée pour les rhodamines et les éosines ; elle est verte pour la fluorescéine.

Les matières colorantes fluorescentes conservent cette propriété alors même qu'elles sont fixées par teinture. Ce phénomène est surtout beau pour la soie. Les teinturiers se servent d'un mot pour exprimer que la soie est devenue fluorescente ; ils l'appellent : « la tombée » et ils disent que la tombée de l'éosine est jaune, celle de la rhodamine orangée, celle de la fluorescéine est verte. Et cette fluorescence est encore sensible aux plus grandes dilutions (1 gramme de fluorescéine est visible dans 45 mètres cubes d'eau), ce qui fait qu'elle a été utilisée pour reconnaître les communications souterraines entre les fleuves et les sources.

La même fluorescence verdâtre, visible à la lumière solaire, est propre au verre coloré par l'urane. Et l'industrie a tiré parti de cette propriété pour confectionner des objets en verre possédant la propriété d'être fluorescents à la lumière du jour.

§ 113. Matières colorantes lumineuses. — L'appellation de : « sources de lumière colorée » pourrait donner lieu à confusion. Elle pourrait s'interpréter comme désignant une lumière colorée obtenue à l'aide d'une lumière blanche, dont on aurait éteint, par des procédés connus, un ou plusieurs rayons colorés ; tandis que ce qui doit être envisagé ici, ce sont des lumières qui sont colorées par elles-mêmes sans rien emprunter ni à la lumière solaire, ni à la lumière électrique. Quand on porte certaines combinaisons métalliques à la température de leur vaporisation, elles deviennent lumineuses à leur tour, et dans beaucoup de cas cette lumière possède une belle couleur, propriété qui a été utilisée pour produire des flammes colorées appelées aussi : « Feux de Bengale » et de tout temps ces belles lumières colorées ont été employées dans les fêtes de nuit pour produire des effets d'éclairage coloré du plus bel effet.

§ 111. Les composants principaux d'un feu de Bengale. —

D'une manière générale, un feu de Bengale est obtenu par un mélange de produits chimiques, dont chacun remplit une fonction déterminée. Il y a d'abord le sel métallique dont la vapeur doit produire la couleur. Puis il y a un mélange de combustible et de corps riche en oxygène dont l'inflammation doit produire la température élevée nécessaire à la vaporisation du sel métallique. Enfin, pour augmenter l'effet éclairant, on ajoute des corps volatils non combustibles dont les vapeurs doivent faciliter la vaporisation de la combinaison colorante.

Les corps colorants employés sont :

Pour le rouge, le nitrate ou le sulfate de strontiane ;

Pour l'orangé-rouge, un sel de chaux ;

Pour le jaune, un sel de soude, nitrate ou chlorate ;

Pour le vert, un sel de baryum, nitrate ou chlorate ou un sel de thallium, mais celui-ci sera rarement employé à cause de son prix élevé ;

Pour le bleu, un sel de cuivre : le sulfate ammoniacal ou mieux l'oxychlorure de cuivre ammoniacal ;

Pour le violet, un sel de potassium, ou un mélange de sels de cuivre et de strontiane. Ces violets sont l'un et l'autre peu lumineux ;

Pour le blanc, le sulfure d'antimoine, et plus récemment, le magnésium métallique.

Dans le choix de la combinaison métallique, il est important d'éviter l'emploi des sels hygrométriques, et cette condition est souvent difficile à réaliser.

Les nitrates de strontiane, de chaux, de soude, de cuivre sont hygrométriques, et leur emploi souvent inévitable expose à des insuccès, et exige dans tous les cas de sérieuses précautions pour éviter le contact de l'air humide.

La substitution du chlorate de soude au nitrate pour les feux jaunes ; de l'oxychlorure de cuivre ammoniacal au sulfate, du sulfate de strontiane au nitrate, ont été sous ce rapport des progrès marqués.

Les corps combustibles les plus employés sont : le soufre pour les feux de plein air ; la gomme-laque et le sucre de lait pour les feux qui doivent brûler dans une atmosphère limitée. La production d'acide sulfureux, dans le premier cas, est un grave inconvénient, et si néanmoins l'emploi du soufre s'est maintenu, c'est surtout à cause de son prix peu élevé.

Le soufre est souvent cause d'inflammations spontanées, surtout s'il y a des chlorates en présence. Le novice, qui croit pouvoir remplacer le soufre en poudre par la fleur de soufre, commet une grande imprudence. La fleur de soufre contient toujours de petites quantités d'acide sulfu-

rique. Celui-ci agit sur le chlorate de potasse et met de l'acide chlorique
en liberté, qui aussitôt, au contact de corps combustibles, soufre ou
sucre, donne naissance à des oxydes de chlore, gazeux, qui sont à la fois
des oxydants énergiques et des explosifs. La température du mélange
s'élève peu à peu, et il arrive un moment où, soudain, la masse s'enflamme
ou explose.

Beaucoup d'incendies sont dus à cette cause : ce sont surtout les feux
rouges à la strontiane ou les feux bleus au sulfate de cuivre qui y donnent
lieu le plus souvent. La conclusion est de proscrire l'emploi de la fleur
de soufre et en général de tout agent chimique capable de favoriser la
formation d'oxydes de chlore.

La production d'acide sulfureux par la combustion du soufre est très
désagréable, le gaz étant suffocant. Pour ce motif, on a cherché à le remplacer : ce sont la gomme-laque en poudre et le sucre de lait qui ont été
adoptés par la pratique. Les corps volatils, fonctionnant comme porte-
vapeurs, sont : le sel ammoniac et le calomel ou chlorure mercureux ;
par leur vapeur et la production de fumée qui en est la conséquence,
ils favorisent la volatilisation du sel métallique colorant, et agissent en
servant à diffuser la lumière colorée.

§ 115. Conditions du meilleur rendement du feu de Bengale.

— Pour obtenir le maximum d'effet, il faut observer les précautions suivantes. La première de toutes est d'abriter les mélanges contre l'humidité de l'air : un mélange humide n'atteint pas une température assez
élevée, par sa combustion. Il ne produira qu'une flamme peu éclairante.
La deuxième précaution est de placer le feu de manière à soustraire la
vue de la flamme au spectateur.

La flamme est peu colorée par elle-même, car la lumière est trop intense pour n'être pas nuisible à l'effet à obtenir.

Un œil ébloui perd sa sensibilité pour la couleur.

Ce qui est coloré, ce sont les vapeurs et les fumées qui se dégagent, et
qui sont illuminées par la flamme.

Ce qu'il faut éclairer ce n'est pas le spectateur, mais les objets avoisi-
nants : le feuillage, les branches des arbres, les parties ajourées des bâtiments, des ruines ou la dentelle de pierre d'une cathédrale gothique.

Le château ruiné de Heidelberg, la flèche de la cathédrale de Stras-
bourg, illuminés aux jours de fête, sont des spectacles typiques dont on
garde longtemps le souvenir.

§ 116. Vapeurs illuminées par le courant électrique.

— Deux
sources de lumière colorée, qui tendent à prendre leur place parmi les

moyens d'éclairage, ce sont les vapeurs de mercure et le gaz néon.

Enfermés dans des tubes de verre, dans lesquels on fait le vide et qui sont munis à leurs deux extrémités d'une anode et d'une cathode, cette vapeur et ce gaz s'illuminent, si on fait passer le courant électrique entre les deux pôles.

Le mercure donne une lumière vert-bleu. Le néon une lumière orangée.

L'un et l'autre produisent beaucoup de lumière tout en consommant peu d'électricité.

A égalité d'éclairage, la lampe à arc en consomme plus.

Ces deux lumières colorées ne fatiguent pas la vue. Séparément chacune a ses défauts, et la lumière colorée est peu appréciée, parce qu'elle change la couleur des objets d'une manière qui choque nos habitudes et nos goûts.

Dans la lumière au mercure, les corps rouges paraissent noirs; dans la lumière du néon, ce sont les verts et les bleus qui se trouvent obscurcis.

Mais chacune de ces lumières possédant ce qui manque à l'autre, M. Claude a eu l'idée d'enfermer dans les tubes d'éclairage à la fois le mercure et le néon, espérant produire ainsi une lumière sensiblement blanche et économique. Or le résultat fut contraire à celui qui était attendu. M. Claude a constaté un abaissement considérable de l'intensité lumineuse, portant surtout sur la lumière orangée, dont les raies spectrales ont été presque totalement supprimées.

Or l'extinction de certaines radiations colorées est le propre des matières colorantes.

§ 117. Rappel des anciennes expériences de Dove. — Une ancienne expérience de Dove explique bien ce qui s'est passé.

Dove superpose un verre rouge et un verre coloré en vert-bleu complémentaire. Et il constate que l'ensemble est noir, aucune lumière ne passe plus à travers ces deux lames, qui isolément sont transparentes.

Tandis que si, au lieu de superposer les deux lames, on superpose les lumières qui les ont traversées chacune séparément, on obtient du blanc. Donc avec les mêmes milieux, et la même lumière incidente, on obtient dans un cas du noir, dans l'autre du blanc : différence qu'on ne saurait imaginer plus grande.

Cette différence est fondamentale; les deux lames superposées représentent ce qui se passe lors du mélange des matières colorantes : l'un des milieux éteint ce que l'autre a laissé passer; de sorte que si les deux se superposent, ils éteignent tout ou partie de la lumière incidente.

Le fait qu'il y a eu extinction de lumière lors du mélange de vapeurs de mercure et de gaz néon, montre que les deux sources de lumière se sont comportées comme des matières colorantes : les rayons émis par le néon ont été en partie éteints par la vapeur de mercure. La vapeur de mercure forme écran opaque pour les rayons du néon, et inversement. Dès lors il peut y avoir extinction totale ; c'est une question de proportions.

Dans tous les cas, il y a perte de lumière. Et on peut dire pour les vapeurs lumineuses ce qui est démontré pour le mélange de matières colorantes : Le meilleur moyen pour en tirer le maximum de coloration et le maximum de lumière c'est d'éviter les mélanges et d'employer chaque colorant dans son plus grand état de pureté.

§ 118. Extinction réciproque des rayons colorés émis par deux sources de lumière superposées. — Entre le fait cité par Dove et celui signalé par M. Claude, il y a cette différence que, dans le premier cas, le milieu absorbant a reçu sa lumière du dehors, tandis que, dans le second, les milieux absorbants sont eux-mêmes lumineux. Ils sont à la fois matière colorante et source de lumière ; c'est pour ce motif que la dénomination de « Matières colorantes lumineuses » leur convient.

Nous avons déjà fait observer que les mêmes cas d'extinction réciproque peuvent s'observer avec les feux de Bengale. Le mélange de deux feux de couleur différente donne des résultats désastreux au point de vue de l'éclairage.

La vapeur jaune du sodium éteint les radiations vertes et les rayons bleus, qui sont, par leur nature même, notablement moins intenses que le jaune éclatant du sodium.

Ici aussi la flamme colorée de l'une des substances est un écran opaque pour la lumière de l'autre. Et le résultat ne sera pas la somme, mais la différence des radiations émises par chacun.

Le jaune du sodium prive les autres feux de Bengale de presque tout leur pouvoir éclairant.

Aussi ne saurait-on prendre trop de précautions pour éviter la présence même de petites quantités de sel de sodium dans les matières premières du feu de Bengale.

Et la conclusion finale est celle-ci : Pour avoir le maximum d'intensité d'éclairage, mélanger les lumières colorées, car leurs effets s'ajoutent, et éviter le mélange des matières, car leurs effets se retranchent, et l'on constate le résultat contraire de celui qu'on avait attendu.

En se conformant à ce principe, M. Claude a obtenu d'excellents résultats.

Il a placé côte à côte des tubes illuminés au néon et d'autres illuminés au mercure. Émis par ces deux sources, les rayons colorés se mélangent sur les objets éclairés par eux, et leurs lumières s'ajoutent.

Or comme elles contiennent ensemble toutes les radiations visibles, et en proportions convenables, les couleurs des objets les plus divers ressortent avec une grande netteté.

Dans la salle de la Société française de Physique, dont le plafond lumineux avait été installé par M. Claude, lors de la séance de Pâques 1912, se trouvaient exposées des chromolithographies, et entre autres la reproduction en couleurs de divers spectres : toutes les couleurs, même les verts, les bleus et les violets si difficiles à mettre en valeur par les lumières artificielles, ont pris un bel éclat dans la lumière mercure-néon.

DEUXIÈME PARTIE

APPLICATIONS DU MÉLANGE DES MATIÈRES COLORANTES

INTRODUCTION

Les principales applications du mélange des matières colorantes sont celles que l'on fait pour la peinture et pour la teinture.

Elles ont été décrites dans la première partie de cet ouvrage.

La peinture utilise de préférence les colorants insolubles dans l'eau ; la teinture, au contraire, exige qu'ils soient solubles.

Mais, en dehors de ces deux modes généraux d'application, il y a deux autres cas qui font l'objet de cette deuxième partie, ce sont :

1° La photographie des couleurs ;

2° L'harmonie des couleurs.

CHAPITRE XVII

PHOTOGRAPHIE DES COULEURS

§ 119. Photographie des couleurs. — La photographie des couleurs est intéressante par sa nouveauté relative, et par le progrès qu'elle marque dans la reproduction en couleurs de l'image des objets naturels ou de ceux créés par l'art.

Quand on voit l'image de ces objets se dessiner sur l'écran en verre dépoli de la chambre noire de l'appareil à photographier, on est frappé de la pureté et de la transparence des couleurs que présente cette image. Ces couleurs sont la reproduction fidèle, dans un plan, de celles de l'original réparties dans l'espace.

Ce qui fait leur charme, c'est qu'elles n'ont rien de matériel, étant produites par les seuls rayons colorés de la lumière qui a traversé l'appareil optique.

La conscience que nous avons de leur caducité ajoute à ce charme; involontairement, on souhaite de pouvoir les fixer, les conserver, multiplier les images.

Mais ces images disparaissent avec le jeu de lumière qui les produit, et finalement elles ne subsistent plus que dans nos souvenirs.

C'est pour perpétuer ce souvenir que les procédés de photographie des couleurs ont été imaginés.

Ils sont de deux sortes : dans l'une la coloration est produite uniquement par le jeu de la lumière, sans l'intervention d'aucune matière colorante.

Dans les autres la coloration perpétuée par la photographie est due à des matières colorantes déposées sur un écran aux places qui leur sont assignées par l'image immatérielle que nous montre la chambre noire de l'appareil photographique.

Mais les deux procédés ont ceci de commun, que c'est l'action chimique des rayons lumineux, exercée sur un sel d'argent très sensible, qui est utilisée pour dessiner l'image; dans les deux cas celle-ci est fixée par des procédés chimiques, qui mettent hors de cause la portion du sel d'argent non décomposé par la lumière.

§ 120. Procédé de photographie sans concours de matières colorantes. — Par le fait que cette sorte de photographie n'emprunte pas le concours des matières colorantes, son étude détaillée sort du cadre de cet ouvrage.

Nous n'en donnerons qu'une esquisse, suffisante pour faire comprendre le moyen de produire la coloration utilisée dans la circonstance.

Les couleurs obtenues par ce procédé, inventé par M. Lippmann, appartiennent à l'espèce de celles que produisent les lames minces étudiées dans le § 99; ce sont donc des couleurs d'interférence, obtenues avec le concours de la réflexion. La photographie intervient pour créer cette lame mince à l'aide de parcelles d'argent métallique, produites par l'action chimique de la lumière sur un sel du même métal.

La réflexion est obtenue par une nappe de mercure en contact avec la lame d'émulsion sensible qui, elle, est supportée par une lame de verre; celle-ci n'intervient pas dans le procédé, autrement que comme support.

L'interférence des rayons lumineux a lieu entre deux rayons réfléchis, l'un à la surface extérieure de la lame d'émulsion sensible; l'autre réfléchi par la lame de mercure, et qui a traversé de ce fait deux fois cette lame, formée de gélatine imprégnée de bromure d'argent.

Pour comprendre comment cette interférence peut produire une lame mince correspondant à la couleur de l'objet extérieur dont on veut reproduire l'image, il faut examiner ce qui se passe quand on photographie le spectre solaire.

Soit un rayon de lumière rouge; sa longueur d'onde est $0^\mu,7$ ($\mu = 0^{mm},001$). D'après ce qui se passe pour les lames minces, il y a interférence entre deux rayons réfléchis A'DF et ABCDF,

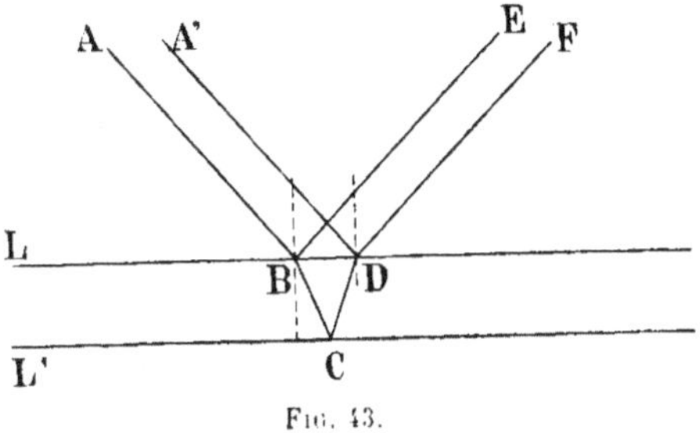

Fig. 43.

si leur différence de marche est d'une demi-longueur d'onde, c'est-à-dire de $0^{mm},35$.

L'extinction de la lumière a lieu là où un ventre du premier rayon tombe sur un nœud du deuxième rayon.

Dans ces endroits l'action chimique de la lumière sera nulle. Elle sera au maximum dans les intervalles. Là, l'argent métallique sera mis en liberté et formera une nappe réfléchissante et transparente de métal, agissant comme lame mince et réfléchissant la lumière rouge.

L'épaisseur de la nappe de gélatine sensible correspond à un grand nombre de fois la longueur d'onde de $0^\mu,7$. Et le rayon sortant produira autant de lames minces de métal, toutes distantes entre elles de $0^\mu,7$.

Pour chacune des couleurs du spectre, les mêmes faits chimiques et physiques se reproduisent, sauf que les lames minces d'argent métallique seront de plus en plus rapprochées, à mesure que diminue la longueur d'onde de la couleur; pour le violet, cette distance ne sera plus que de $0^\mu,4$.

Après que la lumière aura agi, le photographe enlève l'excès de bromure d'argent non modifié par la lumière. De sorte que la nappe de gélatine ne contiendra plus que de l'argent métallique disposé en lames parallèles, plus ou moins écartées entre elles selon la longueur d'onde de la couleur.

Dès lors, elle est transformée en un instrument d'optique, qui agira sur la lumière incidente blanche, comme le feraient les matières colorantes. Elle renverra de la lumière rouge là où l'écart des lames correspond au rouge, etc.

Mais la lumière colorée des objets photographiés n'est pas simple. Le phénomène se complique de la superposition de plusieurs couleurs dans le trajet du même rayon.

La photographie rendra dans tous leurs détails les effets de cette superposition. Et la répétition des interférences, par le fait de l'existence des couches parallèles de métal, assurera l'extinction de toute lumière blanche, et sera l'une des causes de l'extraordinaire beauté des couleurs qui caractérise le procédé de M. Lippmann. On admire aussi la parfaite reproduction des plus fines nuances de ces couleurs; effet qui est dû au fait que chaque rayon coloré incident, au moment de la photographie, produit non seulement la courbe d'interférence correspondant à la couleur dominante, mais aussi celles qui correspondent aux rayons secondaires qui l'accompagnent. Exactement comme les notes secondaires d'un instrument de musique s'ajoutent à la note fondamentale pour en produire le timbre.

Et là se vérifie encore la parole de Tyndall: «Nous ne saurions pas ce qu'est la lumière et la chaleur, si on n'avait pas reconnu que le son est un mouvement vibratoire».

Il y a, en effet, un parallélisme parfait entre les résultats de l'admirable méthode de M. Lippmann et le disque impressionné du phonographe : d'un côté, la lame de gélatine a enregistré les ondes lumineuses colorées, par ses lames minces superposées, de l'autre le disque du phonographe a gardé l'empreinte des vibrations non seulement de la note simple, mais de toutes les notes entendues simultanément dans une symphonie.

§ **121. Méthodes qui exigent le concours des matières colorantes.** — Ces méthodes sont au nombre de deux, qui diffèrent par la manière dont on fait intervenir les matières colorantes.

Dans l'une la coloration des objets est reproduite par la superposition de trois matières colorantes en proportion diverse.

Dans l'autre, les trois colorants sont juxtaposés et le mélange des couleurs se fait sur la rétine. Les deux méthodes ont ceci de commun que c'est la photographie qui reproduit le dessin et règle l'intervention des trois colorants.

La photographie opère par le moyen de substances chimiques que la lumière décompose. C'est encore par des procédés chimiques qu'on enlève la portion de la substance non altérée par la lumière, de sorte qu'il reste un résidu opaque, dont la couche est d'autant plus épaisse, là où la lumière a agi plus vivement ; elle est d'autant plus mince que l'action de la lumière a été plus faible. Il résulte de là que l'image obtenue par une première impression présente des foncés aux endroits où l'original présente ses lumières, et inversement, les clairs de l'image correspondent aux ombres de l'objet photographié. C'est une image dite négative.

Les négatifs jouent leur rôle dans la photographie en couleurs. Car c'est toujours une image noir sur blanc qui va servir à faire les images colorées. Et ce sont les noirs relatifs qui servent d'écrans dont le rôle est de foncer, d'éclaircir ou d'occulter totalement la couleur d'une matière colorante.

La fidélité de la reproduction dépendra beaucoup du choix de ces matières colorantes. Ce choix est aujourd'hui très grand, et les couleurs les plus vives de la nature, telles que celles des fleurs, peuvent être reproduites d'une manière satisfaisante.

Les inventeurs ont suivi deux voies différentes. L'une qui emploie le *mélange des matières colorantes* oblige à employer trois négatifs.

L'autre, qui reproduit l'image colorée par le *mélange des sensations colorées* ne nécessite qu'un seul négatif.

Les deux voies présentent des avantages et des défauts qui vont ressortir de leur description.

§ 122. Historique. — La plus ancienne indication sur la voie à suivre pour photographier les objets colorés, avec leurs couleurs, se trouve dans un mémoire de Maxwell qui a été imprimé en 1855 : *Experiment on Colour, as perceived by the eye* Transactions of the Royal Society of Edinburgh, vol. XXI. p. 275-298, 19 mars 1855).

Maxwell, pour faire comprendre la théorie d'Young, choisit un exemple :

« Supposons, dit-il, que l'on veuille photographier un paysage à l'aide d'une préparation également sensible aux diverses radiations colorées du spectre.

« Plaçons une lame de verre rouge devant l'ouverture de la chambre noire, et prenons une épreuve. Le positif de cette épreuve négative sera transparent partout où la lumière rouge aura été abondante dans le paysage.

« En plaçant ce positif dans une lanterne magique, on peut projeter sur un écran l'image du rouge.

« Répétons cette opération avec un verre vert et avec un verre violet, et superposons les trois images colorées obtenues par les trois lanternes magiques ; nous aurons l'image du paysage avec la couleur qui lui est propre. »

Maxwell n'a pas mis en pratique sa conception, parce qu'à cette époque on manquait précisément de cette préparation également sensible aux diverses radiations colorées du spectre.

§ 123. L'invention de Cros. — Le même obstacle a empêché, en 1869, Charles Cros et Ducos du Hauron de « réaliser ni d'exploiter le procédé dont Cros a exposé les principes dans le journal *les Mondes* par l'abbé Moigno » (2ᵉ série, t. XIX, p. 303).

L'appareil photographique ordinaire, dit-il, enregistre du blanc au noir tous les gris intermédiaires. Une échelle linéaire peut représenter ces valeurs.

Il conçoit trois épreuves différentes, comme Maxwell, chacune donnant les variations d'intensité de l'une des trois couleurs fondamentales, en noir et en gris.

Les trois superposées donneraient l'épreuve ordinaire. On peut ainsi faire « l'analyse d'un tableau ». Il s'agit d'en refaire la « synthèse » pour recomposer ce tableau.

Or chaque image est un négatif.

On en fait un positif, dont l'un représente le rouge, l'autre le jaune, le troisième le bleu. C'est-à-dire que l'exposition est faite à travers un verre rouge... et, etc, que l'on éclaire avec la lumière blanche.

Ceci dit, Cros examine les moyens de superposer les trois images. La superposition doit reconstituer l'image primitive.

L'auteur imagine trois moyens, soit : 1° par réflexion ; 2° par réfraction ; 3° par transparence.

Dix ans plus tard, l'auteur revient sur cette question, dans une note présentée à l'Académie des Sciences, et qui porte le titre :

§ 124. Sur les moyens de reproduire les apparences colorées par trois clichés photographiques spéciaux, par Cros (*Comptes rendus*, t. XXXVIII, p. 119, 20 janvier 1879).

Après avoir décrit un chromomètre destiné à distinguer les couleurs les unes des autres par des données numériques, l'auteur dit :

« Une des applications les plus curieuses du chromomètre est la suivante :

« J'obtiens trois clichés d'après un tableau coloré quelconque, le premier cliché à travers un écran vert, le second à travers un écran violet, le troisième à travers un écran orangé. Ces écrans sont des cuves plates en glaces, contenant des solutions colorées titrées[1]. »

Il remarque en passant que l'inégalité d'actinisme de ces différentes lumières est complètement compensée par diverses substances colorantes organiques, dont il imprègne les plaques sensibles. Les clichés obtenus sont formés d'argent réduit comme les clichés ordinaires. « J'obtiens les positifs noirs sur verre de ces clichés, et je place chacun de ces positifs dans le chromomètre devant l'écran de même couleur que celui qui a servi à tamiser les rayons dans l'obtention du cliché correspondant. Je fais coïncider les trois reflets, et l'apparence résultante est celle du tableau modèle, si on règle convenablement les trois éclairages. »

Par ce procédé l'auteur a obtenu une image coloriée du tableau, qu'on voyait projeté sur un écran.

Pour obtenir la reproduction de l'image sur papier, Cros a réuni sur une même surface blanche les trois positifs en rouge, en jaune et en bleu, et il a obtenu sur cette surface l'image du modèle coloré.

Il a employé dans ce but l'impression successive de trois images lithographiée en taille douce, ou des clichés en gélatine d'après le procédé Poitevin.

Il a pu ainsi montrer à l'Académie quelques spécimens de ces tirages.

§ 125. Doctrine de Cros. — Comment Cros en est-il venu, en partant de trois clichés obtenus avec des écrans vert, violet et orangé, cor-

---

[1] L'auteur s'est aussi servi de verres respectivement colorés en violet, vert, orangé.

respondant à des images virtuelles, à obtenir du positif rouge, jaune et bleu?

Par le raisonnement suivant, sur lequel sont fondés tous les procédés de reproduction par la chromolithographie, des images photographiées à travers des écrans colorés :

La matière colorante *rouge* éteint dans la lumière incidente surtout les rayons *verts :*

Le pigment *jaune* supprime les rayons *violets :*

Le colorant *bleu* éteint surtout l'*orangé*.

De sorte que le positif de l'épreuve obtenue à travers l'écran *vert* correspond au *rouge* de l'objet qu'il s'agit de reproduire.

De même le positif de l'épreuve photographiée à travers l'écran *violet* correspond au *jaune* et celui-ci, fait avec l'*orangé*, correspond au *bleu*.

Et l'image est reproduite non par la superposition des colorants vert, violet et orangé, mais par les matières rouge, jaune et bleu.

§ 126. Compensation de l'inégalité d'actinisme. — L'exécution de l'idée de Cros était rendue difficile, en 1879, par l'absence de moyens d'obtenir une action de la lumière sur les sels d'argent, qui fût également rapide pour les diverses couleurs.

Car la photographie en noir sur blanc a lieu sous l'action chimique des rayons ultra-violets du spectre solaire. Ces rayons étant invisibles, il en résulte que l'image obtenue n'est pas celle que nous voyons, mais celle de ce que voit la plaque sensible du photographe. Et les rayons colorés interviennent fort peu dans la production de l'image photographique. Ils ne peuvent intervenir que par une durée de pose plus longue ; la difficulté qu'en 1855 Maxwell a prévue, a fait dire en 1879 à Cros : « Je remarque en passant que l'inégalité d'actinisme de ces différentes lumières (colorées) est complètement compensée par diverses substances colorantes organiques dont j'imprègne les plaques sensibles. »

Nous ne savons pas quelles sont ces substances dont il s'est servi ; mais ce qui est certain, c'est que la partie active du spectre, du temps de Cros, comprenait le bleu, le violet et l'ultra-violet. Tandis que le rouge, le jaune, le vert du spectre n'intervenaient pas.

La difficulté a été vaincue dans la suite, et dans le sens indiqué par Cros, par l'introduction de matières colorantes organiques, dans le collodion servant à faire l'image négative.

D'abord, c'est Eder à Vienne, qui a découvert la propriété de l'érythrosine de rendre l'émulsion sensible pour le jaune, le jaune-vert jusqu'au bleu.

Puis plus tard, la dicyanine bromée, qui donne la sensibilité jusqu'à l'orangé et le pinacyanol (quinaldine iodométhylée) qui sensibilise pour la partie du spectre qui s'étend du rouge au bleu.

Ce pinacyanol est d'une activité telle que 1 décigramme suffit pour rendre sensible une partie de 50 litres d'émulsion, qui correspondent environ à deux cents plaques de verre de $9^{cm} \times 12^{cm}$.

§ 127. Emploi de trois écrans colorés. — De l'exposé de Cros on peut déduire trois procédés pour la reproduction de l'image d'un objet coloré à l'aide de la photographie. Tous ces trois procédés ont un point de départ qui leur est commun :

Il faut faire, comme l'a indiqué Maxwell en 1855, trois clichés négatifs aux sels d'argent, à travers trois écrans colorés respectivement en orangé, vert, violet. Maxwell a recommandé un rouge de la couleur du vermillon, c'est-à-dire un intermédiaire entre le rouge et l'orangé ; dans la pratique il a fallu l'abandonner.

Alors on peut reproduire l'image en employant ces négatifs dont chacun est éclairé par une lumière colorée correspondante.

On superpose les trois images colorées en les projetant l'une sur l'autre de manière à se recouvrir exactement.

Dans ce but, le négatif est recouvert par l'écran coloré correspondant, et on projette sa couleur, avec la lumière blanche, sur un tableau blanc. La réussite de l'opération dépend du choix des matières colorantes. Cros a employé des dissolutions colorées placées dans des cuves à faces parallèles. Pour le rouge, il a pris les sels de cobalt, pour le jaune, le bichromate de potasse et pour le bleu, le sulfate de cuivre.

Cette première méthode a été développée par Léon Vidal.

Elle ne peut servir que pour la reproduction des images colorées par projection.

§ 128. Transport sur pierre. — Le deuxième procédé consiste à se servir des trois négatifs pour transporter l'image sur pierre lithographique et, par l'intervention de la taille douce, préparer trois clichés qui serviront à imprimer en rouge, en jaune, en bleu les images correspondantes, dont la superposition reproduit l'aspect de l'objet colorié. Ce procédé a été spécialement développé par la société Sadag, à Genève, et l'on trouve dans le commerce de fort belles copies d'aquarelles et de tableaux obtenues de la sorte.

Il exige un transport sur pierre.

§ 129. Emploi de la gélatine, procédé Poitevin. — Dans la troisième manière d'opérer, ce transport sur pierre est évité, et l'on forme le cliché de chacune des couleurs rouge, jaune, bleu sur une feuille de verre recouverte de gélatine d'après le procédé de Poitevin, signalé par Cros.

Ce procédé est basé sur les faits suivants. Quand à une dissolution de gélatine on ajoute du bichromate de potasse, il n'y a pas d'action si on opère dans l'obscurité.

Mais si l'on opère au jour, la lumière agit : le bichromate est réduit en oxyde de chrome, et la gélatine est insolubilisée.

Si l'on fait sécher sur plaque de verre à l'obscurité le mélange de bichromate et de gélatine, cet enduit est facilement enlevé par l'eau.

Mais si la plaque est exposée sous un négatif, les parties frappées par la lumière du circuit deviennent insolubles dans l'eau et imperméables. Les parties non frappées restent solubles dans l'eau et peuvent être enlevées par lavage.

Le mélange de bichromate et de gélatine est si sensible à la lumière que les demi-teintes, les plus fines différences de hauteur de ton du cliché se trouvent reproduites dans la gélatine. Cette propriété a été diversement utilisée pour la reproduction d'images par impression.

§ 130. **Procédé Didier.** — Le procédé qui a été poussé le plus loin pour la reproduction d'images colorées sur papier est celui dû à Didier [1].

Principe du procédé Didier. — La gélatine, qui a été durcie par le procédé Poitevin, à différents degrés par l'action de la lumière exercée au travers d'un négatif, s'imprègne d'eau, d'autant plus abondamment qu'elle a été moins insolée.

Ce sont les parties noires et grises du cliché qui absorbent l'eau. Les parties insolées, c'est-à-dire les blancs du cliché, rendront la gélatine plus ou moins imperméable. Didier les imprègne donc d'une dissolution aqueuse de matière colorante, c'est-à-dire qu'il en imprègne un d'une matière *rouge*. C'est celui fait à travers un écran *vert*.

Celui qui est fait à travers l'écran *violet-bleu* sera imprégné d'une matière *jaune*.

Enfin celui qui est fait avec l'écran *orangé* sera imprégné d'une dissolution *bleue*.

Par l'application des plaques ainsi encrées sur une feuille de papier approprié, on obtient une empreinte monochrome du dessin.

En superposant sur une même feuille les trois empreintes rouge, jaune et bleu, le dessin primitif est reconstitué.

---

[1] Ce procédé a été mis au point par la maison Farbwerke, vorm. Meister-Lucius et Bræning à Hoechst-sur-Main. Cette maison a réuni dans un nécessaire les produits chimiques recommandés pour l'exécution du procédé et a réuni dans une brochure intitulée *Pynatypie*, la description des manipulations.

Tel est le principe.

En pratique, on commence par préparer les trois écrans colorés ; la maison Meister-Lucius et Bruning à Hoechst-sur-le-Main recommande de prendre les matières colorantes suivantes :

Écran violet	Écran vert	Écran orangé
Le violet cristallisé	Un mélange de :	
	3 grammes tartrazine	4 grammes tartrazine
	6 grammes bleu-carmin	3gr,5 rose de bengale

Ces matières colorantes servent à colorer des plaques de verre recouvertes de gélatine. (Pour le détail des manipulations, consulter la brochure *Pinatypie* de la même maison. Ces écrans ou filtres se trouvent du reste dans le nécessaire dont il a été parlé plus haut.)

§ 131. Préparation des clichés.

— A travers chacun de ces écrans on fait une épreuve négative et le temps de pose variera selon la coloration de l'écran, et le sensibilisateur qui auront été employés.

Avec le Pinacyanol, qui rend le collodion également sensible pour toutes les couleurs du spectre, la photographie est instantanée.

Le développement de l'image se fait par les procédés familiers aux photographes.

Ce sont des négatifs.

Ils servent à faire les clichés en gélatine durcie qui seront les positifs.

Ce sont des plaques de verre recouvertes d'une couche de gélatine à 6 0/0 renfermant 2 1 2 0 0 de bichromate d'ammoniaque.

On les expose toutes fraîches à la lumière du jour sous les négatifs.

La gélatine durcit aux endroits non protégés. Ce seront les blancs du cliché, ils ne prendront pas la matière colorante. On éloigne par des lavages la gélatine non durcie et le bichromate non décomposé par la lumière [1], et il reste sur la plaque de verre une couche de gélatine plus ou moins modifiée, durcie et qui servira à l'impression.

En faisant macérer ces plaques dans une dissolution colorante, les parties non impressionnées s'imbiberont de cette dissolution. Ce temps d'imprégnation est de quinze minutes. Rincer. Le cliché est de ce fait encré.

§ 132. Impression de l'image sur papier.

— Pour le transporter sur papier, celui-ci est mis à tremper dans l'eau, pour l'assouplir, puis, toujours dans l'eau, on y applique le cliché encré, et on éloigne les bulles d'air interposées, on retire de l'eau, on place sur une table le

---

[1] Un passage en bisulfite de soude enlève les dernières traces de bichromate.

papier étant en dessus ; on éloigne l'excès d'eau avec la main, et on recouvre le papier d'une feuille de taffetas ciré, et on passe par-dessus une raclette en caoutchouc, pour obtenir le contact parfait du cliché et du papier. On maintient ce contact pendant dix minutes.

On retire le papier et on y imprime la deuxième couleur ; pour obtenir le cadrage parfait, il est recommandé d'opérer sous l'eau, ce qui permet le déplacement aisé du papier sans le frotter contre le cliché.

Les opérations se succèdent alors comme pour la première empreinte.

On commence par le bleu, puis le jaune, et en dernier lieu on imprime le rouge ; on peut aussi adopter l'ordre rouge, bleu, jaune.

Les clichés se conservent très bien et peuvent servir indéfiniment.

On peut avec les trois clichés tirer un grand nombre d'épreuves.

Les matières colorantes recommandées sont : pour le bleu : l'induline sulfonée ;

Le rouge : le carmin de cochenille ;

Le jaune : la primuline.

Le résultat définitif dépend :

1° Du choix des colorants pour les écrans ;

2° Du temps de pose pour les négatifs et les positifs ;

3° et pour le durcissement des clichés à la gélatine ;

4° Du choix des colorants servant à l'impression ; de leur transparence de leur compatibilité chimique ; de la durée de l'immersion ; des temps de contact entre cliché et papier.

§ 133. Explications théoriques.

— L'exécution du procédé Cros, tel qu'on l'emploie actuellement après plusieurs perfectionnements successifs, exige six matières colorantes, et même davantage, étant donné que certaines couleurs sont elles-mêmes un mélange de deux colorants.

Il en faut en effet trois pour les écrans et trois pour les clichés.

Écrans	Clichés
Vert	Rouge
Orangé	Bleu
Violet	Jaune

On remarquera que les trois premières sont sensiblement les couleurs fondamentales d'Young, et les trois dernières sont les couleurs primaires des artistes. Les trois premières sont celles que, depuis Darwin, on considère comme complémentaires des trois secondes.

Et les auteurs qui donnent des explications sur leurs procédés raisonnent toujours en s'appuyant sur cette vieille théorie erronée. Cette coïncidence n'est cependant que fortuite.

Elle est un exemple des complications qui résultent de la différence entre le mélange des lumières colorées et du mélange des matières colorantes.

Il ne faut pas oublier que les six matières colorantes, qui sont employées ne représentent pas des couleurs simples. Le spectre d'absorption de toutes ces matières est complexe, et leur couleur n'est que la résultante du mélange des rayons colorés que la matière colorante n'a pas éteints. En remplaçant l'une ou l'autre de ces matières par un colorant de même couleur l'effet final sera différent. Et c'est là une première et grande difficulté qu'ont eu à vaincre les expérimentateurs. Pour la mise au point du procédé Didier, il a fallu essayer méthodiquement environ sept cents matières colorantes différentes.

Et l'on voit, parmi celles qui ont été définitivement adoptées, des matières colorantes naturelles depuis longtemps connues, telles que la cochenille, et des matières artificielles, telles que la tartrazine et l'induline, de création assez récente.

Si ces matières colorantes correspondaient à des radiations simples, l'imitation des objets naturels eût été bien plus difficile encore. Il eût été impossible d'obtenir du vert.

Pourquoi n'a-t-on pas pu prendre pour les écrans, les rouges, les jaunes et les bleus, qui doivent reproduire l'image colorée par une impression sur papier?

C'est parce que la couleur des écrans intervient par l'action des *rayons lumineux colorés*, agissant sur les plaques sensibles.

On opère avec des *lumières colorées* et avec leur mélange.

Or si, d'une part, le mélange des lumières rouges et des lumières jaunes peut servir à la production de l'orangé, le mélange du même jaune avec la lumière bleue *ne produit qu'un vert* lavé de beaucoup de blanc. C'est pour cela qu'il a fallu s'adresser à une autre source de vert en mélangeant des *matières* jaunes et bleues et en formant le vert sur l'écran même.

Alors l'une des trois couleurs de l'arrangement rouge-jaune-bleu ayant été changée, il a fallu aussi changer les deux autres, dont l'une puisse produire, avec le vert, un jaune suffisant, et l'autre, avec le même vert, un bleu acceptable. De sorte qu'on a été amené par l'expérience à choisir ces deux couleurs plus à la droite du rouge et du bleu, ainsi que le montre le tableau suivant :

	Matières		
Couleur des clichés.....	Rouge	Jaune	Bleu
	↓	↓	↓
Couleur des écrans.....	Orangé	Vert	Violet-bleu
	Lumières		

Et voici comment, en partant des trois couleurs primaires des peintres et des teinturiers, on a été amené à y substituer les couleurs correspondant aux trois sensations fondamentales d'Young, précisées successivement par Maxwell et par Rosenstiehl.

Pour les écrans qui sont destinés à colorier les lumières qui servent à photographier, on prend les couleurs correspondant aux sensations fondamentales; et pour la reproduction de l'image par voie d'impression ou de superposition de colorants, on revient aux couleurs primaires des artistes. Aucun exemple ne démontre plus nettement la différence qui existe entre le mélange des lumières ou des sensations, et celui des matières colorantes.

PHOTOGRAPHIE DES COULEURS PAR L'EMPLOI D'UN SEUL NÉGATIF

§ 131. **Les trois couleurs correspondant aux sensations fondamentales.** — Ce sont ces mêmes lumières colorées, l'*orangé*, le *vert*, le *violet-bleu*, qui serviront à reproduire les images colorées, dans les procédés fondés sur l'emploi d'un seul négatif.

Ces trois lumières, correspondant aux sensations de même couleur, sont capables de reproduire par leur mélange deux à deux toutes les lumières colorées que l'œil peut percevoir : le mélange d'orangé et de vert produisant le jaune ; celui de vert et de violet-bleu, les différentes nuances du bleu ; et celles de l'orangé et du violet-bleu, le rouge dans ses diverses nuances.

Dans cette conception, le photographe s'est donné la mission de réaliser une pellicule sensible construite à l'image de notre rétine : c'est-à-dire présentant côte à côte et sans intervalle des éléments impressionnables par l'orangé, le vert, le violet-bleu, et de surface assez petite pour que l'œil ne puisse plus les distinguer. Les impressions colorées juxtaposées se confondent, et nous n'en percevons plus que la résultante.

La vue simultanée des petites surfaces colorées en orangé, vert et violet-bleu produira la sensation du blanc ; et la coloration résultera de l'occultation totale ou partielle d'une ou de deux des trois couleurs élémentaires.

En un mot, cette solution du problème utilise les propriétés du mélange des sensations telles qu'elles résultent de la théorie d'Young.

La sensation du blanc étant obtenue dans ce cas par *trois* surfaces colorées juxtaposées, aura, en conséquence, une intensité qui ne peut être au maximum que le *tiers* de celle de la lumière incidente.

D'autre part, les éléments colorés juxtaposés étant obtenus par des matières colorantes, qui chacune éteint pour son compte une forte partie de la lumière incidente, il en résulte une nouvelle cause de perte de lumière.

De sorte que ce blanc, résultant du mélange des trois sensations perçues simultanément, sera très affaibli, ce sera un gris passablement foncé.

Dans la pratique, la perte peut être compensée par un éclairage plus puissant.

§ 135. Causes de la perte de lumière. — On peut, à l'aide des disques tournants, se rendre aisément compte du processus qui produit la sensation du blanc, et celle des diverses colorations réalisables.

On composera un disque dont la surface est couverte de trois secteurs colorés, l'un orangé, l'autre vert, le dernier bleu-violet. Les angles des secteurs sont tels que la rotation rapide du disque produise la sensation du gris normal.

A l'aide de secteurs de velours noir, on occulte successivement chacun des trois secteurs colorés, et on met en rotation rapide.

Si c'est l'orangé qui est occulté, le reste formera la complémentaire de l'orangé : on obtiendra du vert-bleu.

Si c'est le violet-bleu qui est masqué il ne restera de visibles que les secteurs orangé et vert. Le résultat sera un jaune. De même, en masquant le vert, l'aspect du disque en rotation sera rouge.

Mais toutes ces couleurs n'auront que le tiers de l'intensité de coloration qu'elles auraient, si elles étaient obtenues avec des matières colorantes.

Les causes des pertes sont les mêmes que celles signalées pour le blanc.

L'écran noir, qui a servi à occulter sur le disque l'un ou l'autre des secteurs colorés, est remplacé dans la photographie par les grains d'argent métallique emprisonnés dans l'émulsion de la plaque sensible qui recouvre le réseau trichrome.

La photographie sera une épreuve blanc et noir, sans aucune coloration. Cette épreuve, opaque aux endroits noirs, transparente aux blancs et aux gris, occultera les unes, ne masquera pas les autres, et laissera voir l'image colorée par transparence.

Les choses se passent comme sur notre rétine, avec cette différence, que ces impressions sont de courte durée, tandis que dans la photographie elles sont permanentes.

Les différents procédés qui sont basés sur ces principes diffèrent par la manière de réaliser le réseau coloré.

La grosse difficulté, qui a retardé la réalisation technique, est due à la nécessité de produire :

1° Des surfaces assez petites pour ne pouvoir être distinguées à l'œil nu ;

2° Des surfaces franchement colorées de manière à perdre le minimum de lumière ;

3° D'obtenir un réseau qui donne à chaque surface colorée l'étendue inversement proportionnelle aux intensités de coloration nécessaires à la production des blancs ;

4° A avoir une continuité parfaite du réseau sans blancs interposés.

§ 136. Le procédé Lumière. — Ducos du Hauron, en 1869, a énoncé le principe d'un procédé permettant d'obtenir sur une plaque unique la reproduction des couleurs (*Dictionnaire de Wurtz*, 2ᵉ supplément, t. III, p. 928).

A l'heure actuelle, il y a deux procédés en présence :

1° Le procédé Lumière ;

2° Le procédé Joly.

Le procédé Lumière consiste à saupoudrer une plaque de verre avec un mélange de trois poudres colorées, prises en proportion telle que ce mélange paraisse incolore.

Les parties colorées étant transparentes, l'épreuve photographique a été obtenue à travers cet écran. Elle montrera par transparence l'image coloriée de l'objet photographié.

Ce procédé emploie des grains d'amidon colorés en trois couleurs, que l'on fixe sur une plaque de verre à surface rendue poisseuse, pour assurer l'adhérence. Il ne faut pas que deux grains viennent à se recouvrir. Comme les grains d'amidon sont sphériques, ils laissent entre eux des intervalles par où passe la lumière blanche.

§ 137. Suppression des intervalles blancs. — La difficulté de supprimer ces blancs a retardé d'un an la mise en pratique du procédé. D'abord on a essayé de boucher les intervalles avec du noir de fumée ; puis, en dernier lieu, la difficulté a été vaincue en écrasant, avec des presses spéciales, les grains de manière à les aplatir et à les forcer à se mouler les uns dans les autres. La surface qui, primitivement, représentait des ronds juxtaposés, avec leurs intervalles, prend ainsi la forme d'un dallage hexagonal, qui n'admet plus de blancs. Néanmoins, paraît-il, la souplesse des grains n'est pas suffisante, et il reste des lacunes qu'il faut boucher avec du noir de fumée.

La dimension des grains colorés a été considérablement réduite ; au début, on mettait trois mille grains au millimètre carré, on en met jusqu'à neuf mille, maintenant.

§ **138. La plaque panchromatique.** — La plaque ainsi recouverte paraît blanche par transparence ; pour la protéger, on la recouvre d'un vernis résistant aux agents chimiques qu'emploie la photographie ; et c'est sur le vernis que l'on coule la nappe de collodion (panchromatique) sensibilisé pour toutes les couleurs.

La photographie peut se faire maintenant avec un appareil ordinaire, dont l'objectif sera muni d'un écran jaune, de composition spéciale, pour compenser l'excès de sensibilité des plaques pour le bleu et le violet. On n'en prend qu'une épreuve ; car la plaque porte avec elle les écrans multiples colorés ; on a ainsi un négatif, *que l'on ne développe pas*, mais que l'on transforme séance tenante en positif en plongeant la plaque dans un mélange de permanganate de potassium, d'eau et d'acide sulfurique. L'argent réduit par la lumière est dissous de la sorte, et il reste le bromure d'argent non réduit, qui, par développement, donne ainsi l'image positive. La photographie en couleurs se trouve terminée en deux opérations fort simples et qui sont familières même aux amateurs. La maison Lumière vend ces plaques sensibles. Elle a réuni dans une boîte les produits nécessaires à l'exécution, et dans une brochure la description des manipulations.

§ **139. Procédé Joly.** — Le procédé Joly a été mis au point par M. Raymond de Bercegol et étudié par la Société Jougla, de Paris. Le réseau trichrome se compose de raies colorées qui se croisent de manière à ne laisser aucun intervalle non coloré, et à donner aux trois couleurs une égale surface.

La grande difficulté d'obtenir des surfaces assez fines pour n'être pas vues à l'œil nu a retardé la mise dans le commerce des plaques, qui n'a pu être réalisée qu'en 1909, tandis que le procédé Lumière est en exploitation depuis 1906.

§ **140. Procédé Jougla.** — *Le réseau omnicolore.* — Il diffère du procédé Lumière par la manière dont est obtenu le réseau tramé de ses plaques qui sont désignées par le terme « omnicolores ». Quand Joly a fait son premier réseau, il n'a pu réaliser que six lignes par millimètre. Tripp a pu en obtenir quarante, et la Société Jougla a livré, en 1909, des plaques dont chaque millimètre carré renferme 288 éléments colorés. Aujourd'hui (novembre 1911) leur nombre s'élève à 440 (Procédé Lumière 9.000).

Il s'est passé quarante ans depuis le moment où Cros et Ducos du Hauron ont publié le principe sur lequel reposent tous les procédés de photographie indirecte des couleurs connus jusqu'à aujourd'hui, et le procédé exploité par la Société Jougla, dans sa forme actuelle, est dû à la collaboration de M. Raymond de Bercegol et de son oncle Ducos du Hauron. Le réseau est formé par de petits carrés disposés de façon que sur trois carrés juxtaposés il y en ait un d'orangé, un de vert et un de violet-bleu.

Pour éviter qu'il ne reste des blancs entre les carrés colorés, on a été amené à employer non pas trois matières colorantes, mais quatre. On emploie un violet, un bleu, un jaune et un rose, et on se sert alternativement d'encres grasses imprimées par la gravure en creux, et de solutions aqueuses appliquées par teinture. La première opération consiste à imprimer une rayure violette. Les rayures sont parallèles et écartées de telle façon que les intervalles soient doubles de la largeur des rayures. Cette rayure est imprimée à l'encre grasse, sur une pellicule transparente.

On teint le tout en jaune. Ce qui colore totalement les intervalles. On imprime alors en travers une rayure bleu clair, à l'encre grasse. Elle prend sur le fond jaune et produit ainsi le vert par superposition. Elle modifie le violet, et en fait un violet-bleu.

Il faut encore obtenir l'orangé. Dans ce but on trempe la pellicule dans une dissolution de matière colorante rose. La superposition du rose et du jaune produit l'orangé. Le rose ne prend pas sur les encres grasses.

On a donc un réseau formé de carrés orangé, vert et violet-bleu.

La nécessité de prendre quatre matières colorantes et de faire les couleurs qui colorent les carrés, avec un mélange de chaque fois deux colorants est une cause de perte de couleur qui s'ajoute aux deux autres causes précédemment signalées.

§ 141. Difficulté à vaincre. — En théorie les trois carrés se touchent sans intervalles. Mais en pratique il n'en a pas été ainsi, du moins au début.

L'emploi d'encres grasses est cause de la formation d'auréoles dans cette partie de la pellicule où le corps gras de l'encre a pénétré par capillarité. Dans ces parties, la teinture en jaune, et plus tard celle en rose, ne prend pas. Car en ces endroits le bain de teinture ne mouille pas la matière de la pellicule. Il y a donc, le long des rayures à l'encre grasse, une partie qui reste incolore et dont la présence nuit beaucoup à la pureté des couleurs.

Cette partie est nécessairement très fine, puisque dans le millimètre il y a vingt à vingt-deux rayures.

Le meilleur moyen d'éviter ces auréoles, c'est de ne pas leur laisser le temps de se produire, ce à quoi l'on arrive, en séchant l'huile rapidement, par une exposition des pellicules dans une atmosphère d'ozone : les huiles sont oxydées et ainsi solidifiées. Dans ce milieu l'huile est sèche en quinze minutes, tandis qu'auparavant il fallait quarante-huit heures pour arriver à ce résultat [1].

§ 142. Évaluation de la perte de lumière inhérente aux procédés à un seul négatif.

— Pour l'évaluer, nous avons eu recours aux disques tournants qui permettent d'obtenir des chiffres.

On a teint de l'amidon en orangé, en vert et en bleu-violet, en choisissant les colorants les plus vifs applicables à ce cas.

Enfin on a mélangé les trois poudres colorées en proportion telle que l'on a obtenu une poudre grise parfaitement incolore.

Puis on a copié avec des matières couvrantes le gris, et on en a peint un disque de papier fort. À l'aide des disques tournants, on a cherché le secteur blanc reproduisant exactement ce gris, en opérant comme il est dit § 20.

L'angle du secteur blanc a été trouvé égal à 40° sur 360°, ce qui est un neuvième seulement de la proportion de lumière incidente que le sulfate de baryte renvoie à notre œil. Ce gris constitue le blanc dans les photographies. Or, d'après la théorie d'Young, le maximum que l'on pourrait obtenir est un secteur blanc de 120°.

Et comme en pratique on n'obtient qu'un secteur de 40°, c'est-à-dire le tiers de la théorie, il y a perte des 2/3 de la lumière que renverrait à notre œil une surface blanche peinte au sulfate de baryte. Ce qui manque est la portion éteinte par les matières colorantes. Cette imperfection tient au système lui-même qui répartit la sensation du blanc sur trois surfaces et aussi à la propriété de la matière colorante de ne produire la couleur, qu'à la condition de détruire une grande partie de la lumière incidente.

Les chiffres que je viens de citer ne s'appliquent qu'au mélange de poudres colorées dont je me suis servi. Ceux dont se sert la maison Lumière peuvent être différents. Car nous ne connaissons pas les colorants dont elle se sert. Mais quand on réfléchit que nous avons pris les colorants les plus vifs, sans nous préoccuper des autres qualités exigées, telles que la solidité de la lumière, et que ces colorants sont connus, dans le commerce, et à notre disposition, on peut considérer ce chiffre comme peu éloigné de la vérité et plutôt un maximum. On peut déduire de là l'importance que prend le choix des colorants à ce point de vue.

[1] Communication verbale de M. Jougla.

§ 143. Les améliorations possibles. — Il est indiqué de prendre les colorants qui éteignent le moins de rayons incidents. Et à ce point de vue, on ne saurait assez regretter qu'on ait été forcé par les circonstances à faire l'orangé par une superposition de rouge et de jaune, et le vert par le concours du jaune et du bleu.

Ces mélanges donnent forcément moins de lumière colorée que les colorants orangés et les colorants verts de toute pièce.

Nous avons en effet démontré que le maximum de rendement est donné par la matière colorante formée par une seule substance chimique pure. Dès qu'il y a mélange de deux colorants, la résultante est notablement moins colorée que ne le serait la moyenne.

Il est à souhaiter que peu à peu on arrive à employer des colorants purs, à la place des mélanges actuellement en usage.

C'est dans cette voie que l'on peut prévoir un progrès possible. Car entre un blanc de 40° actuellement atteint dans les meilleures conditions et un blanc de 120° théoriquement possible, il y a de la marge.

Déjà dans nos expériences sur les matières colorantes les plus brillantes sur laine, nous avons obtenu, avec les représentants des trois sensations fondamentales d'Young, un blanc de 30°. Ce qui est une amélioration de 1/4 (Voir § 82, p. 119).

§ 144. Comparaison des deux procédés. — Si on compare les deux systèmes, on reconnaît à chacun des avantages et des défauts.

Le procédé à trois négatifs est plus long et de ce fait présente plus de chances de réussite imparfaite. Mais il permet de faire avec les trois clichés un nombre indéterminé d'épreuves; et le fait que la couleur des trois clichés se trouve accumulée dans une seule épreuve finale, la perte de lumière n'est pas plus forte que pour une aquarelle ou une chromolithographie, de sorte que les épreuves peuvent être vues par réflexion et à l'éclairage ordinaire.

Tandis que les procédés à un négatif permettent une exécution plus rapide, exigent moins de manipulations de la part du photographe et présentent moins de chances de non-réussite.

Mais on ne peut faire qu'un seul exemplaire qui ne peut être vu que par transparence et seulement dans des conditions d'éclairage particulièrement favorables, car les images sont très sombres.

§ 145. Le chronoscope. — Une cause d'ennuis et de pertes pour l'amateur qui se sert des plaques panchromatiques de MM. Lumière ou omnicolores de MM. Jougla fils, provient de l'ignorance du temps de pose, celui-ci dépendant de l'éclairage, facteur très variable selon l'heure du jour ou l'état du ciel. Or pour obtenir des épreuves nettes et lumineuses, on est entre deux écueils : pose trop courte ou pose trop longue et, si l'on veut atteindre la perfection, on ne dispose pas d'une grande latitude. Pour donner à l'amateur des indications pratiques [1], M. Boucher a imaginé un petit appareil très simple appelé « chronoscope » (*fig.* 44). Cet appareil se compose d'une petite chambre noire cylindrique limitée d'un côté par une lentille à court foyer servant d'objectif et du côté opposé, par une plaque peu sensible qui est encadrée de six tons de gris sur émail, plus ou moins foncés, servant de types de comparaison.

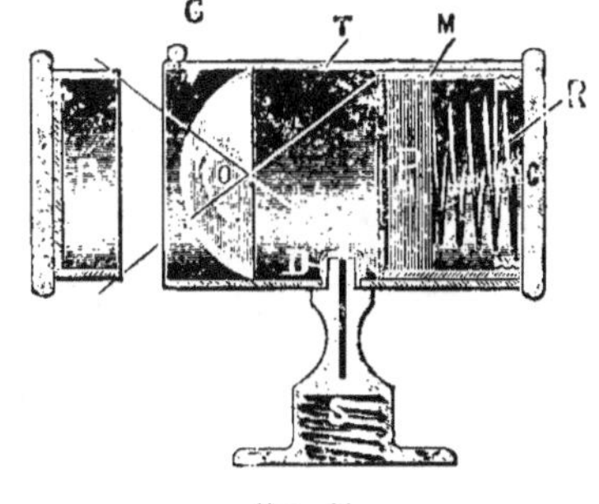

Fig. 44.

Le chronoscope se place près de l'appareil photographique lui-même. On vise le sujet au moyen d'un guidon, et on enlève le bouchon B de l'objectif pendant un temps qui varie de une à huit minutes, selon l'état du ciel.

Ce temps est indiqué par une table qui accompagne l'instrument.

Après avoir posé le temps choisi, on replace le bouchon, et on retire la plaque impressionnée P, qu'on évite d'exposer à une trop vive lumière pendant qu'on l'examine. On regarde auquel des six tons de gris correspond la photographie qui vient d'être faite. Dès lors, on possède deux données expérimentales : 1° le nombre de minutes durant lequel on a posé ; 2° le numéro du ton de gris obtenu.

Une troisième donnée est nécessaire, c'est la désignation du diaphragme de l'appareil photographique.

A l'aide de ces trois chiffres, on trouve sur un barème qui accompagne l'instrument le temps de pose convenant à l'éclairage et au diaphragme donnés.

Ce temps varie de $\frac{1}{20^e}$ à cinquante-quatre minutes.

En observant ces indications, les chances de non-réussite sont réduites à un minimum.

CHAPITRE XVIII

CONDITIONS D'HARMONIE DES COULEURS

§ **146. Les deux courants.** — Les conditions d'harmonie des couleurs ont été l'objet de discussions et de publications nombreuses. Et dans la littérature très abondante sur ce sujet, dès le début du xviiie siècle, deux courants se manifestent. Les uns cherchent des règles dans l'analogie avec la musique : les mots de gamme, tons, nuances, usités pour les couleurs, trouvent là leur origine ; les autres cherchent dans l'étude des propriétés physiologiques de l'œil les conditions de l'harmonie.

De quel côté est la vérité ?

Un examen rapide des deux systèmes en présence peut nous renseigner à ce sujet.

§ **147. Système fondé sur les analogies avec la musique.** — Les conditions de l'harmonie des sons sont nettement connues.

Elles résident dans la mesure, le rythme et les rapports simples numériques entre les vitesses de vibration de l'air qui caractérisent les diverses notes. Le rapport de 1 à 2, du simple au double, correspond à l'octave.

Il y a ensuite les rapports de tierce et de quinte, qui forment dans l'octave l'accord dit « parfait ».

Pour que ces règles soient applicables au coloris, il faut trouver dans la série des couleurs que l'œil peut percevoir, celles qui correspondent aux intervalles musicaux.

Et c'est là que la difficulté commence. Rappelons à cette occasion le mot de Tyndall (§ 107) pp. 162-163. « Nous ne saurions pas ce qu'est la lumière et la chaleur, si auparavant, on n'avait reconnu que le son est un mouvement vibratoire. » D'après une hypothèse célèbre et généralement admise, la lumière est produite par les vibrations d'un milieu impondérable, appelé *éther*. Et si on assimile ces vibrations dont la longueur d'onde est connue pour chaque couleur, à celles de l'air qui produisent le son, nous avons un moyen de comparer les intervalles des couleurs aux intervalles musicaux.

Par malheur les vitesses de vibration de l'éther, correspondant aux couleurs, permettent à peine de trouver dans le spectre solaire une octave.

La partie visible de ce dernier s'étend du rouge au violet en passant par le jaune, le vert, le bleu.

Or les longueurs d'onde (qui sont l'inverse des vitesses de vibration correspondent pour le rouge à $0^{mm},0007$ et pour le violet à $0^{mm},0004$ (en nombre ronds) ; le rapport du simple au double serait, par comparaison avec l'acoustique, moins qu'une octave ; qui devrait être le plus parfait des accords. Or personne, je pense, ne trouvera que la vue simultanée du rouge et du violet, en contact immédiat, forme un arrangement particulièrement agréable.

§ **148. Disque chromharmonique.** — De même que Newton a intercalé entre le bleu et le violet, arbitrairement l'indigo, pour avoir une septième couleur, de même Unger [1], pour avoir les douze demi-tons de la gamme chromatique, intercale entre le violet et le rouge, une couleur qui n'existe pas dans le spectre, le pourpre. Il est à remarquer qu'aucune vitesse de vibration ne peut être assignée à cette couleur et cependant c'est la vitesse de vibration qui est la base du système.

En 1855, Chevreul a présenté à l'Académie des Sciences une note de M. Unger, sur un disque chromharmonique, représentant les douze couleurs suivantes : rouge-brun, rouge-cramoisi, rouge-cerise, orangé (bas), orangé (haut), jaune, vert (bas), vert (haut), bleu-azur (bas), bleu-indigo (haut), violet (bas), violet-pourpre (haut) qui représentent les douze sons musicaux de la gamme chromatique, quant à la vitesse de la vibration de la lumière. C'est pourquoi on peut en composer des harmonies ou accords, selon la théorie des sons. On peut faire des harmonies bicolores, tri et quadricolores, etc.

Chevreul, en présentant cette note, ne se déclare pas partisan de la méthode d'Unger ; car elle n'est pas fondée sur l'expérience, mais est établie *a priori*. Il n'admet pas non plus la parfaite analogie entre la musique et la couleur ; il signale les différences qu'avec raison il croit exister entre la perception des sons et celle des couleurs. Dans la première il n'y a rien qui rappelle le contraste simultané ; tandis que dans les jugements de l'œil, c'est la forme et la couleur qui interviennent à la fois.

---

[1] CHEVREUL, *Sur le disque chromharmonique d'Unger* (*Comptes rendus*. t. XL. p. 239, 1855).

Helmholtz ([1]) considère les analogies sur lesquelles se base Unger comme forcées ; néanmoins, les idées d'Unger comptent encore des partisans.

§ 149. Gamme chromatique de Seemann. — Seemann précise dans une figure la gamme chromatique, sans mentionner le précédent d'Unger ([2]).

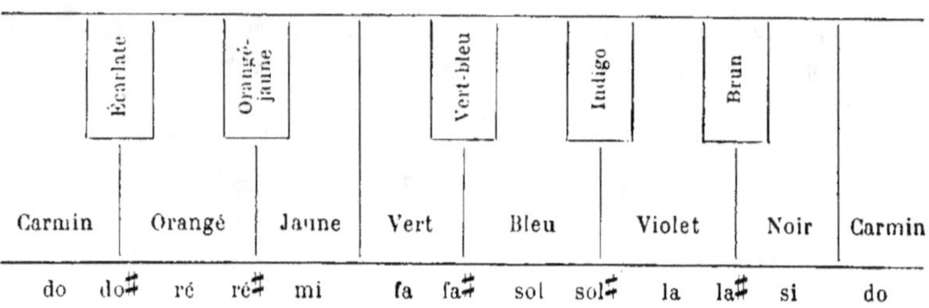

On remarquera que, pour arriver à ses douze demi-tons, Seemann a dû attribuer une vitesse de vibration au brun et au noir; le brun qui est un orangé rabattu (!) et le noir qui est l'absence de toute couleur, de toute sensation lumineuse.

Pour parfaire l'octave, il a fallu nommer une deuxième fois le carmin, en passant sous silence ce fait capital, que, pour qu'il y eût analogie parfaite avec ce qui se passe en acoustique, il faudrait que ce carmin ut 2 correspondît à un nombre double de vibrations de carmin ut 1, ce qui est physiquement inconcevable.

On ne saurait imaginer un système plus artificiel, plus contraire aux faits.

Et, malgré cette absence de base expérimentale, on voit apparaître en librairie des atlas renfermant des collections d'échantillons colorés, classés par tierces, quintes et octaves, et qui sont destinés à faciliter aux coloristes l'application des règles d'Unger.

Il suffit de regarder les gammes de ces collections pour constater qu'il s'agit de gammes empiriques; de même les couleurs désignées comme complémentaires sont toujours celles de la vieille école : l'orangé complémentaire du bleu et le jaune complémentaire du violet.

Les auteurs de ces ouvrages me paraissent n'avoir aucune notion des progrès issus de la théorie d'Young (voir *Farben-Harmonie*, Atlas publié par Oscar Spangenberg (édité par l'auteur 1910)].

De parti pris ils ignorent les faits qui contredisent leur théorie.

([1]) HELMHOLTZ. *Optique physiologique*, édition française. p. 356.
([2]) SEEMANN, *Harmonie der Farben*, p. 4. Leipzig B.F. Vogt 1909. 1 vol. in-8°.

§ 150. Comparaison des propriétés de l'oreille avec celles de l'organe de la vue. — Il suffit de comparer l'ensemble des couleurs franches avec l'ensemble des notes musicales, pour constater l'absence d'analogies.

L'ensemble des sons perceptibles commence avec seize vibrations de l'air à la seconde et s'étend vers soixante-treize mille pour les sons les plus aigus. Cette étendue renferme plusieurs octaves, tandis que l'ensemble des couleurs perceptibles n'en occupe même pas *une*.

L'ensemble des sons forme une ligne droite continue, dont les deux extrémités diffèrent au maximum ; tandis que l'ensemble des couleurs perceptibles forme une figure fermée sur elle-même, qui peut s'inscrire dans un cercle, sans aucun saut brusque.

Enfin l'ensemble des couleurs, par son mélange, produit une sensation unique, celle du blanc, dans lequel l'œil ne distingue aucun des composants, tandis qu'un ensemble de notes entendues simultanément produit ou une harmonie ou une cacophonie, dans laquelle l'oreille exercée distingue chaque note ; et le chef d'orchestre retrouve dans l'exécution d'un morceau d'ensemble chaque fausse note, quelque rapide que soit cette exécution.

§ 151. Vitesse de succession des notes. — La comparaison des chiffres peut nous fixer sur ce point : la durée des impressions sur l'œil est de $\frac{1}{10^e}$ de seconde. Les impressions qui se succèdent à moins de $\frac{1}{10^e}$ de seconde sont continues, à la condition que l'éclairage soit lui-même continu.

En est-il de même pour l'oreille ?

On peut en douter ; car, dans la musique écrite, le triple croche représente $1/20^e$ de seconde, et l'oreille la distingue très bien ; il n'y a nullement continuité.

Cette rapidité correspond à 1 200 temps à la minute : et le violoniste exécute ces notes, et l'oreille les distingue sans les confondre en un son continu [1] !

Il n'y a, parmi les perceptions de l'oreille, rien qui puisse se comparer à la sensation du blanc, faculté absolument caractéristique de l'organe de la vue.

Le bruit, mélange confus de tous les sons, peut-il être considéré

---

[1] Ces chiffres sont déduits de la musique composée par Pesca, compositeur italien du XVIIIe siècle. On ne peut plus de nos jours traduire en minutes et en secondes la durée des notes : les compositeurs modernes n'indiquent plus la relation qui existe entre la minute et leur unité de temps (Communication verbale du général Chapel).

comme l'équivalent du blanc? L'analogie dans tous les cas serait lointaine.

On se rappelle que la couleur résulte de l'interception de certains rayons colorés contenus dans la lumière blanche. Celle-ci est la source de toute coloration dans la nature et dans les arts.

Mais aucun écran, ne saurait transformer le bruit en notes musicales, et nous ne connaissons aucun moyen de séparer de ce mélange de sons, une note déterminée.

Deux couleurs simples peuvent produire par leur mélange le blanc lui-même. tandis qu'aucune association de deux notes ne saurait reproduire le bruit, tel que nous l'avons défini plus haut.

La notion de notes complémentaires nous est encore inconnue. D'autre part les harmonies entre sensations musicales sont de deux sortes : les notes entendues successivement. qui combinées avec rythme et mesure, produisent la mélodie, et les notes entendues simultanément, qui produisent la symphonie.

§ 152. La symphonie des couleurs. — Pour l'organe de la vue, nous ne remarquons rien de semblable.

Dans une combinaison chromatique, qu'elle soit formée par un tableau ou par un spectacle naturel, les couleurs se présentent à nous simultanément. et c'est la grande mobilité de l'œil qui nous permet d'embrasser d'un seul regard tout un panorama.

Les couleurs sont juxtaposées, et le temps n'y joue aucun rôle. L'espace seul entre en cause.

§ 153. Système fondé sur les propriétés physiologiques de l'œil. — Le fait fondamental, caractéristique pour l'œil, c'est celui mis en évidence par le chromatoscope du Dr Gillet de Grandmont (¹) §4, p. 6; quand l'œil a fixé une couleur. il devient momentanément aveugle pour elle, et cela d'autant plus longtemps que cette première impression a été plus vive. Il n'est plus alors sensible que pour une couleur entièrement différente, que Buffon a appelée « image accidentelle » (1743)(²) et Waring Darwin(³) « spectre oculaire opposé ». En 1806, Prieur lui a donné le nom de couleur complémentaire, nom qui lui est resté.

---

(1) Gillet de Grandmont, *Sur un procédé expérimental pour la détermination de la sensibilité de la rétine. aux impressions lumineuses colorées* (*Comptes rendus*, t. XCII, p. 1189).

(2) *Mémoire de l'Académie des Sciences de Paris*, année 1743, volume publié en 1746.

(3) *New experiments on the ocular spectra* (*Phil. Transact.*, t. LXXXVI. part. 2, p. 313; 1786.

Plateau, *Bibliographie analytique*, section II. p. 28.

Ce phénomène, soigneusement étudié par Buffon, et dont le Père Scherffer[1] a donné la théorie, a conduit à une règle relative à l'harmonie des couleurs. Celle-ci a été d'abord exprimée par Rumford.

§ 154. La règle de Rumford.

— Les recherches bibliographiques faites par M. Albert Scheurer, avec le concours de M. Jules Garçon sur les publications de Rumford permettent de citer textuellement la traduction des termes dont s'est servi Rumford en 1797, pour résumer les conclusions de ses études sur les ombres colorées[2].

Rumford s'exprime ainsi : « Deux ombres colorées voisines sont en parfaite harmonie, — et alors seulement, — lorsqu'en les mélangeant intimement on obtient du blanc parfait. »

Rumford a tiré immédiatement de ses observations des conclusions pratiques en faisant suivre cette proposition de quelques conseils sur l'arrangement des couleurs, relatif à la toilette des dames.

Rumford a raisonné sur un arrangement de deux couleurs seulement. Mais ces deux couleurs possèdent la propriété d'être complémentaires ; c'est-à-dire que par leur ensemble elles excitent également les trois sensations fondamentales, et produisent la sensation du blanc par leur mélange.

§ 155. Opinion de Gœthe.

— Gœthe a exprimé[3] la même pensée ; mais il a élargi la question. Ce ne sont plus deux couleurs, fussent-elles complémentaires, qui lui paraissent suffisantes. Le spectre solaire lui-même est un document incomplet, selon Gœthe, puisqu'il y manque le pourpre. Il faut, pour satisfaire l'œil, le cercle chromatique tout entier.

(1) Le Père SCHERFFER. *Abhandlung von den Zufaelligen Farben* (Vienne). La traduction française de ce mémoire se trouve dans le *Journal de Physique* de Rozier, année 1785, t. XXVI, p. 175 et 273.

Plateau, qui cite le journal de Rozier, en extrait l'observation suivante due au Père Scherffer : « On peut faire servir les couleurs accidentelles à un amusement de la manière suivante : On représente en peinture un objet quelconque, une tête par exemple, en lui donnant les couleurs complémentaires des naturelles ; ainsi le visage est vert bouteille, le blanc des yeux sera noir, la prunelle blanche, etc. Si alors on regarde fixement pendant un temps suffisant un même point de cette figure et qu'on jette ensuite les yeux sur une surface blanche, on y verra la figure représentée avec ses couleurs naturelles. » (PLATEAU, *Bibliographie analytique*, II° section, p. 13 à 18.)

On voit combien la notion des couleurs complémentaires était vague à cette époque ; le vert bouteille est, en réalité, complémentaire d'un violet passablement bleu ! (Obs. de l'auteur).

(2) RUMFORD, *Journal de Nicholson*, 1797, vol. II, p. 101-106. Voyez aussi : ALBERT SCHEURER, *les Prédécesseurs de Chevreul*. Paris, 1898, p. 50.

(3) GOETHE, 1791, 2. *Beitrage zur Optik* Weimar).

Il est fort intéressant de lire ce que dit à ce sujet l'illustre poëte[1] :
« Si notre œil aperçoit une couleur, aussitôt il est mis en activité ; et conformément à sa nature, il fait apparaître sur-le-champ, inconsciemment et inévitablement, une autre couleur, qui avec la première représente la totalité du cercle chromatique.

« Une couleur isolée excite dans l'œil, par une sensation spécifique, le besoin de voir un ensemble général.

« Pour apercevoir cette totalité, et pour se donner satisfaction, il cherche à côté de toute surface colorée, une autre surface incolore qu'il revêt immédiatement de la couleur exigée. »

(§ 807.) C'est en ceci que réside la loi fondamentale de toute harmonie des couleurs, ce dont chacun peut s'assurer en se mettant au courant des expériences que nous avons décrites dans la division de cet ouvrage consacrée aux couleurs physiologiques.

(§ 808.) Si on présente à l'œil la totalité des couleurs réunies dans une seule image, il en éprouve une sensation agréable, car il trouve dans cet ensemble une représentation complète de sa propre activité. »

(§ 899.) Que l'on se figure un diamètre mobile, pivotant autour du centre d'un cercle chromatique, tel que Gœthe le conçoit, et que l'on fasse tourner ce diamètre dans tout le cercle, ses deux extrémités toucheront les couleurs qui se provoquent réciproquement (die sich fordernden Farben) celles-ci se laissent ramener finalement aux trois propositions suivantes :

<pre>
Le jaune   demande le violet (Rothblau)
Le bleu   —   l'orangé (Rothgelb)
Le pourpre   le vert
</pre>

(§ 814.) La vue du cercle chromatique cause une sensation agréable. Mais l'arc-en-ciel n'est pas un exemple de la totalité des couleurs. Il y manque la couleur par excellence, le rouge pur : le pourpre qui ne peut se produire, car dans ce phénomène (l'arc-en-ciel) pas plus que dans le spectre, l'orangé et le violet n'arrivent à se rejoindre.

(§ 815.) D'une manière générale, il n'y a pas dans la nature un seul phénomène où la totalité des couleurs soit réunie complètement.

« Nous pouvons nous procurer une idée de l'aspect d'un pareil ensemble si nous le représentons avec des pigments sur papier. Avec des dons naturels, de l'expérience et de l'exercice, nous pouvons nous faire ainsi une idée de cette harmonie, dont nous serons finalement pénétrés

---

[1] *Zur Farbenlehre*, von GOETHE. Tübingen, 1810. p. 301. § 805, 806.

PLANCHE VII (p. 200)

Cette planche montre trois couples de couleurs d'égale intensité de coloration et choisies aussi franches que le permettent les matières colorantes.

La reproduction par la chromolithographie leur a fait perdre une partie de leur éclat.

De plus, pour ramener l'orangé (Pl. VI. fig. 1) à avoir même intensité que le bleu complémentaire, il a fallu le rabattre (Pl. VII. fig. 1). Il en est de même dn jaune (n° 6).

N° 1, 3, 5 montrent les trois couleurs primaires telles qu'elles ont été déterminées par l'étude du cercle chromatique de Chevreul. Ces trois couleurs constituent ce que nous avons appelé la « triade primaire ».

Les n° 2, 4, 6 sont les complémentaires respectives. Elles forment ensemble una deuxième triade.

N· 1

2

3

4

5

6

totalement, et en esprit, nous pouvons la voir réalisée dans sa perfection. »

Il résulte de ces textes que l'harmonie des couleurs, pour Gœthe, ne se trouve nulle part réalisée dans la nature. Elle est essentiellement une œuvre humaine, c'est-à-dire le produit de l'art basé sur de sérieuses connaissances scientifiques. En somme, le plus bel exemple d'harmonie des couleurs, selon Gœthe, c'est un cercle chromatique bien exécuté.

La pratique des artistes n'a pas sanctionné la règle de Rumford, et on verra plus loin, à la suite de quelles erreurs d'interprétation de la plupart des savants, les peintres ont été empêchés de prendre au sérieux les conseils de la science.

§ 156. Règles tirées de la théorie d'Young. — Les observations de Rumford et de Gœthe sont d'accord avec les conséquences que nous avons tirées de la théorie d'Young, qui a été émise à la même époque (1802-1807). Mais cette théorie avait passé inaperçue, et n'a été mise en valeur que bien plus tard, par Helmholtz.

Cette théorie nous dit : Le blanc résulte de l'excitation simultanée des trois sensations colorées fondamentales, d'où nous avons tiré le corollaire ([1]) :

« L'harmonie des couleurs résulte de l'excitation égale des trois sensations colorées fondamentales » ; non pas superposées dans l'espace, comme cela a lieu pour les surfaces blanches, mais juxtaposées et voisines, de manière à actionner simultanément la rétine en des endroits différents.

Nous avons dit que la théorie simple et séduisante de Rumford n'a pas trouvé accueil auprès des artistes.

§ 157. Opposition des savants et des artistes. — Et les savants, basant leur opinion sur l'étude des tableaux de maîtres, sont arrivés à nier que cette condition soit utile à observer. Tels sont Brücke, Schreiber, von Bezold. Ils reconnaissent que, si la vue simultanée de couleurs complémentaires, comme on les voit à l'aide d'instruments d'optique, est une sensation agréable, il n'en est plus de même quand il s'agit de couleurs matérielles.

Selon eux, l'association de couleurs complémentaires ne procure aucune satisfaction esthétique, leur emploi doit être nécessairement limité, et Schreiber dit formellement :

Si l'emploi de deux couleurs franches complémentaires devait être

---

([1]) A. ROSENSTIEHL, *Lois de la vision des couleurs* (Soc. ind. Mulhouse, 1882, p. 226).

inévitable, l'art du coloriste consiste à trouver une troisième couleur
pour les séparer !

Voici la traduction du texte visé ici (GUIDO SCHREIBER, *Die Farben und
das Malen*, § 11).

Après avoir esquissé le phénomène du contraste simultané, l'auteur dit :
« Deux couleurs réciproquement complémentaires s'exaltent mutuellement ; mais, en ce qui concerne leur action sur la rétine, elles s'équi-
librent complètement, de telle manière que, quand ces deux couleurs
sont seules à occuper une surface donnée, l'œil éprouve à leur aspect
quelque chose de non satisfaisant.

« Cet inconvénient disparaît par l'addition d'une troisième couleur ; mais
il faut que celle-ci soit également éloignée des deux complémentaires.

« Dans le cas particulier, la difficulté à vaincre par le coloriste est de
choisir cette troisième couleur, chargée de servir de transition, d'intermédiaire. »

Le contexte montre par ailleurs que l'auteur n'a en vue que les couleurs franches, sensiblement à même hauteur de ton.

Et dans le cas particulier il a raison. C'est Chevreul qui le premier a
donné une solution à cette difficulté.

§ 158. Conseil de Chevreul. — Chevreul, à qui l'on doit l'étude du
contraste simultané des couleurs et de ses lois, n'est pas aussi exclusif
que Guido Schreiber. Il ne rejette pas leur emploi, et conseille même,
pour rehausser l'éclat d'une couleur franche, de l'entourer d'un espace
coloré en gris teinté de la complémentaire de cette couleur.

Le conseil de Chevreul est bon, et nous avons eu mainte occasion d'en
faire l'application. Mais Chevreul connaissait si peu les complémentaires ! Dans son cercle chromatique, il a eu soin de placer les couleurs
qu'il croyait complémentaires aux deux extrémités d'un diamètre, afin
qu'il soit aisé de les retrouver pour les besoins de la pratique. Mais ses
complémentaires étaient si éloignées des vraies complémentaires qu'il
est peu étonnant que la pratique n'ait pas réussi à tirer parti du cercle
chromatique de Chevreul, quoique son auteur ait considéré cette disposition comme le principal avantage de son cercle. Si en réalité la vue
simultanée de couleurs complémentaires est agréable, cette proposition
comporte un tempérament, car elle n'est vraie qu'à de certaines conditions (1).

---

(1) La *Bibliographie analytique* de Plateau cite un passage de Léonard de Vinci
(*Trattato della pittura*. Paris, 1651) où. chapitre CLXII, page 44, l'illustre peintre dit :
« Pour faire acquérir à une couleur le plus de perfection possible, il faut la placer dans
le voisinage de la couleur directement contraire : ainsi il faut placer le noir avec le blanc,
le *jaune avec le bleu*, le *vert avec le rouge*. »

§ 159. Juxtaposition des couleurs franches. — La vue simultanée de deux couleurs franches, juxtaposées, est en réalité une sensation désagréable pour un œil exercé et délicat.

Elle l'est même pour des couleurs complémentaires.

Que l'on fasse l'expérience suivante :

Sur une feuille de papier incolore on colle des morceaux de papier ou d'étoffe colorés comme suit :

3ᵉ jaune-vert...............	1ᵉʳ violet
Orangé...................	Vert-bleu
3ᵉ bleu (voir Pl. VII........	1ᵉʳ-2ᵉ jaune

Ce sont les trois couples des couleurs primaires selon la théorie d'Young. Ils sont pris dans le cercle chromatique nouveau (§ 86 , c'est-à-dire qu'ils possèdent la même intensité de coloration ; mis sur un disque par secteurs égaux, ils produiraient par la rotation du disque le gris normal.

L'ensemble réalise les conditions préconisées par Rumford et Gœthe.

Il devrait produire l'effet le plus harmonieux.

Mais il n'en est rien. L'œil s'en détourne vivement, cherchant une surface sur laquelle il pourrait se reposer de la fatigue causée par cet aspect.

Le principe de Rumford ne semble pas se vérifier par l'expérience, qui vient plutôt à l'appui de l'opinion adverse.

Et pourtant l'aspect du spectre solaire et celui du cercle chromatique basé sur la théorie d'Young (§ 86) procure incontestablement une sensation agréable.

Ces deux termes de comparaison remplissent aussi la condition posée *a priori :* que la somme des sensations colorées soit à même de former le blanc.

Tout ce qui, dans l'organe de la vue, est chargé de percevoir la couleur est mis en activité, dans les trois cas.

Ce n'est donc pas la condition posée par Rumford et Gœthe, qui est seule la cause de la différence d'effet qui vient d'être constatée.

Il y a une autre condition, indispensable, qui a échappé à ces savants et qu'il faut prendre en considération.

Dans le tableau, représentant les trois couples primaires, la distance entre couleurs est au maximum, par principe.

Dans le cercle chromatique et dans le spectre solaire, cette distance est réduite à un minimum. Le passage d'une couleur à l'autre ne se fait pas brusquement.

Dans le spectre solaire, le passage d'une couleur à l'autre est si ménagé qu'on le désigne par l'expression bien caractéristique de « fondu ».

C'est la condition grâce à laquelle il n'y a pas de saut brusque d'une couleur franche à l'autre ; saut brusque qui existe quand on juxtapose deux couleurs complémentaires franches.

A quoi est due cette impression pénible que produit la vue d'un couple de couleurs complémentaires franches ? Elle est due à une autre propriété de l'œil en ce qui concerne la vision des couleurs : c'est la nécessité qui résulte du besoin de la vision nette.

CHAPITRE XIX

DE L'ACCOMMODATION

§ 160. Des couleurs fuyantes, des couleurs saillantes. — La différence de réfrangibilité des divers rayons colorés est cause du phénomène des couleurs fuyantes et des couleurs saillantes.

La couleur rouge est la couleur fuyante par excellence. Un objet rouge paraît plus éloigné qu'un objet bleu vu par le même éclairage et placé dans le même plan.

C'est que la couleur rouge, qui est la moins réfrangible, forme son foyer plus loin que le bleu. Dès lors, l'objet rouge est vu sous un angle plus petit que l'objet bleu.

Or, voir sous un petit angle est voir petit. Et par une opération de l'esprit, exercé par l'expérience, » petit « est synonyme « d'éloigné ».

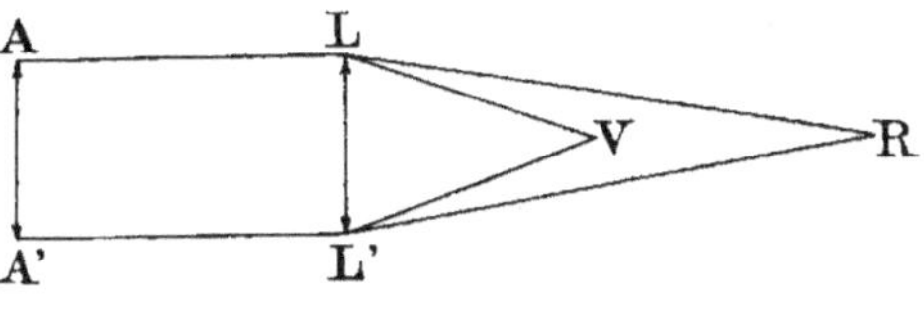

Fig. 45.

Soit LL' une lentille sur laquelle arrivent des rayons A et A' d'une image, rayons parallèles (*fig.* 45).

Leur foyer se fera, pour les rayons violets au point V, et pour le rouge au point R.

L'angle LRL' est plus petit que l'angle LVL'; l'objet AA', vu du point V (*fig.* 46) paraîtra plus grand que s'il est vu du point R.

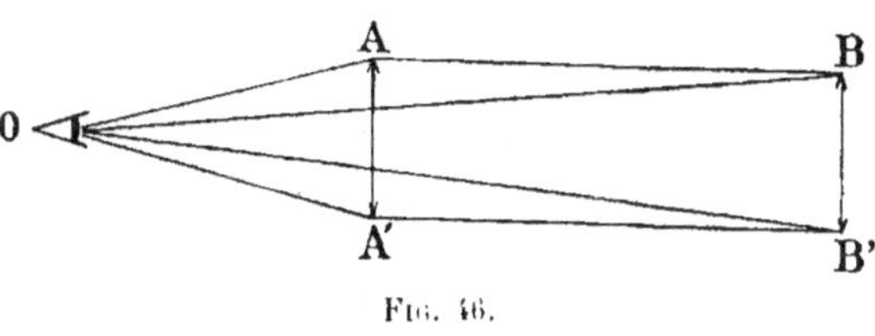

Fig. 46.

Il paraîtra plus rapproché à dimension réelle égale, s'il est vu du point V que s'il l'est du point R.

Ici la perspective intervient.

Si l'œil est au point O, l'objet rapproché AA' est vu sous l'angle AOA'; si cet objet est placé en BB', il est vu sous l'angle BOB' plus petit que l'angle AOA'. B'B étant plus loin que AA' paraîtra donc plus petit.

§ 161. Le cerveau et l'œil. — L'organisation de l'œil ne permet pas de décider entre la distance et la dimension.

Cette décision est le résultat d'une opération de l'esprit, dont nous n'avons pas conscience. L'image des objets extérieurs se dessine au fond de l'œil, sur la rétine dont la surface est équivalente à un cercle de 9 millimètres de diamètre.

C'est donc une image très petite que reçoit la rétine; cette image est tout entière dans le même plan, et ce qui, plus est, les objets s'y dessinent renversés.

Et cependant ce n'est pas petits que nous voyons ces objets, mais grandeur nature.

Ce n'est pas dans un plan que nous les voyons, mais en relief et placés à leurs distances respectives; ce n'est pas renversés que nous les voyons, mais redressés.

C'est dans cet exemple que se manifeste de la manière la plus positive l'intervention du cerveau. C'est lui qui, à notre insu, utilise notre expérience et interprète la sensation qui lui vient du dehors, et qui formule ses jugements qui sont justes, s'il s'appuie sur des faits bien interprétés et qui sont faux dans le cas contraire. Et le jugement erroné est une conséquence de notre ignorance.

§ 162. Erreurs de jugement. — Exemple. — Parmi les couleurs que nous pouvons reproduire avec des matières colorantes le rouge est la seule qui puisse être représentée par un rayon simple. Toutes les autres couleurs, représentées par des matières colorantes ont toujours un spectre complexe.

De là le rôle spécial qui revient au rouge dans cette question d'accommodation. Pour cette couleur le phénomène est plus frappant et plus net.

Le fait que le rouge est une couleur fuyante peut s'observer tous les jours, surtout en plein air.

C'est ainsi que la partie rouge d'une affiche semble toujours, quand l'éclairage est suffisant, s'enfoncer dans le mur sur lequel elle est collée. Et si celle-ci est contiguë à une affiche bleu clair, ou s'il y a des plages bleues en contact avec les plages rouges, la partie bleue est nettement en saillie sur le fond rouge. Si, sur fond rouge, on place une rondelle bleue, de façon que les deux objets soient dans le même plan et si on éclaire suffisamment, la rondelle bleue paraîtra en relief comme le serait un vrai bouton.

La même illusion se produit dans les parties rouges des vitraux colorés des cathédrales. Ces parties rouges, qui sont vues par transparence, semblent placées au dehors de la fenêtre.

Le maximum de différence s'observe avec les écussons multicolores, illuminés par les lampes électriques à ampoules colorées.

Les parties bleues paraissent s'avancer vers le spectateur ; les parties rouges, au contraire, s'enfoncent. Il est impossible de voir ces deux couleurs dans le même plan. Quelque chose d'analogue, mais de moins accentué, se produit entre le vert et l'orangé.

Ce dernier paraît placé en arrière des parties vertes ; particularité très visible sur les affiches lumineuses multicolores.

Les couleurs sont donc fuyantes dans l'ordre de leur réfrangibilité et en raison inverse de cette dernière.

La propriété que possède la couleur rouge d'être fuyante peut être utilisée pour augmenter en apparence la profondeur d'une niche, d'une galerie à colonnes.

Si on donne au fond une couleur rouge la niche paraîtra plus profonde que si elle était noire.

Ce fait peut se remarquer d'une manière frappante à la galerie des rois de l'église Notre-Dame, à Paris.

Il est d'usage, les jours de fête, de tendre de toiles rouges le fond des niches dans lesquelles sont placées les statues des rois ; de ce fait, ces statues gagnent un relief remarquable.

La galerie extérieure du palais du Trocadéro présente aussi un exemple d'utilisation de cette propriété du rouge, propriété qui paraît avoir été connue des anciens Romains, car on en trouve des exemples d'application dans les peintures murales de Pompéi. Le temps ayant recouvert la peinture d'une patine grise, a considérablement atténué les propriétés fuyantes du rouge.

Ayant été consulté par un architecte sur la couleur des matériaux à utiliser pour donner de la profondeur à des arcades placées devant un château d'eau dont les parois en ciment armé ne présentaient qu'une faible épaisseur, je lui ai donné le conseil de colorier le fond en rouge. Il fit les arcades en brique jaune clair, le fond en briques rouges, et obtint ainsi l'illusion d'une plus grande profondeur.

Quelquefois la propriété du rouge d'être la moins réfrangible des couleurs occasionne de sérieuses erreurs dans l'appréciation des distances. Exemple : un train de marchandises arrive dans une gare et se range à une cinquantaine de mètres du quai de débarquement, dans le but de laisser passer un train direct. L'observateur, placé sur ce quai, voit ce train en raccourci. Un homme de service, portant à la main un drapeau rouge, se place à côté du train. Il semble à l'observateur que ce signal, ainsi que l'homme qui le porte, sont placés à la queue du train : c'était une erreur. Car tout à coup l'homme au drapeau se déplace pour passer de la gauche à la droite du train ; et dans ce mouvement l'observateur le voit passer *devant* la locomotive. Preuve qu'il se trouvait à la tête et non à la queue du train (¹).

Ces phénomènes d'interprétation sont individuels. Il y a des personnes qui voient les objets rouges plus rapprochés que les objets bleus. Ceci est une affaire d'éducation de l'œil et du cerveau.

§ 163. Habitude de voir les couleurs vives. — Les gens vivant habituellement en plein air ou celles qui habitent les pays méridionaux, pays où la lumière du jour est très forte, ne sont pas très sensibles au désagrément qui résulte de la vue simultanée des couleurs vives. Leur œil est habitué aux oppositions qui nous paraissent violentes, à nous qui habitons les pays tempérés, où la lumière vive est l'exception. Dans ces pays du Nord, on préfère les harmonies douces et les oppositions ménagées.

Ce sont les habitants de ces climats tempérés comme lumière qui ont fait les observations dont il est question ici.

Mais quoi qu'il en soit du degré d'éducation de l'œil, toujours est-il que les couleurs franches ne sont pas vues dans le même plan, quand même elles y sont, et c'est ce défaut qu'il s'agit d'éviter dans l'emploi des couleurs complémentaires. Le moyen le plus parfait pour atténuer les inconvénients de l'inégale réfrangibilité des couleurs, c'est de les additionner de blanc, et c'est ainsi que nous avons été amenés à employer les camaïeux vrais tels qu'on les obtient à l'aide des disques tournants, et d'associer les camaïeux de deux couleurs complémentaires dans un dessin.

Le mode d'opérer se trouve décrit dans ce qui suit.

§ 164. De l'accommodation de l'œil pour les diverses couleurs. — Newton a conclu de ses expériences historiques sur le spectre solaire, que chaque couleur possède une réfrangibilité qui la caractérise.

Les divers rayons colorés qui composent la lumière solaire ne forment

---

(¹ L'auteur a été témoin de ce fait, qui s'est produit à la gare de Saint-Denis.

pas leur foyer dans un même plan, mais dans des plans superposés, quand on les concentre par une lentille.

Les images formées d'objets diversement colorés exigent une mise au point spéciale pour chaque couleur, pour obtenir la vision distincte.

Notre œil, qui contient un système de lentilles, opère spontanément et à notre insu cette mise au point. Mais il ne peut le faire simultanément pour deux objets colorés à la fois. Voici un résumé des observations anciennes qui se rapportent à ce sujet. Il est extrait du *Cours de Physique* de Jamin, page 79 ; ces observations sont citées à propos de l'achromatisme de l'œil.

« Nous ne pouvons voir distinctement à la fois deux objets juxtaposés qui n'ont pas la même couleur. Wollaston ayant préparé un spectre de faible hauteur, c'est-à-dire linéaire, voyait le violet très dilaté quand il regardait le rouge, parce que le violet faisait son foyer avant la rétine. Quand il fixait le violet, l'œil s'adaptait à cette couleur et la voyait nette ; mais le rouge à son tour paraissait dilaté, c'est-à-dire agrandi et à contours vagues, parce que son image se plaçait derrière la rétine. Frauhofer fit des observations analogues, Wheatstone remarqua, de son côté, qu'en fixant un tapis dont les fleurs étaient vertes et rouges, il ne pouvait voir distinctement les unes et les autres, et que l'œil oscillant des premières aux dernières, elles paraissaient danser devant lui. Enfin Mathiesen a constaté qu'en éclairant une gaze avec les diverses couleurs du spectre, il fallait la mettre à des distances différentes pour arriver à voir chaque couleur distinctement. »

Notre œil s'accommode donc alternativement pour une couleur, puis pour l'autre.

L'expérience peut très bien se faire avec un stéréoscope, instrument organisé pour superposer deux images. On place dans chacun des deux compartiments de l'instrument un carré de papier d'une autre couleur ; ces deux carrés qui sont vus, chacun avec un œil différent, ne se superposeront jamais. On voit tantôt l'un, tantôt l'autre, et les deux images se succèdent avec une rapidité sur laquelle la volonté est sans action. Les deux yeux s'accommodent indépendamment l'un de l'autre et jamais en même temps.

De là vient que les trois couples de couleurs franches, représentées par la planche VII, sont d'un aspect si fatigant. L'agacement qui en résulte dure encore quand ces couleurs sont soustraites à la vue.

§ 165. Influence de la réfrangibilité. — Il y a toutefois une différence de plus ou de moins entre le degré de fatigue occasionné par les trois couples.

Le plus désagréable est le couple violet et vert ; puis vient l'orangé et le vert-bleu et en dernier lieu le jaune et le bleu.

Cette différence est en relation avec la réfrangibilité différente des rayons simples représentant les couleurs des couples.

Or, plus l'écart des réfrangibilités est grand, plus les couleurs sont différentes à la vue, et plus aussi sera grand le travail d'accommodation. Or c'est dans les couples complémentaires que les deux couleurs sont les plus différentes à la vue. C'est pour cette raison que l'aspect de deux couleurs complémentaires franches contiguës est fatigant.

L'attention se porte involontairement sur la ligne de séparation des deux champs colorés, où la différence est la plus grande possible.

On peut se rendre compte de l'ordre de grandeur des différences dont il s'agit ici.

Le tableau suivant, dressé par Helmholtz, donne les longueurs d'onde de sept couples de couleurs complémentaires prises dans le spectre solaire. L'unité de longueur adoptée par Helmholtz est le millionième du pouce de Paris.

COULEUR	LONGUEUR D'ONDE	COMPLÉMENTAIRE	LONGUEUR D'ONDE	DIFFÉRENCE
Rouge........	2425	Vert-bleu	1818	607
Orangé	2244	Bleu-vert	1809	435
Jaune d'or....	2162	Bleu...........	1793	369
″	2120	″	1781	349
Jaune........	2095	Bleu-indigo	1716	379
″	2085	″	1706	379
Jaune-verdâtre	2082	Violet	$<$ 1600	482

Le maximum de différence est pour le couple rouge-vert et puis vient orangé vert-bleu.

Il est minimum pour le jaune d'or et le bleu.

Ces chiffres se rapportent aux couleurs simples du spectre.

Mais les couleurs représentées par les matières colorantes ne sont pas simples. Ce sont au contraire des couleurs complexes résultant du mélange de plusieurs rayons colorés. Cette circonstance complique le phénomène, et augmente encore l'effet désagréable d'un couple.

Ainsi le violet-rouge, complémentaire du 3ᵉ jaune-vert (l'une des couleurs primaires dans la théorie d'Young) résulte lui-même d'un mélange de deux couleurs dont la différence de longueur d'onde est maximum

En effet pour le rouge nous avons...............		2425
Pour le violet..................................		1600
Différence....................................		825

supérieure à celle que nous constatons pour le couple complémentaire rouge et vert-bleu, pour lequel la différence est moindre (607).

L'image d'un objet coloré en violet-rouge est formée en réalité par la superposition de deux images, l'une rouge et l'autre violette, que notre cerveau placerait à des distances différentes, si elles étaient vues séparément.

Helmholtz a trouvé que la distance visuelle de son œil pour un objet rouge est de 8 pieds, alors qu'elle n'est pour le violet que de 1 pied et demi.

Or dans le violet-rouge ces deux images sont superposées.

On conçoit dès lors que la vue du violet-rouge soit pénible puisque l'image de cette couleur est formée en réalité par la superposition de deux images d'inégale dimension. Pour les voir d'égale dimension, l'œil se fait violence, car il contient un système de lentilles dont le foyer est physiquement différent pour chaque couleur, et il est obligé de modifier par l'accommodation les courbures de ses lentilles.

§ 166. Effet de l'addition du blanc.

§ **166. Effet de l'addition du blanc.** — Mais si on mélange ces couleurs avec du blanc, pour lequel l'œil s'accommode alors, le défaut se trouve atténué.

Le blanc est la somme des sensations colorées que l'œil peut éprouver. Or la sensation colorée n'est qu'une faible fraction de cette sensation. Les couleurs les plus vives du tableau ne représentent au maximum que le tiers de la sensation du blanc et sans doute une fraction plus petite encore.

Il est donc pour l'œil l'objet principal et il s'y accommode, et la couleur à ce point de vue n'est plus alors qu'un accessoire.

L'accommodation est plus facile pour les autres couples, pour laquelle la différence de longueur d'onde est moindre.

§ 167. De la valeur des couples de complémentaires obtenus par polarisation.

§ **167. De la valeur des couples de complémentaires obtenus par polarisation.** — Ces couleurs sont citées par tous les auteurs comme types de complémentaires, que les arts pourraient utiliser. Leur aspect est en effet agréable.

Mais on oublie qu'elles ne sont applicables que dans une circonstance trop particulière et qui se réalise rarement dans la pratique.

Car ces deux couleurs vues simultanément dans le polariscope, possèdent même intensité de coloration. En effet, si on les superpose, elles produisent la sensation du blanc.

On ne pourrait les prendre pour modèle que pour un dessin où les surfaces relatives assignées aux deux couleurs fussent égales entre elles.

Chacune des deux couleurs du couple est une couleur physiquement composée, car chacune est formée par le mélange des radiations simples qui n'existent pas dans l'autre, et leur somme reconstitue la lumière incidente.

L'accommodation se fera sur celle des couleurs simples qui domine dans le mélange. Circonstance qui est de nature à diminuer les inconvénients de l'accommodation.

§ **168.** Aspect blanchâtre de certaines couleurs de polarisation.

— Le fait que les couleurs de polarisation ne sont pas simples, entraîne une autre conséquence qu'il est utile d'envisager ici, car elle provient de la différence qui existe entre le résultat du mélange des lumières et de celui des sensations colorées.

Et notre esprit ne saurait trop s'exercer à saisir les différences de cette nature. Chaque couleur de polarisation représente un mélange de sensations.

Or nous avons démontré (§ 82) que chaque fois que l'on mélange deux ou plusieurs sensations colorées, le résultat est une troisième sensation colorée, inévitablement mêlée de blanc. C'est là une conséquence de la théorie d'Young que la pratique confirme. Or cette production de blanc est faite au détriment de la couleur, dont l'intensité de coloration est de ce fait affaiblie.

Ces deux conditions, production de blanc, affaiblissement de l'intensité, sont toutes en faveur de l'harmonie.

Pour le blanc la démonstration est faite; d'autre part (§ 46), nous avons montré que l'effet fatigant de l'aspect des couples diminue avec la différence de réfrangibilité des rayons simples qui les représentent.

Mais les couleurs de polarisation ne sont pas simples. Elles sont le résultat de mélanges de rayons colorés. Les données du tableau de Helmholtz permettent de constater que la moyenne des longueurs d'onde des couleurs qui entrent dans la composition d'une couleur donnée est plutôt de nature à diminuer l'écart des réfrangibilités entre couleurs complémentaires, que de l'augmenter, par conséquent de diminuer l'effort de l'accommodation.

Prenons comme exemple le couple jaune et bleu.

D'après M. Albert Scheurer, le jaune est formé de toutes les radiations élémentaires comprises entre le rouge et le jaune-vert.

« Toutes les couleurs qui nous paraissent franchement jaunes sous un éclairage modéré et normal sont constituées par un mélange de radiations puisées dans le spectre solaire entre l'extrême rouge et le vert franc », c'est-à-dire la partie la plus lumineuse.

« Le chromate de plomb renvoie 80 0 0 de la lumière incidente, alors que celle-ci ne renferme que 5 0 0 de rayons jaunes [1] ».

Il est vrai que les conclusions sont en opposition apparente avec les observations de Helmholtz (*Poggendorfs Annalen*, t. LXXXVII, pp. 45 et 65).

Cet auteur n'a pas obtenu un bon jaune par le mélange des rayons rouges et des rayons verts du spectre ; ce qui l'amène à conclure qu'il faudrait abandonner la théorie des trois sensations fondamentales ainsi qu'elle a été établie par Thomas Young : « Si la sensation du jaune n'était que le résultat de l'excitation des sensations rouges et vertes, il faudrait que la même sensation pût être obtenue par l'action simultanée des rayons rouges et des rayons verts ; en réalité, on n'obtient, par ce mélange, jamais un jaune aussi vif et aussi brillant que ne l'est celui des rayons jaunes du spectre ».

Le résultat défavorable obtenu par Helmholtz tient simplement à ce fait que le rouge et le vert du spectre employés par lui sont trop près d'être complémentaires. Il se produit par leur mélange plus de blanc que de jaune. C'est pour ce motif que nous avons remplacé le rouge choisi par Young, Maxwell et Helmholtz, quand nous avons recherché les trois sensations fondamentales, par l'orangé ([2]), à l'aide duquel on obtient un bon jaune avec le 3e jaune-vert ; et un bon rouge avec le 3e bleu.

Dans la circonstance M. Albert Scheurer a vu juste ([3]) : le jaune des matières colorantes, dont la couleur est la plus lumineuse de toutes celles que l'on obtient avec les matières colorantes, résulte bien de la réunion des rayons du spectre qui s'étendent du rouge au vert.

Il résulte de ces faits que sa longueur d'onde moyenne peut se calculer d'après les données du tableau de Helmholtz. Si l'on additionne les longueurs d'onde des couleurs situées entre le rouge et le vert-bleu, sa complémentaire, on obtient la moyenne de 2130, très voisine de celle du jaune d'or (2120), et qui ne diffère de celle du jaune pur 2095 que de 35 unités, soit de 1,1 0 0.

Le fait donc que les couleurs de polarisation sont composées ne change rien à nos conclusions, qui constatent que le déplaisir de l'accommodation décroît avec la différence de réfrangibilité, car elle est sensiblement la même que les couleurs soient composées ou simples.

----

[1] **Alb. Scheurer**, *la Sensation du jaune* (Soc. ind. Mulhouse, 1891, p. 339-346).

[2] La photographie en couleurs, de son côté, a été amenée par la pratique, à adopter les mêmes fondamentales.

[3] Plateau, dans sa *Bibliographie analytique*, Ve section, cite le passage d'Aristote (chap. IV, édition Duval, Paris, 1639, t. I, p. 815 : « Le jaune que l'on voit dans l'arc-en-ciel n'y est pas en réalité, c'est une apparence qui résulte de la juxtaposition du rouge et du vert. »

§ 169. Relations entre la longueur d'onde des couleurs complémentaires. — La recherche d'un rapport entre les longueurs d'onde des couleurs constituant un couple complémentaire a été l'objet d'expériences et de calculs de la part de Helmholtz (*Optique physiologique*, éd. française, p. 366, Paris, 1867).

La figure par laquelle ce savant représente les résultats de ses expériences montre une remarquable irrégularité de la distribution des couleurs complémentaires dans le spectre, que l'auteur étudie et discute, et il arrive à la conclusion :

« Il n'y a donc aucun rapport ni simple ni constant à trouver entre les longueurs d'onde des différentes couleurs complémentaires. »

En 1873, von Bezold a repris cette question (*Poggendorf Annalen*, t. CL, p. 71).

Cet auteur croit avoir donné la loi mathématique des couleurs complémentaires des couleurs. Il a pris comme point de départ expérimental les chiffres obtenus par Helmholtz, lors de son étude sur la répartition des couleurs complémentaires dans le spectre.

Mais les résultats obtenus par le calcul présentent avec l'expérience des écarts sensibles; l'auteur fait subir à ses chiffres une correction arbitraire. Il attribue les écarts qu'il constate à une perturbation apportée par la *fluorescence* des *milieux de l'œil*. Au fond von Bezold n'a trouvé aucune loi, et il ne pouvait pas en trouver; car il a introduit dans son calcul deux éléments hétérogènes : la vitesse de vibration des rayons lumineux colorés, qui est une donnée physique, et la notion des couleurs complémentaires qui provient de la structure de l'œil, qui est une donnée essentiellement physiologique.

Le nombre de vibrations dans le cas actuel ne peut avoir de sens que comme moyen de nomenclature des couleurs simples, et non comme valeur mathématique à introduire dans les calculs.

Aussi les couleurs choisies par von Bezold comme primaires selon la théorie d'Young sont-elles loin de posséder la propriété des sensations fondamentales.

CHAPITRE XX

L'ART

§ **170. Définition de l'art.** — La signification du mot « Art » est directement opposée à celle du mot « Nature ».

L'art est une conception essentiellement humaine.

L'artiste prend ses matériaux dans la nature et les groupe de manière à se rapprocher de son idéal.

A chacun des organes de nos sens correspond un art. A l'oreille, l'art de la musique, à l'odorat, l'art du parfumeur, au sens du goût, l'art du cuisinier, au sens de la vue, les arts de la forme et de la couleur. Tous ces arts ont pour but de donner à ces organes le maximum de satisfaction.

Mais le but de l'art n'est pas borné à la seule satisfaction sensuelle ; il est d'un ordre plus élevé.

Il y a dans l'art un côté moral et un côté intellectuel.

Il comprend un ensemble de manifestations de l'activité humaine, qui tend à faire mieux que la nature et à éveiller en nous le sentiment du beau. Et ce sentiment résulte à la fois de la satisfaction de notre sensibilité morale, de notre intelligence et de l'organe des sens[1].

Dans l'œuvre d'art il y a la pensée de l'artiste ; et le vrai artiste est à la fois un homme d'une grande intelligence, d'une sensibilité morale supérieure. Il sait voir ce que nous ne voyons pas ; et ce que nous voyons, il le voit souvent autrement. Et il possède les moyens, qu'il a acquis par un travail assidu, d'exprimer matériellement les plus belles qualités de l'âme humaine, il sait nous communiquer l'émotion qu'il a éprouvée lui-même quand il a créé son œuvre, il sait nous la faire comprendre.

Dans cet ensemble de trois satisfactions qui constituent la formule la

[1] *Bulletin de la Société industrielle de Mulhouse*, vol. XLVIII, p. 196. Pli cacheté déposé le 22 juin 1875, ouvert le 27 mars 1878.

plus élevée de l'art, il y en a une qui n'est pas du domaine exploré par nos études ; c'est la satisfaction à donner à notre sensibilité morale. Le rôle de cet ouvrage est plus modeste. Il s'adresse surtout à l'étude des satisfactions de l'intelligence et de l'organe de la vue, qui sont inséparables en beaucoup de points. La forme et la couleur sont constamment associées dans toute décoration, et dans nos jugements, le plus souvent rapides, instinctifs et sans appel, nous confondons facilement le reproche qui s'adresse à la forme, avec ce qui revient au rôle de la couleur dans un effet jugé inharmonique. La forme prime la couleur.

Le rôle de l'intelligence est plutôt passif. Il faut que rien, dans l'arrangement des couleurs et des formes, ne vienne heurter le bon sens.

Il faut éviter l'absurde et le ridicule.

Si un dessin représente, par exemple, une personne de telle façon que sa silhouette se projette sur un baliveau d'arbre placé derrière elle, cette personne a l'air empalée. C'est un défaut de composition ou une inadvertance, et l'effet en est ridicule.

Si, dans un paysage, se trouve une nappe d'eau, et que cette nappe, au lieu d'être bien plane, paraisse bombée, ou si étant au premier plan, elle paraît pencher d'un côté ou en avant et semble se déverser par le cadre, l'effet en est absurde.

La première règle est donc de ne pas choquer le bon sens.

Dès que le bon sens est choqué, l'harmonie disparaît.

Il faut ensuite observer les règles de la convenance, de l'unité, de la vision distincte.

La *convenance* veut que l'objet reçoive une couleur qui convienne à sa nature.

L'*unité* exige que dans un coloris notre attention ne soit pas dirigée dans deux directions différentes : il faut éviter le dualisme.

Pour le coloriste, ce principe se résume dans ces mots : Placez la couleur intéressante dans l'objet principal.

La *vision distincte :* il ne faut pas que l'œil et l'esprit aient à se fatiguer pour rechercher ce que l'auteur a voulu représenter.

Il faut que la pensée de l'artiste puisse se lire nettement et facilement dans l'image. Éviter toute confusion de formes et de plans, par la distribution de la lumière et de l'ombre en association avec la couleur.

§ 171. Satisfaction à donner à l'organe de la vue. — Le coloris doit tenir compte de l'organisation de l'œil, en ce qui concerne la vision des couleurs.

Nous savons que quand l'œil s'est fixé sur une couleur, sa sensibilité pour cette couleur s'émousse rapidement. Mais il lui reste une sensibilité très grande pour la complémentaire. Grâce à son extraordinaire mobilité, l'œil mêle cette complémentaire à toutes les couleurs environnantes. D'où un effet agréable ou désagréable, selon la couleur des zones voisines.

Si cette zone est incolore, blanche ou grise, cette complémentaire est vue sans mélange de couleur ; elle est vue uniquement mélangée de blanc et l'effet produit n'est pas désagréable.

Si cette zone possède déjà la couleur de la complémentaire, l'effet produit est l'exaltation réciproque de l'intensité de coloration. L'effet peut être agréable si cette complémentaire ne dépasse pas en intensité ce point critique où l'accommodation intervient pour causer une fatigue, c'est-à-dire un déplaisir.

Rappelons ici l'excellent conseil donné par Chevreul, qui a si bien étudié le phénomène du contraste des couleurs. Il recommande d'entourer la couleur qu'il s'agit de faire valoir, d'une zone de gris teinté par la complémentaire de cette couleur.

Nous avons dit pourquoi ce conseil ne s'est pas toujours trouvé d'accord avec la pratique.

La publication de son cercle chromatique indiquant les couleurs, selon lui complémentaires, et qui sont fausses, a précisé l'écart entre les conseils de la science et les préférences de notre œil.

Les grands artistes ne s'y sont pas trompés. Guidés par leurs dons naturels, développés jusqu'au talent par leur travail, ils ont su parfaitement assortir le jaune et le bleu et surtout le jaune-orangé et le bleu-verdâtre, sa complémentaire.

§ **172. Exemple des grands peintres.** — Tel est Léonard de Vinci (165), qui a fait un usage heureux de ce bleu pour mettre en relief la couleur de la personne humaine ; tel est Rubens, dans son histoire de Catherine de Médicis où il se sert habilement de bleu-verdâtre et des gris qui en dérivent pour donner l'éclat métallique aux ors des vêtements royaux. Tel est, parmi les modernes, Vollon, qui, dans une panoplie d'armes, a su, par le bleu des aciers et du gris teinté, mettre en relief les cuivres et les ors, de manière à former un tout harmonieux ; Delacroix qui, en donnant au bleu du ciel une nuance verdâtre, a obtenu un arrangement harmonieux avec les bruns des bâtiments, du sol et de la foule (*Entrée des croisés à Constantinople*). Enfin je citerai Henner, dans son *Eglogue*, où le bleu-verdâtre du ciel, joint à celui d'une nappe d'eau qui en augmente les surfaces, forme une agréable harmonie avec la couleur chair des personnages et les bruns du paysage.

Ces exemples montrent que les artistes savent trouver par eux-mêmes

et sans le secours d'un instrument les couleurs qui forment entre elles
des arrangements harmonieux.

Mais ceci est un don personnel et rare. Et il y a une contre-partie qui
est un écueil. L'artiste qui a trouvé de la sorte un arrangement harmonieux ne résiste pas à la tentation de l'utiliser dans une autre œuvre.
Mais, s'il est uniquement guidé par cette première expérience, il ne tient
pas compte de ce fait, que sa seconde œuvre ne réunit plus les mêmes
conditions de surfaces relatives, cause de l'harmonie que présente sa
première œuvre. D'où un succès moindre.

Les conseils de la science lui eussent épargné cette déception.

CHAPITRE XXI

HARMONIE DES COULEURS

§ 173. Exigences du cerveau et de l'œil. — Ce qui rend la question d'harmonie des couleurs si compliquée, c'est que deux de nos organes réclament satisfaction à la fois : le cerveau et l'œil. Celles que réclame l'intelligence ont été énumérées (§ 170) plus haut, et nous avons constaté que l'harmonie disparaît dès que la raison est choquée. D'autre part, l'œil intervient par deux de ses propriétés.

La première, qui tient uniquement à son organisation est la rapidité avec laquelle il se fatigue d'une couleur et réclame sa complémentaire (§ 3).

La deuxième, qui est due aux propriétés physiques de la lumière auxquelles l'œil est obligé de s'adapter, c'est l'inégale réfrangibilité des rayons colorés (§ 160). Il faut tenir compte de toutes ces exigences à la fois.

Or la règle de Rumford ne tient compte que des propriétés physiologiques de l'œil, en ce qui concerne les couleurs complémentaires. Il n'a pas vu la difficulté qui résulte de la nécessité de l'accommodation.

Chevreul a donné une règle plus pratique : il conseille d'entourer la couleur, que l'on veut mettre en valeur, par une zone teintée de la complémentaire de cette couleur. De cette façon, la nécessité de l'accommodation disparaît et le besoin de voir des couleurs complémentaires est satisfait. Voici comment s'exprime Chevreul (*Contraste des couleurs*, p. 205, § 350) :

« Cette manière de faire ressortir une couleur par le contraste, en employant soit des tons clairs complémentaires ou plus ou moins opposés, soit des tons rabattus plus ou moins gris et de teintes complémentaires les unes des autres, soit enfin en employant un ton rabattu d'une teinte complémentaire à une couleur plus ou moins franche qui y est contiguë, doit surtout fixer l'attention du peintre de portraits. »

Cependant la pratique n'a pas sanctionné ce conseil, non qu'il fût erroné, mais parce que les complémentaires de Chevreul et ses gammes sont fausses (§ 42 et § 66). Si on y substitue les vraies complémentaires, et si on emploie pour les couleurs rabattues la gamme esthétique, l'effet devient très satisfaisant, ainsi que le prouvent les applications qui en ont été faites industriellement et qui se trouvent décrites dans ce qui suit.

§ 174. Premier exemple : Le dessinateur a mis la couleur intéressante dans les accessoires [1]. — Il s'agit d'un dessin destiné à être reproduit sur une étoffe, par voie d'impression au rouleau. L'étoffe devait servir à l'ameublement tel que le dessinateur l'avait exécuté sur papier. Ce dessin représentait des fleurs grises, vues sur fond noir ; l'unique couleur franche était l'orangé-jaune, placé dans quelques ornements accessoires. C'était un ensemble très terne ; mais la pauvreté du coloris était compensée par la beauté des formes et la vigueur de l'exécution.

Malheureusement cette dernière qualité a dû se perdre en partie dans la reproduction par impression.

A cette époque, l'industrie de l'impression sur étoffes ne possédait, pour la gravure en taille-douce, que des matières colorantes qu'il fallait fixer à l'albumine, procédé qui ne permet pas d'obtenir des couleurs suffisamment foncées.

La reproduction de ce dessin, par voie d'impression sur étoffe, n'a pas réalisé les effets vigoureux qui faisaient la valeur du dessin sur papier.

L'aspect était trop uniformément gris, et on voulait renoncer au dessin et détruire la gravure. On croyait s'être trompé dans le choix du dessin, et qu'en somme il n'y avait rien à en faire.

L'auteur pensa alors à y appliquer les principes exposés plus haut.

Il s'agissait de corriger à la fois les défauts de parti pris par l'artiste qui heurtent le bon sens et ceux du coloris qui était trop terne. L'erreur de l'artiste avait été de placer l'unique couleur intéressante, l'orangé-jaune, dans les accessoires et de laisser l'objet principal, les fleurs qui forment le centre du dessin, en gris parfaitement incolore, c'est-à-dire neutre au point de vue du coloris.

Pour atténuer ces deux défauts, le gris neutre des fleurs a été remplacé par le gris teinté par le vert-bleu complémentaire du jaune-orangé. On a choisi un vert-bleu affaibli par du blanc, de manière à ramener l'intensité de coloration approximativement à ce qu'elle doit être, eu égard aux surfaces occupées dans le dessin par les deux complémentaires.

[1] A. Rosenstiehl. *Recherches sur les lois de la vision des couleurs* (*Bull. Soc. ind. Rouen*, 1882, p. 67).

Pour rehausser encore l'effet du coloris, le noir de la taille-douce a été remplacé par un bistre complémentaire du même vert-bleu. C'est un orangé-jaune très rabattu. Le noir a été conservé pour le fond du dessin. Les couleurs qui ont servi de base à ce coloris sont donc :

1° L'orangé-jaune, à l'état franc, au maximum de vivacité que les matières et les procédés employés permettaient de réaliser ; le même orangé à l'état rabattu et très foncé ;

2° Le vert-bleu complémentaire à l'état rabattu et en ton clair.

Par ces modifications, l'importance de l'objet principal a été accrue, l'esprit a reçu satisfaction.

Les couleurs en présence sont complémentaires, ce qui donne satisfaction à l'organe de la vue.

Des deux complémentaires, l'une est éclaircie par du blanc, ce qui a évité les fatigues de l'accommodation. Enfin on a donné à la couleur la plus vive la plus petite surface.

Ce coloris a eu beaucoup de succès. En industrie le succès se traduit par la vente et s'estime par le chiffre d'affaires. Il y a donc un critérium qui ne peut laisser aucun doute sur la réussite. Le dessin a été imprimé par milliers de pièces de 80 mètres.

Le coloris a reçu le nom de « coloris argent », à cause des reflets presque métalliques des fleurs et des feuillages, rehaussés par les orangés-jaunes des accessoires.

Un exemplaire de ce coloris existe encore au Conservatoire national des Arts et Métiers et au musée de la Société industrielle de Mulhouse (collection Thierry-Mieg et Cie).

§ **175.** Deuxième exemple : **Rajeunissement d'un genre usé.** — Il s'agissait de faire du « nouveau » avec un genre de dessin déjà vieux, mais d'une vente courante ; ce genre est simple et ne comporte que trois couleurs, dont deux sont invariablement les mêmes : le jaune-orangé et le noir[1]. La troisième couleur, rouge, bleu ou cachou, forme les variantes ; la solidité au lavage et à la lumière de ces diverses couleurs avait rendu ces coloris classiques.

Le seul arrangement qui pût avoir quelque prétention de réaliser un cas d'harmonie était coloris : noir, orangé-jaune, cachou, le cachou étant une nuance dérivée de l'orangé-jaune.

Pour faire du nouveau avec ce genre déjà usé à cette époque, l'auteur a remplacé le cachou par le vert-bleu complémentaire de l'orangé-jaune ;

---

[1] Physiquement et physiologiquement, le noir n'est pas une couleur ; mais comme pour le produire, il faut de la matière, il est considéré comme couleur dans le langage d'atelier.

ce vert-bleu a été éclairci et rabattu de manière à ce que le rapport des surfaces fût en raison inverse de l'intensité des colorations : la couleur orangé-jaune, occupant la plus petite surface, était, comme dans le premier exemple, la seule couleur franche du dessin.

L'effet obtenu a été fort beau et le succès à la vente, considérable, a donné la preuve que les principes suivis peuvent servir de règle.

A cause de sa simplicité, ce dernier s'est prêté à une expérience très démonstrative. A la place du vert-bleu, on a mis un gris neutre de même hauteur de ton. L'arrangement est nettement inférieur au précédent, preuve que la coloration complémentaire joue un rôle efficace.

Le succès de ce coloris a engagé à utiliser cette veine, et les dessinateurs ont présenté de nombreux dessins, destinés à faire suite au précédent. Ils n'y sont pas parvenus, et il est intéressant d'en étudier les raisons.

Le dessin porte un cachet de fantaisie : il représente des animaux et des fruits de forme héraldique. Les uns et les autres sont une création de l'imagination de l'artiste. Leur aspect n'éveille en rien l'idée d'un produit de la nature. A ce dessin convient donc bien un coloris de fantaisie, rappelant l'éclat du métal.

Les dessins destinés à faire suite représentaient au contraire des êtres vivants, animaux et plantes, où le jaune-orangé était employé en contours larges, cernant les formes des animaux et des végétaux. Il y avait là une faute contre la vraisemblance ; le cerveau ne recevait pas satisfaction, les dessins étaient condamnés, et le succès nul.

§ **176.** TROISIÈME EXEMPLE : **Grisailles sur fond coloré. —** Il s'agissait de renouveler un genre vieux et usé, considéré comme classique : des étoffes pour ameublement représentant des dessins en grisaille sur fonds colorés divers.

Au lieu de faire imprimer, par le rouleau gravé en taille-douce, le noir au charbon, on l'a remplacé par le bistre de l'exemple n° **1.**

Et le gris des tons moyens, par une couleur mode (poussière ou feutre) formant le camaïeu clair du bistre.

La couleur du fond était le vert-bleu franc, complémentaire de ce même bistre. Ce vert-bleu, tout en étant aussi vif que les matières colorantes en usage permettaient de le produire, n'était pas une couleur très lumineuse. Elle ne fatiguait nullement la vue et trouvait sa complémentaire dans les orangés-jaunes rabattus, constituant la grisaille teintée du dessin.

Ce coloris, imprimé sur satin de coton, a eu beaucoup de succès.

Il a figuré à l'exposition organisée à Mulhouse en 1876, à l'occasion du cinquantenaire de la fondation de la Société industrielle [1]. Il était représenté par un rideau garnissant une des fenêtres de la salle et a produit un effet impressionnant, tant par sa nouveauté que par son harmonie.

Dans ces trois exemples qui viennent d'être exposés, on a toujours suivi le même principe : Deux couleurs complémentaires, l'une franche, l'autre représentée par une teinte d'une intensité de coloration d'autant plus faible que la surface occupée était plus grande. Ces coloris ont été copiés bien souvent, mais n'ont pas toujours été compris, aussi l'effet obtenu n'a pas toujours répondu à ce qu'on attendait d'eux.

§ 177. QUATRIÈME EXEMPLE : **Suppression du dualisme.** — Le même principe a encore été appliqué à des dessins plus riches en couleur.

Mais là on constate des hésitations provenant de l'ignorance où nous sommes en ce qui concerne l'emploi simultané du rouge, du vert, du violet et du jaune dans un même dessin.

Aussi a-t-on suivi, pour la reproduction industrielle du dessin, les indications de l'artiste, se bornant à choisir le rouge et le vert, le jaune et le violet-bleu de nuance complémentaire, et à veiller à ce que, dans le cas où l'une des couleurs était représentée par plusieurs tons, les diverses teintes eussent même complémentaire et fussent les vrais camaïeux les unes des autres.

Mais le plus souvent, dans ces dessins riches, l'intervention de l'auteur s'est bornée à corriger, par le coloris, les fautes contre l'unité, la convenance et la vision distincte.

Tel est notamment le cas d'un dessin qui a été composé pour éventail et vendu surtout pour rideaux.

De cette double destination est résulté un dualisme fâcheux, peu remarqué quand le dessin était découpé pour éventail, mais très choquant au contraire quand il servait à l'ameublement.

Il représente comme objet principal un vase à fleurs, entouré, pour composer l'éventail, d'un demi-cercle d'ornements portant, dans son milieu, un petit médaillon représentant des amours jouant au bord d'un ruisseau.

Quand le dessin était utilisé pour éventail, le vase à fleurs était sacrifié, seul le médaillon formait objet principal.

---

[1] Voir rapport sur cette exposition par M. Théodore Schneider (*Bulletin spécial de la Soc. ind. Mulh.*, t. XLVI, p. 17).

« Nous citerons d'abord un grand rideau satin bleu de ciel, fleurs dessin grisaille, à quatre couleurs, de la Maison Thierry Mieg et Cⁱᵉ, dont les nuances, admirablement assorties avec la couleur du fond, produisent l'effet le plus harmonieux. »

Mais pour l'ameublement, le dualisme résultant de la présence du vase à fleurs et du médaillon constituait une erreur capitale, et l'on considérait le dessin comme mauvais, et par conséquent perdu pour la vente.

Pour atténuer ces défauts, l'auteur a pris le parti d'accumuler dans le vase le plus d'effet de couleur possible, de manière à y fixer l'attention, et de réserver pour le médaillon des couleurs pâles qui le feraient paraître au second plan et lui donneraient le cachet d'un petit tableau encadré, ne représentant que des objets de fantaisie; le tout sans rien changer à la gravure.

On prit pour base du coloris l'orangé-jaune et sa complémentaire, le vert-bleu, couleurs qui conviennent le mieux à l'ameublement. Un gris vert-bleu occupe la plus grande surface dans le vase; il est relevé par des ornements orangé-jaune, lequel est modelé par du bistre, et par des parties vert-bleu franc en deux tons. L'effet de l'ensemble est à la fois lumineux et ne manque pas d'harmonie. Les couleurs les plus intéressantes se trouvent en effet dans l'objet principal.

Les fleurs qui garnissent le vase ont reçu le coloris traditionnel, auquel on n'a pas cru devoir faire de changement.

Ces couleurs jouent d'ailleurs dans l'ensemble un rôle si secondaire qu'on peut en faire abstraction.

Le médaillon ne s'est pas trouvé trop sacrifié dans cette combinaison : Le ciel est d'un gris vert-bleu qui s'harmonise bien avec la couleur chair des génies et avec le brun qui forme le terrain du petit paysage.

Quoique ce brun ne soit pas la couleur propre du sol, ni le gris vert-bleu celle du ciel, l'effet n'en est pas moins satisfaisant, parce que ce médaillon porte bien évidemment le cachet d'un motif d'ornement, et qu'un coloris de fantaisie peut dès lors lui convenir.

C'est par ces moyens que le dualisme qui nuisait à la vente du dessin a été atténué.

§ 178. De l'emploi du rouge et du vert dans la décoration. — Dans le paragraphe relatif à l'accommodation, on a déjà signalé la difficulté qu'il y a à obtenir des arrangements harmonieux par la juxtaposition de surfaces rouges et de surfaces vertes.

La raison en est que la différence de réfrangibilité des rayons rouges et des rayons verts est la plus grande possible pour un couple de couleurs complémentaires.

Les lumières colorées correspondantes ne forment pas leur foyer dans le même plan, mais dans des plans successifs, ce qui oblige l'œil de s'accommoder tantôt à la lumière rouge, tantôt à la lumière verte, opération qui, quoique inconsciente, est pour lui une fatigue.

Les autres couples complémentaires : jaune et bleu, orangé et vert-bleu présentent ce défaut à un degré moindre.

C'est un fait d'ailleurs bien d'accord avec l'expérience des artistes, que cette difficulté de faire des arrangements harmonieux entre le rouge et le vert.

Les moyens d'éviter à l'œil cette fatigue ont été décrits au § 46.

Ici il ne doit être question que de l'emploi du rouge et du vert dans les industries d'arts, telle que l'impression sur étoffes.

Ces couleurs sont souvent employées soit seules, soit comme enlumi-nage, et certaines de leurs nuances s'harmonisent avec la couleur du bois des meubles.

L'arrangement complémentaire dans les dessins polychromes est ici d'un emploi plus restreint. Il n'est réellement applicable que dans les dessins représentant des ornements et des objets de fantaisie. A ses objets on peut donner des couleurs de fantaisie; mais s'il s'agit de la représentation d'objets naturels, il leur faut donner une couleur qui rappelle bien celle qui leur est propre, afin que l'œil voie clairement que ce sont des objets naturels que l'on a voulu représenter. Si l'on néglige cette condition, l'esprit n'est pas satisfait, le coloris déplaît, quelque harmonieux qu'en soit l'arrangement au point de vue physiologique.

§ 179. La nature ne donne pas le bon exemple. — Le vert complémentaire du rouge n'est applicable que lorsqu'il y a plusieurs verts dans le même dessin; s'il n'y en a qu'un, celui qui plaît le mieux est à la fois plus jaune et un peu rabattu : c'est le vert des feuillages; le vert-bleu, comme couleur franche, est inconnu dans la nature. Si l'on voulait choisir le vert d'herbe comme couleur directrice, il faudrait y adjoindre le violet-rouge (fuchsine), qui est sa complémentaire. Mais la vente a rejeté cette combinaison, à moins qu'il n'y ait plusieurs nuances de rouge dans le dessin.

Dans la nature cependant, l'association violet-rouge et vert d'herbe est une des plus fréquentes.

La raison du rejet de cette combinaison est que le violet-rouge va très mal avec la couleur du bois des meubles.

§ 180. Rouge et rose convenant à l'ameublement. — Il y a par contre des rouges et des roses qui conviennent bien à l'ameublement. Tels sont les rouges et les roses garancés, le rouge et le rose de la cochenille, que, dans les dessins riches, on assortit à un vert-jaunâtre pour représenter les feuillages.

Ces deux couleurs ne sont par complémentaires; Quand on forme un disque avec des secteurs de ces deux couleurs, leur mélange ne produit pas le gris normal, mais un jaune plus ou moins orangé ; orangé dont la nuance dépend des surfaces relatives de rouge et de vert. Il y a un rapport de surfaces qui correspond au jaune-orangé, dont le rôle a été signalé plus haut.

Et il est bien possible que ce soit là la raison qui a fait adopter ces deux nuances de rouge et de vert pour l'ameublement. L'effet harmonieux dépend alors des surfaces relatives occupées par elles. Cette idée n'est exprimée ici que sous réserves, car l'auteur n'a pas eu l'occasion de vérifier expérimentalement l'influence du rapport des surfaces pour ce cas particulier. On trouvera plus loin des indications sur la production du jaune-orangé et de ses dérivés, par le mélange des sensations du rouge et du vert.

L'emploi du rouge et du vert a encore trouvé d'autres applications dans la fabrication des étoffes imprimées, destinées à l'ameublement.

On emploie fréquemment le camaïeu rouge et rose qu'on imprime sur fond blanc. Mais ce fond paraît trop dur, de sorte que l'on a pris le parti d'affaiblir le blanc en trempant l'étoffe dans une décoction d'écorces de grenades, ce qui teinte le fond en chamois clair. C'est le coloris classique.

En remplaçant ce chamois par un vert-bleu très pâle, complémentaire du dessin rouge, on a obtenu un effet supérieur qui a été préféré par la vente.

Dans cet arrangement, le rouge et le vert complémentaires sont associés harmonieusement. On y est arrivé en éclaircissant considérablement le vert.

Les fonds rouges garancés étaient autrefois en grande vogue. Ils étaient décorés par des dessins en grisaille.

Mais on n'employait guère à cet usage un gris neutre. La pratique avait enseigné peu à peu l'emploi d'un gris teinté. Ce gris est le vert-bleu complémentaire du rouge, que l'on employait en un ou deux tons, quand le dessin était imprimé à la planche.

On l'employait en taille-douce pour le gris foncé associé avec un gris moyen.

En donnant à ces gris la même teinte vert-bleu très rabattue, on était arrivé à rehausser l'éclat du fond rouge tout en évitant une opposition trop dure entre le rouge et les blancs du dessin.

Dans ce cas, c'est encore le goût des acheteurs, des vendeurs et des coloristes qui avait guidé le fabricant.

§ 181. De l'importance de l'orangé-jaune dans la décoration. — Les quatre exemples qui viennent d'être cités (§ 174-177) possèdent ce caractère commun, c'est que la couleur directrice de ces coloris est toujours la même, le jaune-orangé.

Ce fait n'est pas le résultat du pur hasard, il tient à des causes profondes, que les faits suivants vont mettre en lumière.

Ayant obtenu de bons résultats par l'emploi des couleurs complémentaires à différents degrés d'intensité, l'auteur a classé, à l'aide des disques tournants, les couleurs employées couramment dans l'industrie des toiles peintes.

Pour opérer cette classification, on a déterminé la complémentaire de chacune d'elles en se servant des feuilles colorées copiées sur le cercle chromatique chromolithographié par Digeon [1].

En examinant l'ensemble de cette classification, on a constaté que bien des couleurs du cercle n'étaient pas représentées ; qu'au contraire l'industrie des toiles peintes n'employait qu'une très petite fraction du nombre de nuances comprises dans la construction chromatique de Chevreul.

Les couleurs étaient réunies en quelques groupes peu nombreux.

La grande majorité des couleurs classées dérivent de l'orangé-jaune.

Un autre groupe, très voisin de celui-ci, correspondait au 2e orangé-jaune Chevreul, qui est un peu moins rouge que le précédent.

Les bleus complémentaires de ces deux groupes manquaient totalement.

Enfin un troisième groupe correspondait au 1er ou 2e jaune Chevreul ; il n'y avait pas de dérivés rabattus de ces couleurs, mais par contre, la complémentaire, le bleu d'outremer, le bleu de France et un gris-bleu (indigo broyé) étaient représentés par plusieurs tons et plusieurs nuances.

En dehors de ces trois groupes, il n'y avait plus que le rouge-garancé ou le rouge-cochenille, complémentaire d'un vert-bleu peu employé et quelques verts d'herbe et des olives complémentaires du violet-rouge (fuchsine). A cela il faut ajouter quelques nuances de violet, complémentaires d'un jaune-vert, et quelques dérivés rabattus de ce dernier, des olives uniquement employées dans les dessins riches.

C'est de cette palette restreinte, particulièrement pauvre en bleus, que l'industrie se contentait dans ce moment (1873), livrant à la vente des étoffes imprimées dont les coloris étaient universellement appréciés.

§ **182. Coloris trop froids et coloris agréables.** — Les matières colorantes bleues dont se servait l'industrie de l'impression étaient le

---

[1] Qui est la copie du cercle de Chevreul, exécuté sur laine et conservé au laboratoire de teinture des Gobelins.

bleu de France et le bleu d'outremer, que l'on associait, si le dessin le permettait, à l'orangé-jaune. L'ensemble de cet arrangement était trop rouge. Pour corriger ce défaut, l'auteur fit deux expériences dont le résultat est bien significatif.

Il fit un coloris dans lequel le bleu d'outremer était conservé ; de même pour le bleu de France. Il leur adjoignit la complémentaire qui est le 1ᵉʳ ou 2ᵉ jaune. Ce coloris fut jugé « trop froid » et rejeté par conséquent.

Par comparaison, on fit un autre coloris où le jaune-orangé était conservé, et on y adjoignit sa complémentaire, un bleu-verdâtre, obtenu en mélangeant le bleu d'outremer avec le vert de chrome.

L'effet de cet arrangement a été jugé très agréable et préféré à celui du bleu de France avec le même jaune-orangé. Il était de plus d'un aspect nouveau, ce qui lui a donné une certaine valeur industrielle.

Le mélange d'outremer et de vert de chrome n'a pu être employé que comme couleur d'enluminage. L'inconvénient de ces colorants est d'être insolubles, donc opaques, ce qui empêchait de les employer comme fonds sur satin de coton. Cette étoffe était alors de mode, et on savait en l'apprêtant lui donner un éclat soyeux.

Il lui fallait des couleurs transparentes. Le bleu de la nuance voulue (nuance de la turquoise) a été obtenu par un mélange de bleu et de vert d'aniline.

C'est ce bleu qui a été mentionné au troisième exemple. Il a été employé dans la suite dans un grand nombre de coloris, et depuis cette époque on le voit souvent employé en teinture, tant pour l'ameublement que pour l'habillement.

L'échec du coloris formé par le jaune Chevreul avec le bleu de France, sa complémentaire, était un fait important dont il fallait trouver les raisons.

§ **183. La couleur du bois des meubles.** — Une idée qui devait naturellement venir en étudiant ce sujet si intéressant, c'était d'assortir la couleur dominante d'une étoffe destinée à l'ameublement avec la couleur du bois de meubles qui doivent orner la même pièce.

On a appliqué alors au bois de placage le même procédé qui avait été appliqué aux étoffes coloriées, et on a déterminé la complémentaire.

On a trouvé ainsi que le palissandre et l'acajou font partie du groupe de l'orangé-jaune ; le chêne et le noyer ciré au 2ᵉ orangé-jaune et l'érable au 3ᵉ orangé-jaune, complémentaire d'un bleu moins verdâtre que la turquoise, et plus voisin du bleu de France.

C'est ici le lieu de faire ressortir une coïncidence qui n'est certainement pas un effet du hasard ; c'est que la couleur du bois des meubles se classe dans les groupes de couleurs les mieux représentés dans la palette de l'industrie de l'impression.

Le goût des acheteurs, des dessinateurs, des coloristes avait désigné peu à peu un certain nombre de couleurs qui s'arrangent bien avec la couleur du bois des meubles !

Seul le bleu employé alors était en désaccord, au point de vue de l'harmonie, l'ensemble du coloris était trop rouge ; mais ce défaut était toléré, puisqu'on n'avait pas mieux.

En comblant les lacunes qui existaient dans les groupes, en ajoutant des couleurs qui peuvent s'associer industriellement aux précédentes, on s'est appliqué à faire des coloris spécialement assortis avec l'acajou, le noyer, l'érable.

La vente a bien accueilli les uns et les autres ; mais elle a toujours montré une prédilection pour le coloris acajou, qui s'arrange bien en outre avec certaines nuances de noyer, que les ébénistes cherchent à rougir en coloriant le vernis qui sert à les polir.

Cette couleur de meuble est de beaucoup la plus répandue, ce qui explique les préférences des acheteurs.

Si l'orangé-jaune est la couleur directrice pour les coloris qui doivent s'harmoniser avec la couleur du bois des meubles, il y a une raison pour laquelle la nuance acajou est préférée à toute autre ; car on pourrait prendre aussi bien des bois de toutes les teintes. L'industrie ne manquerait pas de moyens pour produire des meubles coloriés en bleu, rouge, vert, si elle avait quelque chance de les vendre.

Ce serait une question de mode, de prix, de goût ; le besoin de faire du nouveau, et la crainte de faire des arrangements colorés, peu harmonieux ont déjà fait abandonner en partie les meubles avec leurs couleurs naturelles. Actuellement on les fait en blanc, en gris, supprimant ainsi toute couleur, sûr moyen d'éviter des fautes d'harmonie. Depuis longtemps on emploie des meubles en bois noir, qui, au point de vue couleur, sont aussi neutres que les meubles blancs.

§ **184.** De la couleur des cheveux (¹). — Il y a dans l'emploi de meubles en acajou, en noyer, une autre coïncidence à signaler : l'orangé-jaune, d'où dérivent ces couleurs, est aussi la base de celle des cheveux humains.

(¹) A. ROSENSTIEHL, *De l'harmonie des couleurs* *Comptes rendus*, t. LXXXVI, p. 343, 1878).

Ayant fait coller par un dessinateur en cheveux, sur du papier fort, les cheveux de toute nuance, on a découpé des disques fendus dans les feuilles ainsi obtenues et on a déterminé, à l'aide des disques tournants, la complémentaire de ces couleurs.

Les cheveux de couleur brune dérivent de l'orangé-jaune ; et leur nuance fait partie du groupe de l'acajou.

Il en est de même des cheveux roux.

Les cheveux blonds correspondent au 2 orangé-jaune, qui comprend la couleur du bois de noyer.

Aussi le bleu-verdâtre sied-il bien aux brunes, et le bleu ciel convient-il aux blondes : de même les couleurs préférées pour la robe, et qui habillent le mieux une femme sont comprises dans les séries voisines du jaune-orangé. Les couleurs brunes des fourrures appartiennent de même à ces séries.

Les règles suivies plus haut pour les coloris des dessins d'ameublement s'appliquent parfaitement à la toilette ; la préférence donnée par les acheteurs aux coloris dérivés de l'orangé-jaune, pour l'ameublement et la toilette, s'explique, d'après ce qui précède, par le fait que la couleur du bois des meubles, à laquelle on assortit les étoffes, dérive de l'orangé-jaune ; et la préférence donnée aux meubles qui présentent la couleur naturelle du bois dont ils sont faits, s'explique encore, parce qu'ils s'assortissent bien à la couleur des cheveux humains.

Il y a plus.

§ 185. La couleur chair. — La couleur chair est un dérivé de l'orangé-jaune mêlé de beaucoup de blanc. Que l'on compose un disque de telle façon que la moitié en soit blanche, et l'autre moitié colorée en jaune-orangé : si on met en rotation rapide, l'aspect du disque sera celui de la couleur chair (§ 37).

L'orangé-jaune joue, d'après ce qui précède, un rôle important dans l'ornementation ; les diverses concordances qu'on a signalées ne sont pas, évidemment, l'effet du pur hasard ; il y a un lien, qu'on ne saurait méconnaître, entre la couleur dominante du corps de l'homme et celle des objets dont il aime à s'entourer. En élargissant le cadre de ces conclusions et en passant à un ordre d'idées plus élevé, il semble que l'homme, par un jugement inconscient, rapporte tout ce qui lui sert, et tout ce qu'il crée, à sa propre image.

CHAPITRE XXII

INDICATIONS PRATIQUES

§ 186. Collection de types. — Ces indications sont rédigées en se mettant au point de vue d'une personne chargée de colorier un dessin donné.

Elle aura eu soin de réunir une collection de papiers couchés, tels qu'on les trouve dans le commerce (¹). Ces papiers seront choisis parmi les couleurs les plus vives ; et peu importe qu'elles soient solides à la lumière.

Elles ne doivent servir qu'à des expériences de courte durée, pendant lesquelles leur couleur ne peut guère s'altérer. Ce qui importe, c'est qu'elles soient très intenses de coloration. Et je rappelle que ce n'est pas parmi les couleurs foncées qu'on a chance de les rencontrer, mais plutôt parmi les couleurs claires ou de ton moyen.

Les disques tournants ne peuvent servir qu'à dégrader les couleurs. Et c'est à l'aide de ces couleurs dégradées que les dessins seront coloriés.

S'il y a des nuances qu'on n'a pas pu se procurer en papier, on peut employer des étoffes de belle couleur. Pour se servir de celles-ci, on les colle sur un papier de force suffisante.

Et on classera tous ces types de couleur selon leur ordre dans le cercle chromatique et autant que possible par couples complémentaires.

La marche générale à suivre a été décrite § 10 (p. 12); puis indiquée avec plus de détails dans les § 16 à 19.

§ 187. Les toupies. Agencement des secteurs. — Le matériel qui s'y trouve figuré peut être simplifié s'il ne s'agit pas d'un travail continu.

On peut alors revenir à la toupie de Ptolémée, employée aussi

______
(¹) *Bulletin Soc. ind. Mulhouse*, t. XLVII, p. 486 (juin 1877).

par Maxwell. Une description n'est guère nécessaire, les figures 47 et 48 y suffisent.

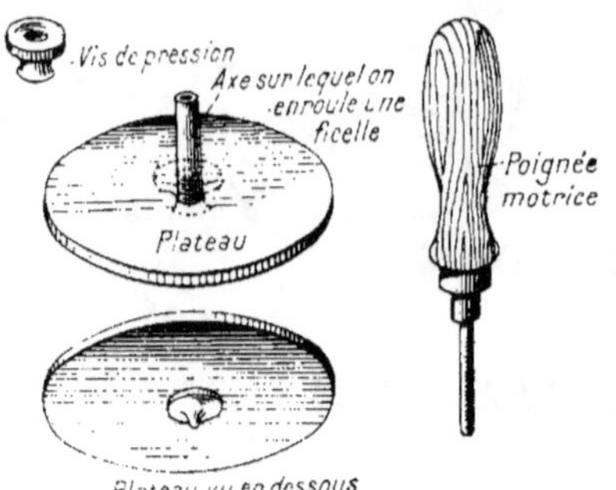

Fig. 47.

Ce modèle de toupie, qui ne peut tourner que quand son axe est dans la position verticale, est d'un emploi moins agréable que le modèle suivant, que l'on peut tenir à la main, et incliner dans la direction de la vision normale (*fig.* 49, 50, 51).

Pour en faire usage, on dispose sur le plateau de la toupie les pièces suivantes, qui sont toutes percées en leur centre et peuvent s'enfiler sur l'axe, où elles sont maintenues par une vis de pression.

Pour que l'orifice du centre ait pour toutes les pièces le même diamètre, il est bon de se servir d'un emporte-pièce, faisant des trous de $0^m,01$ de diamètre.

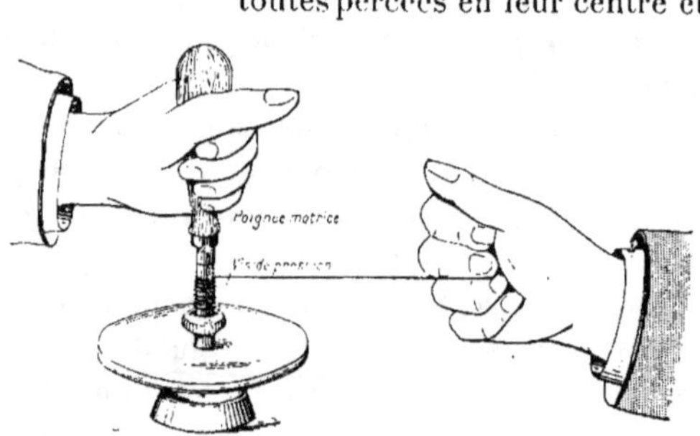

Fig. 48.

Cet instrument étant d'un emploi courant se trouve dans le commerce.

1° La première pièce que l'on enfile sur l'axe est celle destinée à mesurer l'angle des divers secteurs dont on fait usage. C'est un disque en papier fort de $0^m,11$ de diamètre, dont la circonférence est divisée en degrés du cercle.

2° Sur ce disque on en place un deuxième qui est en velours de soie noir d'un diamètre de

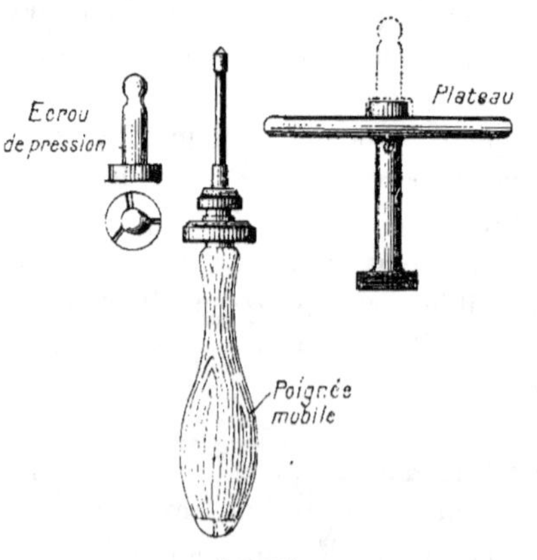

Fig. 49.

$0^m,10$. Il est destiné à remplacer l'orifice noir de l'appareil décrit § 16.

De toutes les matières noires le beau velours se rapproche le plus du noir absolu (voir § 17).

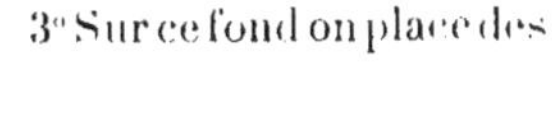

3° Sur ce fond on place des

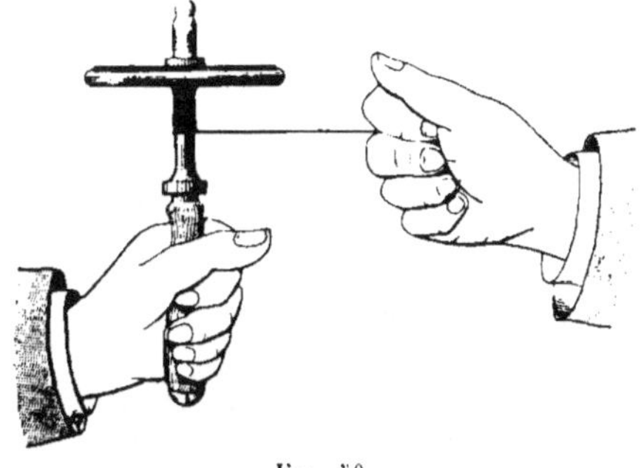

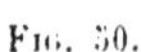

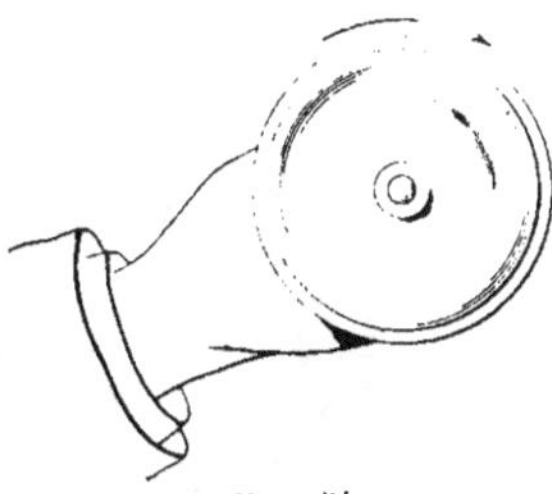

Fig. 50.   Fig. 51.

secteurs blancs, en papier fort, peint au sulfate de baryte. Ces secteurs

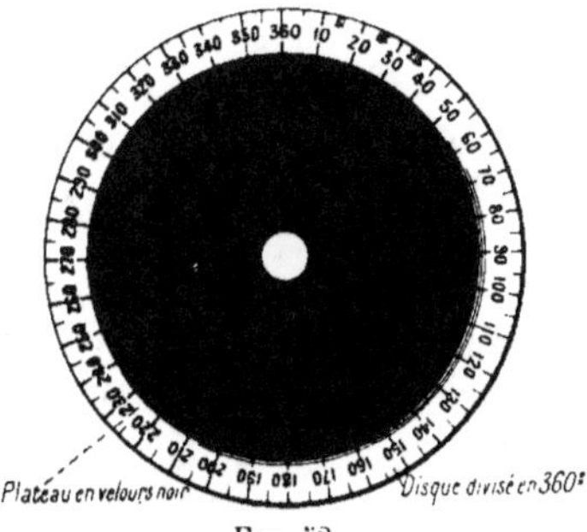

Fig. 52.

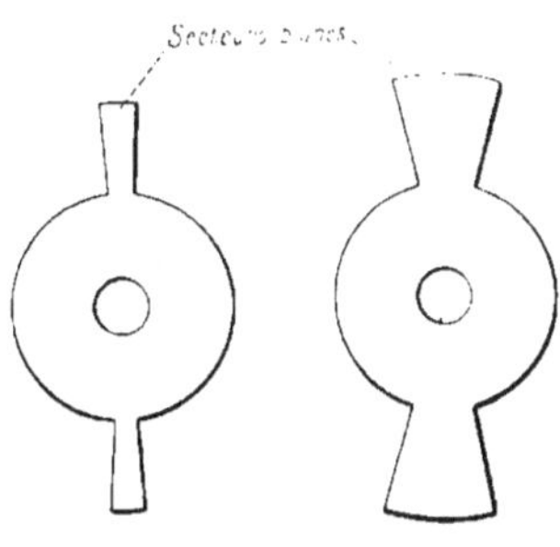

Fig. 53.

tournant avec le fond noir produiront le gris normal (p. 23). Outre les secteurs de 60°, 130°, 180°, on fera bien d'en établir de 20° et de 40° (fig. 52, 53).

4° Par-dessus ces secteurs viennent se placer les petits disques de 0^m,05 de diamètre qui servent à la détermination des complémentaires.

Ils sont découpés dans les feuilles de papier couché que l'on veut classer. Le plus commode est de les découper à l'emporte-pièce (fig. 11).

Mais on peut s'en passer, en procédant comme suit : on commence par découper le trou du centre à l'aide de l'emporte-pièce simple de 0^m,01 de diamètre.

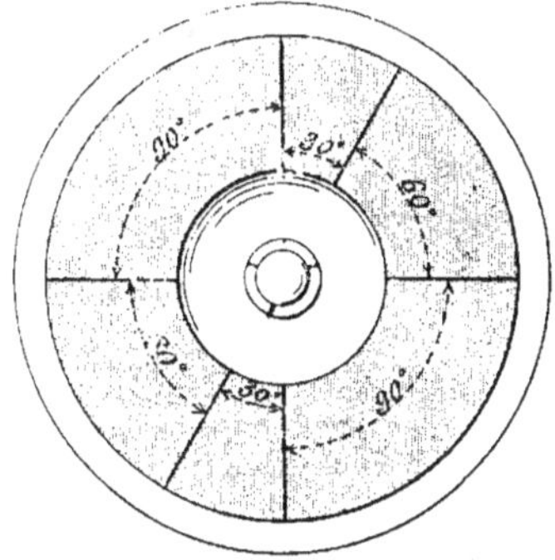

Fig. 54.

Puis à l'aide d'un compas, dont une pointe sera placée dans le centre de ce trou, on trace un cercle de 0^m.05 de diamètre, et on découpe le disque avec une paire de ciseaux. Avec le même outil on fend les disques de la circonférence au centre, selon un rayon.

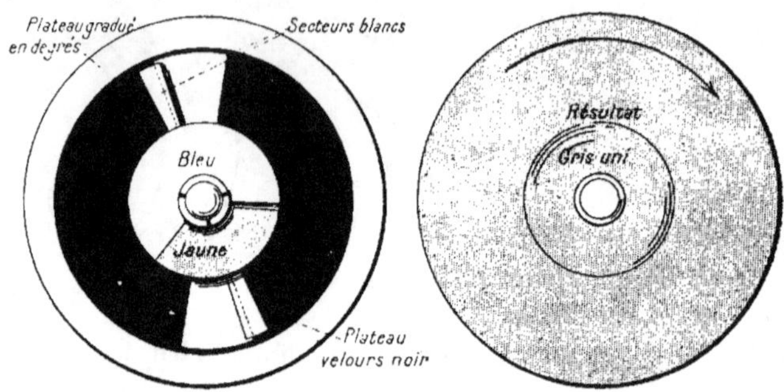

Fig. 55.

Grâce à cette fente, recommandée par Maxwell, on peut engager deux ou trois disques l'un dans l'autre (fig. 9, p. 24) et il est aisé de mettre en jeu des secteurs colorés de l'angle voulu.

§ 188. Détermination des complémentaires. — C'est en faisant varier les angles des secteurs colorés, que l'on cherche par tâtonnement à produire le gris normal. Il faut pour cela que : 1° les deux couleurs composant le petit disque soient complémentaires, et 2° que les angles des deux secteurs soient dans un rapport déterminé.

L'expérience seule peut déterminer ces deux conditions.

Pour abréger les tâtonnements préliminaires, il faut avoir présent à l'esprit le tableau des couleurs complémentaires, qui est reproduit ci-dessous.

Couleur	Complémentaire
Rouge	Vert un peu bleu
Orangé	Vert-bleu
Jaune	Bleu (outremer)
Jaune-vert	Violet-bleu
3e Jaune-vert	1er violet
Vert	Violet-rouge

Consulter aussi la figure 26 (p. 101), qui indique la place exacte de douze couples dans le cercle de Chevreul chromolithographié par Digeon.

Si malgré les variations tentées, en augmentant ou en diminuant les angles des secteurs colorés, on n'arrive pas au gris normal, il faut en conclure que les deux couleurs ne sont pas complémentaires.

Le gris obtenu est alors un gris coloré (pl. IV, *fig.* 2). Avec un peu d'exercice on arrive à donner un nom à cette coloration. Elle est, ou verte ; bleue ou jaune.

On remplace alors l'un des deux disques fendus, par un autre de couleur voisine qui sera choisie moins bleue ou moins jaune ; moins rouge ou moins verte, selon le cas.

L'aspect du disque en rotation est celui de la figure 55 (voir aussi pl. I, *fig.* 2).

C'est pour cela qu'il est nécessaire de posséder des types de couleur assez rapprochés entre eux. Et il est rare que dans ce cas on ne trouve pas la complémentaire exacte.

§ 189. Préparation des papiers couchés. — Si on ne la trouve pas, il faut se résoudre à peindre soi-même une feuille de papier de la couleur voulue.

Comme dans la suite de ce travail on se trouvera souvent dans la nécessité de préparer du papier couché d'une nuance précise, il y a lieu de décrire la manière d'opérer.

On emploie des matières colorantes couvrantes, broyées à l'eau, auxquelles on ajoute au dernier moment un peu de gélatine blanche. La proportion de gélatine n'est pas indifférente, quoi qu'elle puisse varier dans des limites assez étendues. Il en faut ni trop, ni trop peu ; à peu près 2 0/0. Si l'on en met trop peu, la poudre colorée se détache du papier qui ne peut alors servir.

Si on en met trop et que le mélange soit froid, un autre accident vient compromettre l'uni du papier : il se forme des plaques brillantes, irrégulièrement réparties à la surface du papier, provenant de la prise en gelée partielle du mélange. L'eau de gomme serait d'un emploi plus commode ; mais la peinture en séchant s'écaille et tombe.

La gélatine est le meilleur moyen de fixer ce genre de peintures.

Mais ses dissolutions présentent l'inconvénient de se prendre en gelée par le refroidissement. Ceci oblige à maintenir tiède l'eau que l'on emploie et les mélanges de matières colorantes destinés à être peints sur papier ([1]).

Pour avoir un bel uni, et pour éviter que la feuille de papier ne se gondole en séchant, il est bon de tendre le papier préalablement humecté sur une planche à dessin.

([1]) Nous employons dans ce but une plaque de fonte de 0ᵐ,20 environ de côté et de 0ᵐ,01 d'épaisseur. Cette plaque est placée sur un trépied et chauffée par une lampe. C'est sur cette plaque que l'on dépose les godets contenant les mélanges colorés, ainsi qu'un vase contenant de l'eau.

§ 190. Faire la synthèse de la complémentaire d'une couleur donnée [1]. — On peut se procurer un modèle de la couleur complémentaire à copier en employant la méthode suivante, qui est déduite du procédé de Maxwell (§ 87, p. 130).

On utilise pour cela les couleurs franches correspondant aux trois sensations fondamentales, telles que nous les avons décrites (p. 120, § 82) et qui nous servent d'étalon. Soit trois disques colorés en orangé, 3° jaune-vert, 3° bleu, employées à l'état le plus vif possible.

On détermine les proportions qui donnent le blanc. L'expérience donne :

Orangé..........................	50°
3° jaune-vert......................	122°
3° bleu	188°
	360°

Soit à obtenir la complémentaire du 3° jaune-vert. Pour y arriver, on retire le secteur jaune-vert de 122° et on compose un disque complet de 360° formé par les secteurs orangé et 3° bleu seulement, dans les rapports de 188° 3° bleu à 50° d'orangé, ce qui donne un disque formé par :

$$\frac{188 \times 360}{238}\ \text{3° bleu} \dots\dots\dots\dots \quad 284°$$

$$\text{et orangé}\dots\dots\dots\dots\dots\dots \quad 76°$$

$$\text{Total}\dots\dots\dots \quad 360°$$

On copie l'aspect de ce disque en rotation rapide. C'est un violet. Celui-ci aura une intensité telle qu'un secteur de 238° produira, avec 122° de 3° jaune-vert, le gris normal.

Ce n'est pas un violet très intense, mais c'est un violet exactement complémentaire du 3° jaune-vert.

Voir la formation du violet par mélange d'orangé et 3° bleu (Pl. VI, *fig.* 2).

On opérerait de même pour chacune des deux autres couleurs, soit l'orangé, soit le 3° bleu.

Ici nous avons pris comme exemple l'une des couleurs de la triade

---

[1] Robert Waring Darwin (PLATEAU, *Bibl. analyt.*, sec. II, p. 32-33) indique l'expérience suivante :

« On divise un disque de carton en secteurs dont le nombre, et les largeurs respectives soient tels que, si l'on donnait à ces secteurs les couleurs prismatiques, et si l'on faisait ensuite tourner le disque avec rapidité, on obtiendrait du blanc. Mais au lieu de peindre ainsi les secteurs, on omettait l'une des couleurs prismatiques, en le faisant tourner on obtient une teinte donnant avec une grande exactitude celle du spectre inverse de la couleur supprimée. »

C'est-à-dire la complémentaire, mais une complémentaire lavée de blanc (Obs. de l'auteur).

fondamentale. Mais le procédé s'applique aussi bien à n'importe quelle autre couleur.

Soit un orangé-jaune. Nous remplaçons l'orangé par cette couleur, nous composons un disque avec orangé-jaune, 3ᵉ bleu, 3ᵉ jaune-vert, et nous cherchons par tâtonnement les angles des trois secteurs donnant le gris normal. Je suppose que nous trouvions :

$$
\begin{array}{lr}
\text{Orangé-jaune} & 40° \\
\text{3}^e \text{ jaune-vert} & 80° \\
\text{3}^e \text{ bleu} & 240° \\
\hline
 & 360° \\
\end{array}
$$

La complémentaire sera formée par :

$$
\begin{array}{lr}
\text{3}^e \text{ jaune-vert} & 80° \\
\text{3}^e \text{ bleu} & 240° \\
\text{Noir absolu} & 40° \\
\end{array}
$$

Si l'on copie ce disque, on aura un vert-bleu qui ne sera que les $\dfrac{320}{360}$ de l'intensité maximum que l'on peut obtenir avec ces surfaces colorées. Il vaut mieux faire le disque maximum en ramenant :

$$
80 + 240 = 320 \text{ à la valeur de } 360°
$$
$$
\text{soit } \frac{240 \times 360}{320} = 270° \text{ 3}^e \text{ bleu}
$$
$$
\text{et 3}^e \text{ jaune-vert} \quad 90°
$$
$$
\hline
360°
$$

On obtient ainsi le bleu complémentaire du jaune-orangé à un degré d'intensité tel que le gris normal est obtenu avec 40° d'orangé-jaune et 320° de vert-bleu.

C'est ainsi qu'à l'aide des trois couleurs seulement, on peut se procurer la complémentaire de toute couleur donnée. Ces explications mettent le lecteur à même de se procurer les couples de couleurs complémentaires dont il peut avoir besoin pour ses coloris.

CHAPITRE XXIII

COLORIS DÉRIVÉS DE DEUX COULEURS FRANCHES COMPLÉMENTAIRES

§ 191. Exemple d'application à un dessin donné, qui forme par lui seul un tout complet. — *Observation générale :* Les coloris qui vont être décrits sont tous adaptés à un seul et même dessin.

Dans la question d'harmonie, la forme et la couleur jouent leur rôle simultanément. Dès lors, notre jugement risque de s'adresser à la forme aussi bien qu'à la couleur, sans que nous puissions décider entre les deux éléments.

Les difficultés de cette nature seront évitées dans la mesure du possible, si on laisse constante la forme dans tous les coloris. Son influence sera par là éliminée, et toute notre attention se portera uniquement sur le coloris.

Soit un dessin à cinq couleurs (planche VIII), formé de fleurs et de feuillages de fantaisie, et l'on veut que le coloris forme par lui seul un tout complet répondant à la règle de Rumford.

On a pris le parti de colorier les fleurs en deux tons de même intensité de coloration. et de donner aux feuilles et au fond une couleur qui soit la complémentaire de celle des fleurs. Tout le coloris se trouvera ainsi partagé entre deux couleurs complémentaires dont l'une sera franche et appartiendra à l'objet principal, la fleur, et dont l'autre mêlée de blanc servira à colorier les objets accessoires (le feuillage et le fond). Cette dernière sera employée en trois tons de même intensité de coloration. C'est-à-dire que l'ensemble sera formé de deux camaïeux complémentaires entre eux.

Ces deux couleurs complémentaires seront choisies à une intensité de coloration telle que la loi de Rumford soit observée.

Le dessin étant donné, il faut avant tout connaître le rapport des surfaces qui seront occupées par les deux couleurs complémentaires.

C'est ce rapport des surfaces qui fixera l'intensité relative à donner aux colorations des fleurs et du feuillage (en ajoutant à ce dernier la surface du fond).

§ 192. Détermination des surfaces relatives. — Le procédé le plus simple consiste à faire le calque du dessin, puis de découper à part les fleurs, les feuilles avec le fond. On pèse séparément ces diverses portions. Voici les nombres, réduits en centièmes, obtenus par cette opération, dans le dessin qui nous sert d'exemple.

Fleurs...................... 15

Feuilles..................... 35 ⎱ 85

Fond....................... 50 ⎰

Le rapport du poids donne celui des surfaces. On eût pu se dispenser de peser à part les feuilles et le fond, puisqu'il a été décidé que ce dernier recevrait la même couleur que les feuilles.

Dans ce dernier cas, le rapport eût été de fleurs 15, feuillage et fond **85**. Chiffres qui vont être introduits dans le calcul.

L'intensité relative des deux couleurs du couple sera dans le rapport inverse des nombres 15 : 85.

§ 193. Choix du couple complémentaire ou de la couleur directrice. — La nature du dessin nous donne, dans le cas particulier, une grande latitude, le dessin représentant des fleurs de fantaisie. Et nous décrivons comme exemples plusieurs coloris.

Soit à exécuter le coloris accordé avec la couleur du bois d'acajou ; le 3ᵉ orangé, assorti avec le vert-bleu complémentaire.

Notre collection nous donne :

5ᵉ orangé...................... 115° ⎱

Vert-bleu .... 245° ⎰ = gris normal.

                                               360°

Le parti que nous prenons consiste à colorer les fleurs en bleu.

C'est la feuille du 5ᵉ orangé qui possède l'intensité la plus grande, puisqu'il en faut moins pour produire le gris normal.

Ici un cas particulier se présente. Nous ne possédons pas de bleu assez vif pour pouvoir le dégrader encore pour en faire deux tons de camaïeu, ainsi que nous avons pu le faire pour le violet et le rouge.

Mais nous possédons dans notre collection deux tons de bleu, obtenus directement en mélangeant du bleu d'outremer et du vert Guignet, avec le sulfate de baryte.

Le ton foncé produit avec le même jaune-orangé un gris de 114° de blanc, le ton clair un gris de 180° de blanc.

§ 194. Calcul du secteur du 5ᵉ orangé. — Le point de départ de notre calcul, ce sont les chiffres donnés par l'expérience.

Il faut calculer l'angle du secteur du 5ᵉ orangé qui, mis en rotation devant l'orifice noir, produira une teinte telle que 85 surfaces de ce dérivé donnent avec 15 surfaces de vert-bleu le gris normal (les degrés sont assimilables aux surfaces).

Or 245° de vert-bleu exigent 115° de 5ᵉ orangé, donc 15 surfaces des vert-bleu exigeront :

$$(1) \qquad \frac{115° \times 15°}{245°} = 7°$$

un secteur de 7° de 5ᵉ orangé.

C'est dire que les 7° de 5ᵉ orangé neutralisent les 15 de vert-bleu.

Il faut que dans 85 surfaces qui doivent être associées au 15 de vert-bleu il y ait 7° de 5ᵉ orangé.

Le rapport étant déterminé, il faut exécuter la feuille de papier coloré qui servira de modèle au dessinateur chargé de colorier le dessin.

Il faut en conséquence que dans 360° de cette feuille il y ait :

$$\frac{7 \times 360}{85} = 30° \text{ de 5}^e \text{ orangé.}$$

Remplaçant 7 par sa valeur dans la formule 1, il vient :

$$\frac{115 \times 15}{245} \times \frac{360}{85} = 30°$$

ou en général :

Si nous désignons par x l'angle cherché de 30°; par B la valeur de 115°, correspondant à x; par A celle de 245°; par a la valeur de 15 surfaces du bleu; par b la valeur de 85 surfaces à colorier avec x, on a :

$$x = \frac{B}{A} \cdot 360 \cdot \frac{a}{b},$$

formule générale qui sera appliquée aux autres coloris du même dessin.

Nous exécutons les trois tons :

	foncé	moyen	clair
5ᵉ orangé..................	30°	30°	30°
Blanc..................	10°	40°	90°

Les deux extrêmes que nous pourrions exécuter sont :

	ton foncé	ton clair
5ᵉ orangé..................	30°	30°
Noir absolu..............	330°	Blanc 330°
	360°	360°

Entre les deux on peut exécuter un grand nombre d'intermédiaires.

Les trois choisis plus haut, après un court tâtonnement, nous semblent réaliser les écarts nécessaires pour assurer la vision distincte.

Nous emploierons le ton le plus clair pour le fond ; les deux tons les plus foncés sont destinés au feuillage ; ils sont entre eux plus rapprochés qu'ils ne le sont du fond.

Ils forment avec lui un camaïeu parfait en trois tons.

Le coloris exécuté d'après ces principes a été trouvé très harmonieux, et infiniment supérieur à celui exécuté par l'artiste auteur de ce dessin (planche IX).

La faveur dont il jouit est due à cette circonstance, signalée plus haut (§ 64 p. 95), que la couleur du 5ᵉ orangé est celle de la race blanche ; c'est celle qui s'harmonise le mieux avec la couleur de la personne humaine, et les couleurs de cette série sont toujours préférées pour l'habillement et pour l'ameublement.

§ 195. Coloris à fleurs violettes (planche X). — Dans notre collection de feuilles colorées se trouve le couple suivant :

Violet vif......................	208°	$\Big\}$ = 48° blanc.
Vert complémentaire.............	152°	

Les numéros correspondants dans le cercle de Chevreul sont 1ᵉʳ violet, 4ᵉ jaune-vert (planche XIV).

Le premier de ces deux types est teint sur laine, car il n'a pas été possible de l'obtenir sur papier avec des matières colorantes couvrantes. On l'a trouvé dans une collection d'étoffes de laine teintes avec des colorants acides (violets, fuchsines acides).

Ce que nous disons ici relativement aux matières qui constituent le couple n'a d'autre but que de montrer que l'on doit utiliser les documents dont on dispose.

Le vert avait été exécuté sur papier avec des matières colorantes couvrantes (vert Guignet, chromate de baryte).

Les deux couleurs de ce couple sont trop vives pour servir directement.

Le rapport de leurs intensités ne saurait convenir à notre dessin ; il faut les dégrader de manière à ramener les intensités au rapport des surfaces relatives de ce dessin, qui sont de 15 à 85.

Quelle couleur faut-il donner aux fleurs ? Il est hors de doute que les convenances plaident pour l'attribution du violet aux fleurs et du vert au feuillage.

Et puisqu'il s'agit de fleurs, elles seront l'objet principal du dessin ;

elles recevront une couleur aussi franche que nos moyens nous le permettent.

Ceux-ci sont en effet limités.

Les colorants couvrants nous manquent pour faire un beau violet. Il faut nous contenter d'un violet bien moins vif que celui de notre type sur laine, et déterminer par tâtonnement le violet le plus vif et le plus foncé que nous puissions copier avec les matières colorantes dont nous disposons, savoir : carmin de cochenille, bleu d'outremer, et un peu de blanc de baryte.

Nous superposons donc un secteur de 120° à un autre de 60° de notre premier violet, et nous le plaçons avec un secteur blanc sur le disque en velours noir.

L'addition du secteur blanc est nécessitée par l'impossibilité de copier les couleurs très foncées (voir § 23, p. 31).

Les divers secteurs sont placés dans l'ordre suivant : 1° le secteur blanc en dessous; 2° les 2 secteurs violets placés par-dessus. Ces secteurs se recouvrent les uns les autres. De sorte que le secteur de 120° représente dans cet arrangement le plus petit secteur violet. Si nous dégageons le secteur de 60°, qu'il recouvre, nous avons un total de 180° de violet.

C'est-à-dire que la moitié du disque est couverte. Le violet, obtenu par la rotation rapide de ce disque, est beaucoup trop beau pour qu'il nous soit possible de le copier.

Nous sommes obligés de nous contenter d'un secteur plus petit ; ce que nous réalisons en cachant une partie de l'un des secteurs violets sous l'autre. De même nous faisons sortir une partie du secteur blanc, sous les secteurs violets (voir pl. VI, *fig.* 2). Et nous copions l'aspect du disque, en mélangeant sur la plaque de verre et avec le couteau de palette les colorants nécessaires.

Avec ce mélange on peint un bout de papier à dessin, et on fait sécher à une chaleur douce, sur la plaque chaude. Puis on y découpe un petit disque de $0^m,05$, que l'on superpose ensuite aux secteurs violets de $0^m,10$. Et on met en rotation rapide.

On compare alors la couleur du disque avec celle du cercle extérieur formé par les secteurs violets, le petit secteur blanc et le secteur noir, complétant le disque. On juge de l'identité ou de la différence, et cette dernière nous indique dans quel sens il faut modifier la composition du mélange de matières colorantes.

C'est ainsi que par le tâtonnement nous avons trouvé que nous pouvions copier et reproduire le violet suivant :

$$1^{er} \text{ violet, secteur de} \dots \dots \quad 160° \; \Big\} \text{ ton foncé.}$$
$$\text{blanc} \dots \dots \dots \quad 14° \; \Big($$

qui sera employé pour colorier la fleur, et nous ferons le ton clair du camaïeu avec

$$
\left.\begin{array}{lr}
\text{1}^{\text{er}}\text{ violet}\dots\dots\dots\dots\dots\dots\dots\dots & 160^\circ \\
\text{blanc}\dots\dots\dots\dots\dots\dots\dots\dots\dots & 50^\circ
\end{array}\right\}\ \text{ton clair.}
$$

L'angle de ce secteur blanc n'est pas plus le résultat du calcul que ne l'est l'angle du violet. Il est simplement choisi par l'artiste, parce qu'il est assez distinct du ton foncé pour ne plus se confondre avec lui à la distance de la vision distincte.

Le coloris de la fleur étant ainsi arrêté selon notre goût, d'accord avec nos moyens d'exécution, il s'agit de fixer les intensités des trois tons de vert, qui constituent le reste du coloris. Et ceci dépend à la fois de deux données :

1° Du rapport de l'intensité de notre violet et du vert franc complémentaire;

2° Du rapport des surfaces violettes et des surfaces vertes du dessin.

Ces deux rapports sont donnés par l'expérience directe :

$$
\begin{array}{lr}
\text{Violet rabattu}\dots\dots\dots & 220^\circ \\
\text{4}^{\text{e}}\text{ jaune-vert}\dots\dots\dots & 140^\circ
\end{array}
\left.\begin{array}{l}
\dots\dots\dots\dots\ \text{A} \\
\\
\dots\dots\dots\ \text{B}
\end{array}\right\} = \text{gris normal.}
$$

Le rapport des surfaces du dessin a été déterminé plus haut : il est de :

$$
\begin{array}{lr}
\text{pour le violet de 15}\dots\dots\dots\dots\dots & a \\
\text{pour le vert de 85}\dots\dots\dots\dots\dots & b
\end{array}
$$

La formule qui donnera x le secteur vert est (voir p. 240, § 194) :

$$
(1) \qquad x = \frac{B}{A} \cdot 360 \cdot \frac{a}{b} \quad \cdot \quad = \frac{140}{220} \cdot 360 \cdot \frac{15}{85} = 40^\circ
$$

L'angle du secteur vert qui nous donnera le camaïeu du violet sera de 40°.

Nous exécutons ce secteur à l'aide de la feuille de papier couché, nous le plaçons avec un petit secteur blanc sur le disque noir, et nous mettons en rotation rapide.

En associant ce secteur à des secteurs blancs d'angle convenable nous chercherons par tâtonnement trois tons, convenant au dessin, et réalisant la vision distincte. La distance entre les tons est fixée par l'artiste.

Il porte son choix sur les trois tons suivants :

	Ton		
	foncé	moyen	clair
4ᵉ jaune-vert	40°	40°	40°
Blanc	13°	40°	90°

L'angle de 13° nous est imposé par les circonstances : nous ne saurions copier un ton plus foncé pour des raisons qui ont déjà été exposées. Nous copions en conséquence ces trois tons de la même teinte.

Puis nous en peignons une feuille de papier qui nous servira de référence dans la suite.

Le restant du mélange servira au dessinateur à exécuter un rapport du dessin, pour soumettre l'ensemble à la critique des personnes compétentes. L'expérience nous a montré qu'un coloris, exécuté avec les précautions que nous venons d'indiquer, réussit du premier coup et plaît aux connaisseurs.

§ 196. Variantes. — Le coloris que nous venons d'exécuter n'est pas le seul que nous puissions obtenir avec le même couple complémentaire. Nous pouvons prendre un parti différent. Au lieu de répartir le vert du feuillage entre trois tons, y compris le fond, nous pouvons le réserver au seul feuillage, et faire un fond incolore, soit blanc, gris, ou noir.

Dans ce cas, la répartition sera la suivante :

$$\text{Fleurs : 2 tons de violet} \ldots \ldots \quad 15 \text{ surfaces}$$
$$\text{Feuilles : 2 tons de vert} \ldots \ldots \quad 35 \quad —$$

et le fond n'entre pas en ligne de compte.

Notre formule sera alors, en conservant la notation (§ 194) :

$$A = 220$$
$$B = 140$$
$$a = 15$$
$$b = 35$$

C'est-à-dire que le nombre 85 de la première équation sera remplacé par 35.

En effectuant le calcul, on trouve :

$$x = \frac{140}{220} \cdot 360 \, \frac{15}{35} = 98,$$

soit 100° en nombres ronds.

On détermine alors la composition du ton foncé en cherchant par tâtonnement l'angle du secteur blanc le plus petit possible, qui nous permette la copie du ton.

L'expérience donne :

$$\text{4° jaune-vert} \ldots \ldots \ldots \quad 100° \left.\right\} \text{ ton foncé.}$$
$$\text{blanc} \ldots \ldots \ldots \ldots \quad 14° \left.\right\}$$

Le ton clair qui permette la vision distincte est obtenu avec :

$$4^e \text{ jaune-vert} \dots \dots \dots \quad 100°$$
$$\text{blanc} \dots \dots \dots \dots \quad 60°$$

Ces deux tons constituent le camaïeu correspondant à la teinte violette des fleurs.

Pour le fond nous choisissons le gris le plus clair qui s'associe bien avec les tons clairs de la fleur et des feuilles, c'est un gris correspondant au secteur de 130° de blanc, tournant devant l'orifice noir.

Pour le fond noir, qui ne peut être qu'un gris foncé (le noir absolu étant matériellement inexécutable), nous aurons :

$$\text{Secteur blanc} \dots \dots \dots \dots \dots \quad 14°$$
$$\text{Noir absolu} \dots \dots \dots \dots \dots \quad 346°$$

(fond exécutable par exemple en noir d'aniline vapeur, sur tissu de coton).

Ces variantes du coloris sont très harmonieuses comme le coloris lui-même.

Le feuillage est coloré plus vivement que dans le premier coloris ; la règle de Rumford y est scrupuleusement appliquée.

Quel est le parti préférable ?

L'auteur ne veut pas se prononcer, mais il peut rendre attentif à ceci :

En renonçant à donner au fond une teinte camaïeu du feuillage, le contraste de couleurs peut se produire entre les fleurs et le fond, ou entre le feuillage et le fond.

Et selon la sensibilité de l'œil de l'observateur qui est appelé à formuler son jugement, ce contraste sera ou ne sera pas vu. S'il est vu, il sera gênant, et le premier coloris sera préféré. S'il n'est point vu, on restera dans l'indécision.

Ces préférences dépendront du degré d'éducation de l'organe de la vue et aussi du cerveau.

Mais de toute manière ces coloris exécutés à l'aide des camaïeux complémentaires seront préférés à ceux exécutés selon le libre arbitre et sans le guide qui est constitué par l'ensemble de nos connaissances sur les propriétés physiologiques de l'œil, en ce qui concerne la perception des couleurs.

§ **197. Coloris à fleurs rouges** (planche XI). — Nous avons choisi le couple violet-vert comme exemple, parce que le violet est une des couleurs les plus difficiles à accorder harmonieusement.

Les défauts de ce couple ressortent au maximum, quand les deux complémentaires sont employées au maximum de vivacité (voir pl. VII).

Cet arrangement, très dur à la vue, est devenu, dans notre coloris, par l'addition du blanc dans des limites indiquées plus haut un coloris harmonieux, et on peut dire du dessin colorié qu'il fait l'impression du velours, le type précisément de ce qu'il y a de moins dur d'aspect.

Un autre couple difficile à manier est le couple rouge et vert-bleu.

C'est pour ce motif que nous jugeons utile d'en montrer l'emploi par un exemple.

Et afin de rendre nos coloris comparables, nous choisirons le même dessin. Car, ainsi que nous l'avons dit plus haut, la question de couleur est inséparable de la question de forme (Chevreul).

Nous éliminons l'influence de celle-ci en opérant sur le même dessin.

Coloris rouge. — Nous trouvons dans notre collection le rouge du cercle chromatique de Chevreul, reproduit en chromolithographie par Digeon, et sa complémentaire le 4ᵉ vert.

Ce couple donne le blanc avec :

$$\begin{aligned} \text{Rouge} &\quad 77° \\ 4^e \text{ vert} &\quad 283° \end{aligned} \Big\} = 46° \text{ blanc.}$$

Ce rouge serait trop vif pour un papier peint, et dès le début on **prend le parti de le rabattre de moitié**. Puis, pour pouvoir copier ce ton foncé, on adjoint au secteur rouge le plus petit secteur blanc possible.

Le ton foncé se trouve ainsi fixé aux proportions suivantes :

$$\begin{aligned} \text{Rouge} &\quad 180° \\ \text{Blanc} &\quad 8° \end{aligned} \Big\} \text{ ton foncé}$$

et pour le camaïeu :

$$\begin{aligned} \text{Rouge} &\quad 180° \\ \text{Blanc} &\quad 40° \end{aligned} \Big\} \text{ ton clair.}$$

Et on copie chacun de ces deux aspects avec des matières colorantes couvrantes.

Pour calculer l'angle du secteur vert répondant aux conditions de surfaces du dessin, il reste à déterminer par expérience directe les angles des secteurs du rouge A, par rapport au 4ᵉ vert B, sa complémentaire.

La figure 1 planche VI représente les secteurs composant un disque : secteur coloré 180°; secteur blanc 40°.

Le petit disque du centre représente la copie de la couleur du disque en mouvement, faite par l'artiste. Si la copie est réussie, l'aspect du disque en mouvement ne **montre** qu'une seule couleur. Les deux disques concentriques sont identiques d'aspect.

Nous trouvons ainsi :

$$A = 146 \atop B = 214 \Big\} = \text{gris normal.}$$
$$\overline{360}$$

Alors dans la formule :

$$x = \frac{B}{A} \cdot 360 \cdot \frac{a}{b}$$

B devient 214; A, 146; $a = 15$ et $b = 85$. En effectuant

$$\frac{214}{146} \cdot 360 \cdot \frac{15}{85},$$

on trouve $x = 93°$. — A l'aide de ce secteur, on fera trois tons espacés de manière à satisfaire l'esprit et à assurer la vision nette. Nous avons adopté :

	ton foncé	moyen	clair
pour le secteur 4e vert.......	93°	93°	93°
— — blanc........	10°	40°	90°

qui conviennent en effet au dessin. Celui-ci, colorié avec les cinq couleurs que nous venons d'indiquer, donne du premier coup, et sans tâtonnement, un résultat satisfaisant. Nous pourrions avec ce même couple faire les variantes que nous avons décrites pour le couple violet.

Il est bon de faire remarquer que comme point de départ de nos trois coloris cités ici comme exemple, nous avons été en présence de trois cas distincts.

Pour le bleu, c'est un type vif qui nous a manqué, et nous avons dû utiliser une propriété particulière du bleu d'outremer, signalée plus haut (§ 40, p. 54), c'est de gagner en pouvoir colorant par la dilution ; c'est grâce à cette propriété que nous avons pu nous procurer deux tons de la même teinte de bleu.

Rappelons que pour le violet, notre point de départ était si vif qu'il nous eût été impossible, faute de matière, de l'exécuter. Nous avons été forcés de rabattre ce violet et de le ramener au niveau de nos moyens d'exécution.

Pour le rouge, nous eussions pu l'exécuter, mais c'est plutôt pour le vert complémentaire que nous eussions été gênés.

Cependant les défauts de l'accommodation eussent été ici particulièrement sensibles, et nous avons, de propos délibéré, rabattu le rouge de moitié. Ces fleurs, dans le milieu où elles se trouvent, paraissent néanmoins très vives.

§ 198. Cas d'impossibilité. — Dans les coloris précédents nous avons pris le parti de colorer le fond par un ton faisant partie du camaïeu des feuilles. Examinons toutefois le cas où le fond serait le camaïeu du rouge des fleurs.

C'est ici que nous rencontrerons un cas d'impossibilité dont il est intéressant d'examiner les causes.

Dans la formule :

$$x = \frac{B}{A} \cdot 360 \frac{a}{b},$$

la valeur de a sera augmentée de la surface du fond, c'est-à-dire elle sera de $15 + 50 = 65$.

Et l'angle du secteur vert nécessaire pour faire équilibre au rouge sera nécessairement plus grand. Il sera 979°,7.

Ce chiffre est plus grand que 360°! C'est ici que nous nous heurtons à une impossibilité. Il nous faudrait un 4e vert beaucoup plus vif que celui que nous possédons.

Nous sommes limités dans nos moyens d'action par le défaut de matières colorantes suffisamment vives.

§ 199. Cas particuliers, coloris clairs. — Les coloris dont nous venons de donner trois exemples pourraient s'exécuter avec tous les couples de couleurs complémentaires. Ce qui présente déjà pour un même dessin une très grande ressource. Mais il y a une autre série de variantes dont on voit la possibilité et dont nous allons dire quelques mots.

Dans les trois coloris décrits précédemment nous nous sommes appliqué à employer l'un des cinq tons, aussi foncé que le permettent les matières colorantes couvrantes ; de cette manière nous avons donné au coloris le cachet velours, qui convient si bien à ce dessin.

Mais on pourrait nous poser la condition de faire un coloris aussi clair que possible.

Et nous pouvons éclaircir une couleur sans rien lui faire perdre de son intensité de coloration. Cela paraît à première vue paradoxal. Et pourtant cela ressort avec évidence de tout ce qui précède.

Rappelons ceci :

Si nous faisons tourner un secteur coloré d'un angle déterminé, soit de 90°, devant l'orifice noir, nous obtenons une couleur si foncée et si belle que nous ne pouvons pas la reproduire avec des matières colorantes.

Mais si nous remplaçons le noir par un secteur blanc de même surface, nous obtenons un ton clair, de même intensité de coloration que le précédent, et pourtant il est très clair, très voisin du blanc.

Si nous faisons la même expérience avec la couleur complémentaire, nous aurons de même des tons, l'un très foncé, l'autre très clair de la même couleur et de même intensité de coloration.

Les deux tons clairs sont complémentaires entre eux, par conséquent leur différence sera maximum, et nous pouvons obtenir des effets d'harmonie où le blanc dominera. Dans cet ordre d'idées, on voit que l'on pourra faire de la nouveauté comme coloris, harmonieux à coup sûr, et dont le succès dépendra de la mode (planche XII).

§ 200. Rappel des règles générales. — Dans tous les cas que venons de passer en revue, nous voyons que le principe de Rumford est confirmé. Et on peut résumer comme suit les règles à observer pour colorier un dessin quand celui-ci doit former à lui seul un tout complet :

1° Observer les règles qui satisfont l'esprit : les principes de l'unité, de la convenance, de la vision nette ;

2° Observer la règle de Rumford pour le choix des couleurs, observer la loi des surfaces, éviter la nécessité de l'accommodation, et éviter le contraste des couleurs, tel que Chevreul l'a défini.

L'œil éprouvera ainsi le maximum de satisfaction.

Par la précision avec laquelle nous avons formulé ces lois, en les condensant dans une expression mathématique, nous avons montré que :

Étant donnée une seule couleur d'un dessin, toutes les autres s'en déduisent mathématiquement. L'unique latitude laissée à l'arbitraire, c'est celle des valeurs relatives des tons ; mais ici l'arbitraire est limité par la nécessité de la vision distincte et de la convenance, c'est-à-dire que le dernier mot reste au goût de l'artiste.

Il ne faut pas oublier qu'un coloris calculé pour un dessin ne convient qu'à lui seul. Le cas où, dans deux dessins différents, le rapport des surfaces assignées aux deux complémentaires serait le même, se rencontrera rarement.

Et dès que le rapport des surfaces est changé, il faut aussi modifier en conséquence l'intensité de coloration de l'une des deux couleurs, de manière à satisfaire à la loi.

CHAPITRE XXIV

LE COLORIS EST DESTINÉ A FAIRE PARTIE D'UN ENSEMBLE

§ 201. Décoration d'une chambre. — Quand le coloris doit faire partie d'un costume ou d'une chambre, les différentes parties de cet ensemble peuvent être en couleur unie, ou bien enluminées en partie, et on peut partager les divers objets entre deux couleurs complémentaires. Dans ce dernier cas, l'emploi des camaïeux est indiqué. Nous entendons par là l'emploi de tons d'une même teinte, c'est-à-dire de tons de même intensité de coloration, tels qu'on les obtient avec les disques tournants, et non ceux de la gamme empirique. Il s'agit de colorer quatre murs, un plafond, un parquet. La loi des surfaces n'est plus rigoureusement applicable. Le mur faisant face aux fenêtres est seul éclairé normalement, le plafond, le parquet et les murs latéraux sont éclairés obliquement par la lumière du jour ; le mur placé à contre-jour est à peine éclairé.

De plus, les meubles, les tableaux diminuent notablement la surface visible.

Dans ces conditions la question des surfaces relatives à donner à deux complémentaires a moins d'importance.

La solution la plus simple est de donner aux deux complémentaires une intensité de coloration égale. Et comme il est possible de préparer à l'aide des disques tournants, pour chacune des deux teintes complémentaires, un certain nombre de tons plus ou moins clairs (§ 85, p. 124), on possède tous les éléments nécessaires pour colorier les diverses parties de la pièce.

§ 202. Harmonie d'analogues. — Les objets étant ainsi groupés et partagés entre les deux complémentaires, on peut appliquer à chaque groupe ce que Chevreul appelle « l'harmonie d'analogues » (CHEVREUL, *Contraste simultané*, p. 109, et notamment le cas qu'il désigne par « l'harmonie d'une lumière colorée dominante ».

C'est-à-dire qu'on peut employer pour colorier les objets du groupe les différents tons et les différentes teintes dérivées d'une même couleur, en distribuant selon la convenance les tons clairs et les tons foncés, les teintes intenses ou les teintes grises, de manière à permettre la vision distincte des objets et à mettre en relief leur valeur relative.

On veillera à ce que tous ces tons et ces mêmes teintes soient rigoureusement dérivées de la même couleur franche, c'est-à-dire qu'elles aient toutes même complémentaire.

Et on n'oubliera pas ce précepte : à la teinte la plus vive, la plus petite surface.

On voit qu'en observant ces règles on n'est nullement amené à éliminer les couleurs franches : au contraire, mais c'est à la condition que ces objets de vive couleur n'occupent pas une surface étendue.

Un parti que la pratique a sanctionné et à l'aide duquel on obtient des effets harmonieux consiste dans l'emploi du camaïeu parfait pour les diverses parties d'un même objet : par exemple pour les champs et les moulures d'une boiserie, pour la bordure et la tenture et aussi pour les diverses parties du dessin d'un papier, pour la bordure et les champs du plafond.

Dans tous ces cas l'emploi du camaïeu vrai donne à l'ensemble une grande harmonie, car il exclut le contraste entre couleurs non complémentaires, effet toujours gênant.

§ 203. Harmonie des petits intervalles. — C'est dans cette catégorie de coloris que se place ce que Brücke appelle l'« *harmonie des petits intervalles* ».

Si nous plaçons côte à côte l'orangé-jaune et la couleur chair, l'arrangement est harmonieux. Et nous en connaissons la raison : ces deux couleurs possèdent même complémentaire et sont d'égale intensité de coloration ; entre elles aucun contraste de couleur ne peut se produire, le seul contraste entre elles est le contraste de ton, c'est-à-dire la distribution de la lumière incolore.

Pour Brücke et les savants de son école [1], ces deux tons de même teinte appartiennent à deux couleurs franches différentes, mais voisines : la foncée à l'orangé-jaune, la deuxième à l'orangé-rouge : c'est ce que Brücke appelle un « petit intervalle », car dans le cercle chromatique

(1) BRÜCKE, *Physiologie der Farben*, p. 176 ; — ROOD, *Théorie scientifique des couleurs*, p. 236.

elles sont peu éloignées l'une de l'autre. Et il fait observer que, pour avoir un effet harmonieux entre deux couleurs voisines, il faut que l'une soit prise en ton foncé, l'autre en ton clair.

Le « petit intervalle » de Brücke peut donc s'interpréter comme étant réalisé par l'emploi de deux tons de la même teinte ou de ce que nous appelons la gamme esthétique.

Pour décider du coloris, on commence par grouper ensemble tout ce qui doit obtenir la couleur A, soit les étoffes, les tentures, le plafond, et ce qui doit être colorié par la couleur B, soit les boiseries, les corniches du plafond, le parquet.

§ **204.** Emploi de complémentaires d'égale intensité de coloration.

— Ce parti a l'avantage de la simplicié, mais il n'a rien d'absolu.

Un excellent arrangement, ainsi qu'on vient de le dire, est de donner à A et à B une intensité de coloration égale, c'est-à-dire que si l'on forme un disque de secteurs égaux de A et de B, celui-ci, par rotation rapide, doit produire le gris normal.

Quelles doivent être le degré de rabat à donner à A et à B?

Ceci est affaire de goût et de convenance, et sous ce rapport on a du choix ; il en est de même du nombre de tons que l'on désire employer : on fera de A et de B trois ou quatre tons ; et comme ils seront tous de même intensité de coloration, il n'y a plus à s'occuper des surfaces relatives.

Il y a dans le parti à prendre, quand on colorie une chambre, deux éléments, qui sont donnés d'avance : le bois des meubles et la couleur de la personne humaine.

§ **205.** Harmoniser le coloris avec la couleur de la race blanche.

— On est jusqu'à un certain point maître de la couleur du bois des meubles ; on peut leur laisser leur couleur naturelle.

On peut teindre le bois. Celui-ci peut être noir. Il peut aussi être blanc, gris clair plus ou moins teinté.

Mais ce dont on n'est pas maître, c'est la couleur de la personne humaine !

On a vu plus haut la curieuse coïncidence qui existe entre la couleur des meubles en acajou et en palissandre, et le teint de la personne brune à peau mate, tandis que le bois d'érable et du noyer correspondent plutôt aux cheveux blonds.

Il faut tenir compte de ce fait en prenant son parti dans le choix du couple de couleurs complémentaires qui servira de point de départ.

Il y a plusieurs gammes à utiliser ; celles de l'orangé-jaune et de leurs complémentaires.

§ **206.** Cas où l'on fait abstraction de la couleur de la personne humaine.

— Dans les cas où la personne humaine importe peu ; quand il s'agit de colorier un cabinet de travail ; quand les bois des meubles sont incolores, on a plus de liberté, on peut choisir des couleurs différentes ; c'est généralement l'architecte qui donne la couleur directrice.

La manière d'opérer dans ces divers cas ressortira de la description des exemples suivants.

Coloris d'un cabinet de travail. — La couleur directrice de ce cabinet sera le vert. Un échantillon de l'étoffe choisie pour les rideaux est remis au coloriste. Ce vert est assez sombre et d'une nuance très employée. Dans la suite il sera désigné par A.

La première opération à faire est de coller un morceau de cette étoffe sur une feuille de papier fort, puis on y découpe à l'emporte-pièce un disque fendu avec lequel on cherchera dans la collection de feuilles qui sont la copie du cercle de Digeon, la couleur complémentaire, et on mesure les angles des secteurs donnant le gris normal.

Admettons que l'expérience ait donné :

$$\left.\begin{array}{l} 180° \text{ de vert A} \\ 180° \text{ de } 4^e \text{ violet} \end{array}\right\} = \text{gris normal.}$$

Il se trouve, et c'est un pur hasard, que le vert A possède la même intensité de coloration que le 4e violet de la collection.

Cela n'a pas d'importance.

Ce qui en a, au contraire, c'est de trouver une feuille d'un vert plus vif, possédant même complémentaire. Car, avec les disques tournants, on ne peut que dégrader les couleurs, on ne peut les rendre plus vives. D'où la nécessité de se procurer les types les plus brillants possibles fussent-ils même faux teint.

On trouve dans la collection un vert A' tel que :

$$\left.\begin{array}{l} 72° \text{ vert A}' \\ 228° \ 4^e \text{ violet} \end{array}\right\} \text{donnent le gris normal.}$$

C'est un vert qui est quatre fois plus intense que le violet, par conséquent aussi quatre fois plus intense que le vert A.

Il nous est nécessaire pour faire les camaïeux de A, qui serviront pour les passementeries, les rideaux, et pour colorier le papier peint qui garnira les murs.

On découpera donc dans le vert un secteur de $72°$, et on le mettra en rotation rapide devant l'orifice noir qui représente le noir absolu. La couleur obtenue est si belle (§ 25, p. 31) que les matières colorantes manquent pour la copier. Il faut y ajouter un petit secteur blanc (Voir pl. VI, *fig.* 1).

$$\begin{array}{l} \text{Le rapport } 72° \text{ vert A'} \\ \phantom{\text{Le rapport }} 11° \text{ blanc} \\ \phantom{\text{Le rapport }} 277° \text{ noir absolu} \\ \hline \phantom{\text{Le rapport }} 360° \end{array}$$

donne la reproduction du vert A, qui servira de ton foncé pour le coloris.

Les autres tons sont obtenus par :

			Blanc
(2)	Vert A'...........	72°	45°
(3)	—	″	90°
(4)	—	″	180°

On copiera avec des matières colorantes couvrantes ces trois tons, pour servir de types au teinturier pour les passementeries, et au fabricant de papiers peints pour les tentures.

Le dessin du papier sera par exemple coloré par les tons 1 et 2; et le fond du papier par les tons 3 et 4.

Le plafond, qui doit être en couleur très claire, sera fait avec le 4e ton, le plus clair de tous, car il est la partie la moins éclairée de la pièce. Le tapis sera choisi de la couleur A.

Ces quatre tons ayant tous la même intensité de coloration, le dessin du papier sera monochrome.

Le dessin lui-même est produit par le degré de foncé ou de clair des quatre tons, qui seront dus uniquement à la distribution de la sensation de blanc, faibles dans les tons foncés, plus fortes dans les tons clairs.

Les étoffes peuvent être de couleur unie, si la convenance conseille de prendre ce parti.

Pour la peinture des boiseries, on opérera de même; on fera quatre tons de violet rabattu, de même intensité de coloration que le vert. De la sorte l'œil a de quoi se reposer, en errant d'une surface colorée à l'autre.

Ces colorations sont de bon goût.

Mais elles ne tiennent aucun compte de la coloration du bois des meubles.

§ **207. Coloris assorti à la couleur du bois des meubles et à la couleur de la personne humaine.** — On a vu plus haut que les couleurs du bois des meubles, celle des cheveux et de la couleur chair des hommes de notre race dérivent d'un orangé-jaune plus ou moins rouge, selon le cas.

C'est ainsi que la couleur des cheveux roux, des cheveux bruns dérive du 5ᵉ orangé Chevreul, de même que la couleur de l'acajou et du palissandre.

Que celle des cheveux blonds dérive du 2ᵉ orangé-jaune, comme la couleur du bois de chêne, d'érable et de certaines nuances de noyer.

On choisira donc, pour mettre en valeur le teint de la personne humaine, comme couleur directrice l'un ou l'autre de ces orangés-jaunes.

Le calcul sera le même pour les deux. Soit A, la couleur directrice et B le vert-bleu sa complémentaire.

L'expérience faite avec les feuilles colorées de la collection donne :

$$A\dots\dots\dots\dots\dots\dots \quad 62° \atop 298° \left.\right\} = \text{gris normal.}$$

Soit en nombres ronds et pour simplifier les calculs :

$$
\begin{array}{ll}
A\dots\dots\dots\dots & 60° \\
B\dots\dots\dots\dots & 360° \\
\hline
 & 360°
\end{array}
$$

Le parti auquel on s'est arrêté est celui-ci : Colorer les boiseries en deux tons clairs et assez vifs de la couleur A.

Employer des étoffes de deux couleurs complémentaires. Les sièges ont été garnis par le dérivé de la couleur A, entouré d'un cadre de même surface coloré en couleur B.

De même pour les rideaux, la moitié dans le sens vertical est bleue, l'autre de couleur acajou de même intensité de coloration. Le plafond est peint en bleu très voisin du blanc; le parquet, recouvert d'un tapis dont la couleur dominante est le bleu B.

Exécution. — Le choix du degré de rabat, le choix de l'intervalle entre les divers tons est arbitraire. On s'est laissé guider par les motifs d'ordre intellectuel, surtout par les principes de la convenance et de la vision distincte.

Les boiseries ont été peintes en deux tons :

	1	2
Couleur A	180°	180°
Blanc	45°	180°

Les deux étoffes ont été prises de couleur complémentaire et de même intensité de coloration, savoir :

	1
Couleur A.....................	45°
Blanc	8°
Couleur B.....................	225°
Blanc........................	8°

Les tons plus clairs, pour le papier ont été obtenus avec :

	2	3	4
Coûleur B..........	225°	225°	225°
Blanc..............	7°	60°	135°

Ce dernier a aussi été pris pour le plafond.

Pour la plinthe, on a pris un ton plus rabattu que pour les autres boiseries :

A................	80°
Blanc............	80°

L'effet de ce coloris a été très harmonieux et distingué. Il sort de l'ordinaire. On remarquera que l'on ne s'est pas lié par la condition de n'employer que deux teintes.

On a employé la couleur A en trois teintes :

A.............	180° pour les boiseries
A.............	80° pour la plinthe
A.............	45° pour les étoffes.

Tandis que pour le bleu on s'est contenté d'une seule teinte B 225°.

On eût pu en employer un plus grand nombre ; ceci est une affaire d'appréciation.

§ 208. Règles suivies pour l'établissement de ces coloris. —

Mais le principe qui a été rigoureusement suivi, c'est celui de prendre comme base du coloris deux complémentaires A et B, et surtout celui de faire les tons clairs et les tons foncés de même intensité de coloration et appartenant tous à la même gamme esthétique.

Ce sont là les conditions nouvelles absolument caractéristiques de cet ouvrage, que l'expérience a sanctionnées ; car tous ces coloris ont été exécutés en réalité et soumis au jugement de personnes compétentes et non prévenues.

Le principe de Rumford se vérifie par l'expérience. C'est là la conclusion qui se dégage nettement de ce qui précède, mais il faut ajouter un correctif :

L'arrangement de deux couleurs complémentaires est harmonieux, à la condition d'observer la loi des surfaces, d'éviter la nécessité de l'accommodation.

CHAPITRE XXV

COLORIS DÉRIVÉS DE PLUS DE DEUX COULEURS

§ **209. Absence de règles précises.** — Dans tous les précédents exemples l'on n'a employé dans un même coloris que deux couleurs franches, complémentaires, ainsi que leurs nombreuses dégradations.

On peut faire à la méthode décrite le reproche de manquer de variété. car incontestablement des coloris dérivés de trois, quatre, cinq couleurs franches donnent des effets agréables.

La réponse à faire, c'est que les règles précises qui puissent guider pour exécuter au coloris polychrome n'existent pas.

Il serait facile d'en imaginer.

Mais elles n'ont pas subi la sanction de la pratique.

On peut par exemple essayer de prendre pour point de départ le principe suivant, qui est d'accord avec l'expérience :

La sensation du blanc résulte de l'excitation égale des trois sensations colorées fondamentales; en conséquence. le principe de Rumford peut s'énoncer ainsi : l'harmonie des couleurs réside dans l'excitation égale de ces trois sensations colorées.

On peut donc baser un coloris sur l'emploi de trois couleurs choisies à égale distance l'une de l'autre dans le cercle chromatique selon la théorie d'Young (planche VII).

Ces trois couleurs, selon la surface occupée par elles, seront rabattues en conséquence en employant parmi les tons de la même teinte ceux qui réalisent les conditions de convenance et la vision distincte.

Ces trois couleurs ont d'autre part chacune sa complémentaire, qu'on peut associer aux trois premières, ce qui fait six couleurs à assortir dans un coloris, pour lesquelles on devra observer les mêmes règles. Car, ainsi que cela a été démontré (§ 208, la règle de Rumford se vérifie et peut être considérée comme un guide sûr pour l'arrangement des couleurs.

Le danger qu'il y a à assortir des couleurs non complémentaires, quoique équilibrées entre elles de manière à produire par leur mélange le blanc, réside dans les effets de contraste de couleur, toujours désagréables quand il ne s'agit pas de couleurs complémentaires. Pour ce motif, je pense que le maximum d'harmonie des couleurs sera toujours réalisé par l'emploi du camaïeu complémentaire.

§ 210. Exemple d'application d'une triade. — Comme exemple choisissons la triade fondamentale et le dessin de la planche VIII dont nous avons déjà exécuté plusieurs coloris.

La formule applicable aux couples complémentaires l'est également à la triade, il faut simplement se souvenir qu'une triade représente en réalité trois couples complémentaires.

L'expérience nous a donné (§ 79, p. 116) les rapports suivants entre nos normes.

$$
\begin{array}{lll}
\text{Orangé} & 40° \ldots \ldots & \text{A} \\
3^e \text{ jaune-vert} & 152° \ldots \ldots & \text{B} \\
3^e \text{ bleu} & 168° \ldots \ldots & \text{C}
\end{array}
$$

Les couples complémentaires contenus dans cette triade sont :

1° Orangé 40° complémentaire du 3e jaune-vert 152° ⎫
          et du 3e bleu 168° ⎬
2° 3e jaune-vert 152° — de orangé 40° + 3^e bleu 168°
3° 3e bleu 168° — de orangé 40° + 3^e jaune-vert 152°.

Nous prenons le parti de colorier l'objet principal avec la couleur la plus vive, c'est-à-dire l'orangé dans le cas actuel. Le feuillage sera vert, conformément à la nature des choses, et il reste, pour le fond, le bleu.

La question à résoudre est de déterminer l'angle des secteurs de ces trois normes, qui conviennent aux surfaces respectives.

Or ces surfaces sont :

$$
\begin{array}{lll}
\text{Fleurs} & 15° \ldots \ldots \ldots & a \\
\text{Feuilles} & 35° \ldots \ldots \ldots & b \\
\text{Fond} & 50° \ldots \ldots \ldots & c
\end{array}
$$

de même nous désignons les normes et les secteurs cherchés par :

$$
\begin{array}{lll}
\text{Orangé} & 40° \text{ par A} \ldots \ldots & x \\
3^e \text{ jaune-vert} & 152° \text{ par B} \ldots \ldots & y \\
3^e \text{ bleu} & 168° \text{ par C} \ldots \ldots & z
\end{array}
$$

Appliquant alors la formule générale pour les couples complémentaires :

$$x = \frac{B}{A} \cdot 360 \cdot \frac{a}{b},$$

nous aurons pour le premier couple :

$$x = \frac{B + C}{A} \cdot 360 \cdot \frac{a}{b + c} \quad \text{ou} \quad \frac{152 + 168}{40} \times 360 \times \frac{15}{35 + 50}$$

$$y = \frac{A + C}{B} \cdot 360 \cdot \frac{b}{a + c} \quad \text{ou} \quad \frac{40 + 168}{152} \times 360 \times \frac{35}{15 + 50}$$

$$z = \frac{A + B}{C} \cdot 360 \cdot \frac{c}{a + b} \quad \text{ou} \quad \frac{40 + 152}{168} \times 360 \times \frac{50}{15 + 35}.$$

Le calcul effectué donne les valeurs suivantes :

$$x = 508°,2$$
$$y = 265°,2$$
$$z = 411°,4$$

Ces chiffres représentent des degrés du cercle. Or celui-ci n'en a que 360°, tandis que les valeurs trouvées pour x et z dépassent ce chiffre. Comment faut-il interpréter ce résultat? Il faut se souvenir que les chiffres représentant x, y et z ne sont que des rapports. Ils indiquent que si on voulait conserver pour le coloris le 3ᵉ jaune-vert ($y = 265°,2$) dans toute son intensité, il faudrait disposer pour x et z de types de couleur plus vive, et augmenter leur intensité pour x dans le rapport de $\frac{508,2}{360}$ et de z dans celui $\frac{411,4}{360}$. Mais nous ne possédons pas pour x et z des type d'orangé, ni de 3ᵉ bleu plus intenses. Ce cas peut se présenter fréquemment. C'est pour cela que nous avons recommandé de se procurer comme types les représentants les plus vifs possible. Dans le cas particulier nous sommes forcés de diminuer l'intensité de notre 3ᵉ jaune-vert dans une proportion telle que la valeur de x soit assez petite pour que nous puissions produire deux tons d'égale intensité de coloration.

L'expérience apprend que, si l'on veut copier avec des matières colorantes couvrantes le ton foncé, il faut ajouter au secteur coloré du secteur blanc de 10° environ et que le ton clair, pour bien se distinguer du ton foncé, doit être obtenu par l'adjonction d'au moins 30° de blanc. C'est donc un total de 40° à 45° de blanc qu'il faut pouvoir associer au secteur orangé pour en avoir deux tons formant camaïeu.

Les deux tons les plus intenses de coloration pourront être obtenus avec :

	ton foncé	ton clair
Orangé...........	315°	315°
Blanc.............	10 à 15°	40 à 45°
		360°

Le type d'orangé se trouve ainsi diminué dans le rapport de 508,2 à 315°. soit de 62 0/0 ; les deux autres couleurs devront être diminuées dans la même proportion pour que le rapport entre les intensités corresponde bien aux conditions de surfaces colorées du dessin.

Nous appliquerons donc ce coefficient aux valeurs trouvées par le calcul pour x et y. Il vient ainsi, en arrondissant les chiffres :

$$x \dots \dots \dots \dots \dots \dots \dots \quad 316°$$
$$y \dots \dots \dots \dots \dots \dots \dots \quad 164°$$
$$z \dots \dots \dots \dots \dots \dots \dots \quad 256°$$

Le coloris sera alors formé de :

	ton foncé	ton clair
Fleurs : Orangé..........	316	316
— Blanc............	14	44
Feuilles : 3ᵉ jaune-vert.....	164	164
— Blanc........	14	44

Fond. — Il n'y a qu'un seul ton ; le principe de la vision distincte exige qu'entre les tons les plus clairs de l'orangé et du vert, il y ait une distance suffisante ce qui est réalisé par :

$$\text{3ᵉ bleu} \dots \dots \dots \dots \quad 256°$$
$$\text{Blanc} \dots \dots \dots \dots \quad 80°$$
$$\overline{\qquad\qquad 336°}$$

Or il y a du blanc dans le dessin. Si on prenait un secteur blanc de l'angle complémentaire, du secteur de :

$$\text{256 soit 3ᵉ bleu} \dots \dots \dots \quad 256$$
$$\text{Blanc} \dots \dots \dots \dots \quad 104.$$

ce ton serait trop clair pour laisser apparaître distinctement le blanc du dessin.

C'est pour cela que nous choisissons un angle de 80° de blanc, qui nous laisse une marge de 104 − 80, soit 24°, qui seront l'angle du secteur noir ; dès lors, le fond sera assez foncé pour que les parties blanches du dessin puissent apparaître avec netteté.

La planche XIV jointe à cet ouvrage donne vingt-quatre types, donc douze couples et huit triades. Ce qui permet de faire avec un même dessin un grand nombre de coloris.

§ **211.** Coloris polychrome libre, recherche de la couleur compensatrice. — Il est intéressant d'examiner le cas d'un coloris poly-

chrome où l'artiste a employé à sa convenance des couleurs en toute liberté. Car ce cas est le cas général. Supposons le dessin colorié achevé, et qu'il reste à déterminer la couleur du fond qui convienne à l'ensemble du coloris.

Cette question est de celles qui sont de la compétence du disque tournant. L'auteur a eu précisément l'occasion d'étudier un cas semblable.

C'est celui d'un portrait.

L'artiste avait achevé la peinture de l'objet principal et était à se demander quel fond il pourrait donner à son tableau, dont la couleur fût la plus favorable à son œuvre. Et voici comment la question a été abordée.

Les couleurs principales d'un portrait sont : le teint de la personne, ses cheveux, et jusqu'à un certain point le vêtement.

La couleur du fond doit harmoniser l'ensemble.

Nous nous sommes fait donner la copie des principales couleurs du tableau, en teinte plate, et nous avons évalué approximativement les surfaces occupées par chacune d'elles ainsi que la surface à occuper par le fond.

Puis avec ces données nous avons composé un disque sur lequel chaque couleur principale a été représentée par un secteur proportionnel à la surface occupée par elle. Le secteur représenté par le fond est resté incolore, c'est-à-dire en noir absolu, additionné de plus ou moins de blanc. On a mis le disque en rotation rapide, ce qui a donné la couleur dominante du tableau.

Dans le cas particulier, cette couleur s'est trouvé être un orangé-rouge reproduit sensiblement à l'aide d'un secteur de 90° orangé-rouge du cercle de Digeon et 80° de blanc.

Sa complémentaire est le 5ᵉ vert et les feuilles de notre collection donnent les rapports suivants :

$$\left. \begin{array}{ll} \text{Orangé-rouge} \dots \dots & 62° \\ \text{5}^e \text{ vert} \dots \dots & 298° \end{array} \right\} = \text{gris normal}$$

D'autre part, les surfaces relatives occupées par les deux couleurs dans le tableau sont :

$$\begin{array}{ll} \text{Orangé-rouge} \dots \dots & 55° \\ \text{Fond} \dots \dots & 45° \end{array}$$

Ces données sont suffisantes pour calculer l'angle du secteur du 5ᵉ vert, qui donnera la teinte du fond, nécessaire pour neutraliser les parties colorées de l'objet principal.

Ce secteur se calculera d'après l'équation :

$$x = \frac{B}{A} \cdot 360 \, \frac{a}{b}.$$

Ici B est le 5ᵉ vert, sa valeur est de................ 298°
    A, le rouge-orangé............................ 62°
    a, surface du rouge-orangé dans le tableau....... 55°
    b, surface du fond .... 45°

Ce qui donne pour x, 175°.

On fera donc un secteur de 175° avec le 5ᵉ vert. En faisant tourner ce secteur devant l'orifice noir de l'appareil, on obtient un magnifique ton foncé de ce 5ᵉ vert, que l'artiste aura de la peine à reproduire avec ses matières colorantes, et il préférera le modifier avec un petit secteur blanc, qu'on adjoint au secteur coloré. Ce sera le ton le plus foncé. Le ton le plus clair sera obtenu avec :

5ᵉ vert......................... 175°
Blanc......................... 195°
                                        ——
                                        360°

Et entre les deux tons l'artiste pourra choisir une série de tons intermédiaires en diminuant l'angle du secteur blanc ; cela lui permettra de mettre en relief, sans modifier en rien l'angle du secteur vert, sa peinture, non seulement au point de vue de la couleur, mais aussi au point de vue de la distribution de la lumière et de l'ombre, d'où dépend la vision nette de toutes les parties de l'œuvre.

La voie qui vient d'être décrite suppose la possession d'une collection de couples de couleurs complémentaires réalisée d'avance.

§ 212. Autre méthode. — On peut choisir des voies plus courtes qui n'exigent pas l'existence de collections, ni celle d'un appareil complet.

Les divers moyens à la portée de tout le monde vont être décrits dans ce qui suit. Ces moyens ressortent d'ailleurs de tout ce qui a été exposé précédemment et n'introduisent aucune donnée qui n'ait déjà été mentionnée.

Notre point de départ est toujours le disque portant les secteurs colorés qui représentent le résumé du tableau avec le secteur noir possédant la surface relative assignée au fond cherché.

On met en rotation rapide et on copie par des matières colorantes couvrantes la couleur résultante. On peint une feuille de papier avec le mélange des colorants qui reproduit cette couleur.

Avec cette feuille on fait un disque fendu D, et selon la méthode de Maxwell on l'associe à deux disques pareils, correspondant comme couleur aux deux normes (3ᵉ jaune-vert, 3ᵉ bleu dans le cas particulier et on cherche l'angle des trois secteurs produisant le gris normal. On mesure les angles, puis on retire le disque D, on le remplace par un secteur en velours noir de même angle, et sans rien changer aux deux autres secteurs on met en rotation rapide.

L'aspect sera celui de la complémentaire; comme nuance et comme intensité, ce sera le ton le plus foncé du 5ᵉ vert que cette disposition permet de réaliser. En remplaçant dans cette combinaison le disque noir par un disque blanc, on se procurera l'aspect du ton le plus clair, et l'artiste pourra choisir parmi les intermédiaires les tons qui répondent le mieux à ses besoins.

Ce mode de procéder très rapide a l'inconvénient de ne pas permettre de produire ni le ton le plus foncé ni le ton le plus clair que l'on pourrait dériver du 5ᵉ vert. Car l'intensité de coloration de ce vert sera moindre que celle de la couleur franche réalisable par des matières colorantes.

Il en faudra un secteur plus grand, soit, par exemple, un secteur de 300° au lieu de 175°, dès lors le ton le plus foncé sera obtenu avec :

	foncé		clair
5ᵉ vert rabattu....	300°		300°
Noir absolu.......	60°	Blanc......	60°

On a donc une latitude de beaucoup inférieure et avec l'écart de 60° seulement pour le blanc et le noir que pour le 5ᵉ vert de la collection où a latitude est de :

	ton foncé		ton clair
5ᵉ vert.......	175°	5ᵉ vert	175°
Noir.........	185°	Blanc	185°

Et cette latitude serait encore plus grande si nous prenions un 5ᵉ vert plus vif. Nous en possédons un dont 55° équivalent aux 175° du cercle de Digeon. Dès lors, on peut obtenir des écarts entre le ton foncé et le ton clair encore plus grands, par exemple :

	ton foncé		ton clair
5ᵉ vert vif....	55°		55°
Noir absolu..	305°	Blanc.........	305°

Il est évident qu'entre ces deux tons nous pouvons intercaler un plus grand nombre de tons intermédiaires qu'avec le 5ᵉ vert rabattu, où la latitude n'est que de 60°.

Dans cette manière d'opérer, nous avons dû faire une copie de la résultante du mélange des secteurs formant le disque de couleur D.

On peut encore se dispenser de cette opération.

§ 213. Troisième méthode. — En effet, le disque D est formé de secteurs colorés divers représentant les rapports des couleurs dans le tableau. On laissera constants ces secteurs et on remplacera le secteur noir en partie par les secteurs des deux normes.

Et par tâtonnement on cherchera les angles des secteurs de ces deux couleurs qui produisent le gris normal avec la partie constante du disque. Ceci est possible si la couleur D est d'une intensité inférieure à celle des normes, car le cas actuel est le cas le plus fréquent.

Retirant alors l'ensemble des secteurs D sans rien changer aux secteurs de 3e bleu et de 3e jaune-vert, on les remplace par du noir et on met en rotation rapide.

Le résultat sera encore la complémentaire de la couleur D, en nuance et en intensité.

Ces manipulations sont simples et rapides. Elles peuvent se faire avec la toupie à main, le disque de velours noir, les secteurs blancs et les secteurs des normes ou avec l'appareil Dosne (§ 96) très pratique et qui se prête au travail rapide. La collection des couples de couleurs complémentaires est dans ce cas rendue inutile.

Et tout le travail est réduit à sa plus simple expression ; ce qui est un avantage, compensé d'ailleurs par une moindre latitude dans l'échelle des tons de la teinte complémentaire cherchée.

Les méthodes que nous venons de décrire ne sont pas limitées aux portraits en couleur, mais s'appliquent en général à tous les dessins coloriés en toute liberté par l'artiste, pourvu que la place soit réservée, dans le dessin, à la couleur compensatrice cherchée.

Si nous avons donné en exemple un portrait, c'est que c'est sous cette forme que la question nous a été posée, et que nous avons eu l'occasion de mettre en pratique la méthode décrite; ajoutons que la solution que nous avons appliquée a donné entière satisfaction à l'artiste peintre, et a mis fin à ses tâtonnements.

La méthode suivie est donc sanctionnée par l'expérience.

§ 214. De l'emploi de surfaces colorées de petites dimensions. — La question du coloris polychrome a reçu une solution depuis longtemps par l'emploi de surfaces colorées de petites dimensions, produisant par leur aspect, à distance, une couleur résultante.

Chaque couleur quelque peu rabattue peut être obtenue par le mélange de deux ou de plusieurs couleurs, employées en proportions convenables (rappelons qu'il s'agit non de matières, mais de sensations), pourvu que chacune occupe des surfaces assez petites pour qu'à distance les sensations se confondent en une seule.

§ 215. Le châle indien. — Tels sont les effets obtenus par le châle des Indes, où de près on distingue du jaune-orangé, du rouge, du bleu, du vert assez vifs, mais où les surfaces occupées par ces diverses couleurs sont très petites. Ce sont des fils colorés, disposés par le tissage selon un dessin caractéristique. A distance, on a l'impression d'un orangé passablement bruni.

Ce brun correspond au teint des Indiens qui sont les créateurs de ce genre d'étoffes. Ce genre a été en effet importé des Indes. On l'a imité en Europe par voie de tissage et par voie d'impression.

L'imitation de ces dessins fins, très difficiles à reproduire a fait faire à l'industrie de l'impression certains progrès, et a nécessité la création d'un outillage spécial qui a fait naître de nouvelles méthodes de gravure.

Comme toujours le désir de faire de la nouveauté a amené avec le temps la décadence de cet article, car sa raison d'être, qui est de produire une couleur convenant à la personne humaine, a été perdue de vue.

On a reproduit ces dessins sur fond teint en rouge turc, que l'on a rongé en blanc, en bleu, en vert et en jaune, les couleurs étant disposées en bandes fines parallèles.

L'ensemble reproduit l'aspect de l'orangé, mais d'une manière imparfaite, car les surfaces colorées sont trop grandes pour que l'ensemble du dessin paraisse uni à distance, comme il le devrait.

§ 216. Genre écossais. — Dans d'autres cas, la complémentaire de l'orangé-jaune, le bleu-verdâtre, a été obtenu par des effets de tissage en juxtaposant des petites surfaces bleues et des petites surfaces vertes. Ce sont encore des fils teints que le tisseur dispose de manière à produire des carrés par le croisement des fils de trame avec les fils de chaîne.

Partout où les fils verts et les fils bleus se touchent, il se forme le vert-bleu, par le mélange des sensations. Ces effets sont surtout réalisés dans les tissus pour robes genre écossais.

Dans ces deux cas, le dessin est polychrome sans que l'on ait cherché à reproduire la sensation de blanc. Il résulte du mélange une couleur dominante, et cette couleur peut s'harmoniser « par analogie » avec une couleur donnée ou par opposition sans que, dans ces cas, la règle de Rumford ait à intervenir.

§ **217. Emploi en peinture.** — Ce n'est pas uniquement dans l'industrie du tissage que l'on a utilisé l'emploi de petites surfaces colorées juxtaposées pour produire soit une couleur soit un blanc, c'est-à-dire un gris très clair.

En peinture, ce procédé est souvent employé. Il a l'avantage que procure le résultat du mélange des sensations, c'est-à-dire que l'effet des couleurs s'ajoute, au lieu de se retrancher, ainsi que le fait le mélange des matières. Aussi peut-on obtenir par l'emploi des petites surfaces colorées en clair par des couleurs complémentaires, des effets lumineux et chatoyants qui souvent rehaussent la valeur d'un tableau.

RÉSUMÉ ET CONCLUSIONS

Les faits scientifiques qui ont été décrits dans cet ouvrage, et les applications dont ils sont susceptibles, prouvent que l'on peut formuler à l'égard des couleurs des propositions d'une précision mathématique.

Ce résultat a été obtenu en faisant une distinction rigoureuse entre les sensations, les lumières et les matières colorées.

Il faut distinguer le mélange des matières colorantes, du mélange des lumières et de celui des sensations, car la matière produit la coloration en enlevant une partie des rayons incidents ; elle opère par soustraction, alors que les lumières et les sensations opèrent par addition.

Mais, s'il en est ainsi, ne pourrait-on sans inconvénient confondre le mélange des sensations avec celui des lumières colorées?

En effet cette confusion a été faite souvent.

Voici en quoi consiste la différence :

1° La partie visible du spectre solaire ne renferme pas de couleurs entre le violet et le rouge. Ce que nous nommons : carmin, cramoisi, pourpre manque dans le spectre, par conséquent dans la lumière solaire ;

2° L'œil au contraire est organisé pour voir ces couleurs ; il peut éprouver les sensations colorées qui leur correspondent et qui, n'étant pas des lumières simples, ne peuvent être représentées par une longueur d'onde.

Le spectre a un commencement et une fin ;

L'ensemble des sensations colorées peut se disposer en un cercle continu ;

3° L'œil ne distingue les couleurs, ni quand l'éclairage est trop faible, ni quand il est trop fort ;

4° Alors que la lumière est physiquement restée la même ;

5° Chaque couleur simple du spectre peut être reproduite comme nuance par un nombre indéfini de mélanges deux à deux de rayons simples. Physiquement ces mélanges sont différents, physiologiquement les colorations peuvent être identiques.

Le rayon coloré simple est défini physiquement par une longueur d'onde. La sensation colorée n'est pas définie;

6° L'ensemble des rayons colorés du spectre produit une lumière blanche; et de la lumière blanche peut être obtenue par le mélange de deux rayons colorés, ou par leur mélange trois à trois, etc.

Physiologiquement, ces lumières produisent un effet identique.

Physiquement, elles sont différentes, décomposables par le prisme en rayons simples définis par leur longueur d'onde.

Ces différences, dont une importante (la pluralité des lumières blanches) n'a pas été signalée avant nous, justifient la nécessité d'éviter les confusions, facilitées par le langage défectueux qui fait appeler d'un même mot la sensation, la lumière et la matière colorante.

Nous représentons cette dernière comme un appareil de physique éteignant un certain nombre de radiations colorées contenues dans la lumière incidente. Elle est le moyen le plus employé pour provoquer dans notre œil la sensation colorée par l'intermédiaire de la lumière.

Les conditions d'harmonie sont déterminées par l'étude des propriétés de l'œil, et on montre que si les savants qui se sont occupés de la science du coloris ont conseillé une grande prudence dans l'emploi des couleurs complémentaires, au point d'en rejeter même totalement l'emploi, cela tient à des erreurs multiples dues à des méthodes défectueuses dont on s'est servi pour les déterminer.

Ces méthodes insuffisantes ont été d'abord, à la fin du xviii° siècle, l'étude des images accidentelles, puis plus tard celle des couleurs visibles à l'aide du polariscope.

Cet instrument ne réalise qu'un cas particulier, celui où les deux complémentaires occupent des surfaces égales.

Ce sont des lumières colorées qui par leur superposition produisent la sensation du *blanc;* tandis que les matières colorantes qui pourraient servir à les copier produisent le *noir* par leur mélange.

Ces couleurs sont fortement mélangées non pas de lumière blanche, mais de blanc binaire qui est une sensation.

Leur identification ne peut se faire avec précision, d'où les erreurs sur les complémentaires.

La méthode qui a servi de base aux expériences décrites dans cet ouvrage est celle des disques tournants, qui est essentiellement applicable aux matières colorées. Elle offre l'avantage d'effacer l'influence de l'état de la surface.

L'on sait combien il est difficile de juger de l'identité de la couleur de deux objets dont l'un présente une surface brillante, et l'autre une surface mate : cheveux, plumes, soies, coton, laine, métaux, papiers sont dans ce cas. Le mouvement de rotation du disque efface ces différences, et l'on peut dire que deux couleurs sont identiques :

1° Quand elles ont même complémentaire ;

2° Quand elles produisent le gris normal avec le même secteur de la complémentaire ;

3° Et que ce gris est obtenu dans les deux cas avec un même secteur blanc.

Rarement les surfaces à colorer sont de même étendue.

Dès lors, il faut affaiblir l'une des deux couleurs en l'éclaircissant par du blanc ou en la rabattant par du noir.

Or, dans la pratique, c'est là qu'est le danger. C'est un point qui a été étudié avec un soin tout particulier dans cet ouvrage : les matières colorantes changent de couleur dans certaines limites, quand on les mélange selon les procédés traditionnels avec du blanc ou du noir. Les tons foncés et les tons clairs obtenus ainsi n'ont plus même complémentaire. Tout l'équilibre du coloris se trouve détruit. C'est l'ignorance de ce phénomène qui est une des causes de l'insuccès que l'on a constaté souvent par l'emploi de couleurs soi-disant complémentaires.

Il faut alors employer le disque rotatif pour éclaircir ou foncer les couleurs, qui devront servir de types pour les coloris à effectuer.

En l'employant ainsi qu'il a été dit, on arrive à une classe de couleurs qui n'avait pas encore été signalée jusque-là : les couleurs de même intensité de coloration et d'intensité lumineuse différente.

Ces couleurs constituent les vrais camaïeux caractérisés par ceci : tous les tons, du plus foncé au plus clair, ont même complémentaire ; ils produisent le gris normal avec le même secteur de cette complémentaire, mais le gris résultant correspond à un secteur blanc dont l'angle est d'autant plus grand que le ton est plus clair. Ces tons ne produisent pas entre eux le contraste de couleur.

De l'existence des images accidentelles, Rumford a déduit la règle relative à l'harmonie des couleurs, règle que nos études confirment.

Celles-ci expliquent aussi les insuccès du début, insuccès qui résultent de la différence des réfrangibilités des divers rayons colorés contenus dans la lumière incidente. Il résulte de cette propriété physique, un travail fatigant pour l'œil, que l'on peut éviter par l'emploi raisonné de la sensation du blanc que l'on mélange à celle de la couleur. De sorte que les règles de l'harmonie des couleurs se réduisent à celles-ci : 1° Éviter le *contraste des couleurs*, résultat obtenu par l'emploi des complémentaires ; 2° Éviter le travail de l'accomodation, en ajoutant du blanc. Ces deux conditions sont réalisées par l'emploi des camaïeux complémentaires.

L'emploi de ces couleurs pour la peinture décorative produit les effets les plus harmonieux.

La nécessité de se servir des disques tournants pour se procurer des tons clairs ayant même complémentaire, et d'étudier pour chaque ton un mélange spécial pour les matières colorantes, ralentit le travail. Cet inconvénient est nul si on possède des types exécutés d'avance. Il est d'ailleurs compensé par la rapidité de l'échantillonnage par suite de la suppression des tâtonnements.

La précision en toute chose est une tendance de notre époque ; la science lui doit ses plus beaux résultats. Elle est une condition essentielle du progrès.

Ce sont les industries artistiques qui sont appelées à profiter le plus de ces études, dont le but est de donner à l'œil le maximum de satisfaction. Mais à côté de la précision, et bien au-dessus des conditions d'harmonie des couleurs, se placent les satisfactions qu'il faut donner à l'intelligence.

L'artiste doit composer le dessin d'ornement et le colorier selon son goût.

Le coloriste alors devra considérer ce travail comme une première approximation. Et à la place des tons clairs et des tons foncés que l'artiste a exécutés par les procédés qui lui sont familiers, on mettra les tons pris dans la gamme esthétique ; on leur donnera l'intensité de coloration qui convient à l'étendue qu'ils occupent dans le dessin et l'intensité lumineuse totale qui répond à la distribution de la lumière et de l'ombre convenant au sujet.

Dans le cas où il s'agit d'opposer deux couleurs, on donnera la préférence aux complémentaires, telles qu'on les détermine avec les disques tournants.

Il y aura entre l'œuvre première, et celle qui a été ainsi retouchée, une différence en faveur de cette dernière.

Le tact artistique et le bon sens auront indiqué les lignes principales de l'œuvre, la répartition de l'ombre et de la lumière ; les conseils de la science auront permis de tirer de la conception de l'artiste le parti le plus avantageux possible.

APHORISMES RELATIFS AUX COULEURS

INDEX ALPHABÉTIQUE

La teinture au XIXe siècle en ce qui concerne la laine et les tissus où la laine est prédominante, par T. GRISON, chimiste-teinturier. 3e édition. Nouveau tirage. 2 vol. in-8° 17 × 26 de VIII-318 et 358 pages, avec dessins de machines et nombreux échantillons. Reliés.............. 60 fr.

> La teinture. Des bleus. Des jaunes. Des rouges. Des verts. Des acanthes. Des gris et des modes. Des noirs. Teinture des étoffes laine et coton en double couleur. Moyens opératoires et termes techniques de la teinture. Les principaux agents chimiques employés en teinture. Matières tinctoriales naturelles. Matières colorantes artificielles. Fabrication des extraits de bois de teinture. Des épontils. Chinage par teinture.

Fabrication des couleurs, par GUIGNET, répétiteur à l'École Polytechnique. In-8° 16 × 25 de 276 pages..................... 10 fr.

> *Principes généraux.* Qualité des couleurs. Préparation des produits naturels. Fabrication. Laques. Bronzes. *Blancs. Noirs. Bleus. Jaunes. Rouges. Verts. Bruns.* Historique. Composition. Propriété. Fabrication. Usages. Falsification. *Emploi des couleurs.* 16 différentes espèces de peinture. Impressions sur tissus, papiers et autres substances. Encres à écrire. Cirages. Couleurs. Couleurs vitrifiables. *Théorie physique des couleurs. Phénomènes de contraste. Classification des couleurs.*

La grande industrie tinctoriale, par Francis-J.-G. BELIZER, ingénieur-chimiste, expert-conseil, ancien directeur d'usine. In-8° 16 × 25 de XXIV-1.050 pages, avec 99 figures. Broché, 30 fr. ; cartonné............ 32 fr.

> Considérations générales sur la construction, l'installation et l'aménagement des ateliers de teinture. Traitement des textiles : de provenance minérale; de provenance végétale. Le coton. Blanchiment. Apprêt. Mercerisage. Teinture. Matières colorantes. Teinture des cotons et des fibres végétales. Teintures substantives. Teintures adjectives. Teinture sur mordants. Essais des matières colorantes. Opérations mécaniques et économiques pour le blanchiment et la teinture. Le lin. Le chanvre. Le jute. La ramie. Le papier et la pâte à papier. La paille; le bois, etc. Fleurs. Matières diverses d'origine végétale. Textiles de provenances animales. La laine. La soie. La soie marine. Les poils et les pelleteries. Les plumes. Les peaux et les cuirs. Matières diverses d'origine animale. Textiles artificiels. Savons, encres, vernis, etc. Bibliographie. Index alphabétique (22 pages).

Couleurs et colorants dans l'industrie textile, par l'abbé VASSART. In-8° de 168 pages, avec figures...................... 6 fr.

> Couleurs : génération, classification. Couleurs complémentaires. Contraste des couleurs. Harmonies. Application aux arts. Colorants. Solidité des nuances. Les tissus de valeur.

Traité théorique et pratique de triage, peignage et filature de la laine peignée, par Paul LAMOTTIER, chef de travaux à l'École de filature de Fourmies. In-8° 16 × 25 de XII-476 pages, avec 254 fig.......... 25 fr.

> Mécanique et électricité. Origines, caractères, production de la laine brute. Marchés. Régions manufacturières. Division du travail. Triage de la laine. Peignage. Préparation de la filature. Étude du renvideur. Étude du contenu. Les fils de fantaisie.

La teinture du coton, par E. SERRE, ingénieur-chimiste, professeur à l'École pratique de commerce et d'industrie de Roanne. In-16 13 × 21 de X-292 pages, avec 62 figures et 9 planches. Cartonné............... 5 fr.

> L'eau et les produits utilisés en teinture. L'eau. Acide sulfurique. Soude. Sulfure de sodium. Chlorures. Savon. Caractères des principaux sels employés en teinture. Le coton. La teinture du coton en écheveaux. Couleurs végétales. Extraits de bois. Colorants substantifs ou diamine. Méthode de fixage des colorants substantifs. Couleurs immédiates. Colorants basiques. Couleurs développées sur fibre. Couleurs d'alizarine. Colorants de cuve. Couleurs d'indanthrène. Teinture du coton en bourre. Teinture de coton mercerisée. Teinture du coton en pièces. Impression des tissus de coton. Apprêt des tissus de coton. Couleurs artificielles.

Agenda Dunod : Chimie. Formules et renseignements usuels, par E. JAVEL. 34e édition. In-12 10 × 15 de XXXII-399 pages, plus pages blanches. Reliure de luxe en peau souple, tr. brunies...................... 3 fr.

Memento du chimiste ancien *Agenda du chimiste*, recueil de tables et de documents divers indispensables aux laboratoires officiels et industriels, publié sous la direction de A. HALLER, membre de l'Institut, et Ch. GIRARD, directeur du laboratoire municipal de Paris. 2e tirage corrigé. In-8° 13 × 20 de 808 p., avec figures et 4 pl. de métallographie microscopique. Cartonné....　12 fr.

Analyse chimique industrielle, par G. LUNGE, professeur de chimie au Polytechnicum de Zurich, traduit par Em. CAMPAGNE, ingénieur-chimiste.

1er VOLUME. *Industries minérales.* In-8° 16 × 25 de 650 p., avec 105 fig. Broché, 22 fr. 50 ; cartonné.................................　24 fr.

Analyse des argiles. Essai de produits céramiques. Sels d'alumine. Industrie des mortiers. Verre. Industrie du goudron de houille. Fabrication du gaz. Ammoniaque. Dérivés du cyanogène. Carbure de calcium et acétylène. Fabrication des allumettes. Explosifs. Couleurs minérales.

2e VOLUME. *Industries organiques.* In-8° 16 × 25 de 904 p., avec 118 fig. Broché, 27 fr. 50 ; cartonné.................................　29 fr.

Huiles minérales. Huiles, graisses et cires. Méthodes spéciales de l'industrie des corps gras. Caoutchouc. Huiles essentielles. Industrie du sucre. Amidon. Essai des matières tannantes. Papier. Encres. Industrie de l'acide tartrique. Fabrication de l'acide citrique. Matières colorantes organiques. Matières colorantes naturelles.

L'appareillage mécanique des industries chimiques. Adaptation française de l'ouvrage allemand de A. PARNICKE : *Die maschinellen Hilfsmittel der chemischen Technik,* par Em. CAMPAGNE, ingénieur-chimiste. In-8° 16 × 25 de 362 pages, avec 298 figures. Broché, 12 fr. 50; cartonné...........　14 fr.

Généralités. Production de la force motrice. Transports de force. Transports des solides ; des liquides ; des gaz. Broyage. Mélangeurs. Fusion. Dissolution. Lixiviation. Concentration. Procédés mécaniques pour la séparation des corps. Dessiccation. Appareils de contrôle. Ventilation et élimination des poussières.

L'eau dans l'industrie. Composition, influences, désordres, remèdes, eaux résiduaires, épuration, analyse *(Médaille d'argent de la Société d'Encouragement pour l'industrie nationale),* par H. DE LA COUX, ingénieur-chimiste, expert près le Conseil de préfecture de la Seine, inspecteur de l'enseignement technique. Nouvelle édition. In-8° 16 × 25 de 543 p., avec 135 fig. Broché, 16 francs ; cartonné.................................　17 fr. 50

Chimie analytique, par le Dr F.-P. TREADWELL, professeur à l'Institut polytechnique de Zurich, traduit de l'allemand par Ed. DURINGER, ingénieur-chimiste, et Stanislas GOSCINNY, chimiste. Préface de M. Georges URBAIN, professeur de chimie à la Faculté des sciences de Paris.

TOME I : *Analyse qualitative.* In-8° 14 × 22 de XVI-522 pages, avec 23 figures et 3 planches spectrales. Cartonné.....................　9 fr.

Généralités. Réaction des métaux (cations). Métaux alcalins. Métaux alcalino-terreux. Autres métaux. Réactions de métalloïdes (anions). Marche de l'analyse. Réactions de certains métaux rares. Recherches du lithium, rubidium et cœsium en présence de potassium et de sodium.

TOME II : *Analyse quantitative.* In-8° 14 × 22, de XVI-802 pages, avec 125 fig. et 1 planche colorimétrique. Cartonné.....................　12 fr.

Analyse gravimétrique. Dosage gravimétrique des métaux. Dosage gravimétrique des métalloïdes. Volumétrie. Alcalimétrie et acidimétrie. Méthodes par oxydation et par réduction. Analyses par précipitation. Analyse des gaz.

Tours. — Imprimerie DESLIS FRÈRES et Cie

Exemple d'applications de la formule décrite de la règle de Rumford (p. 240).
Cette planche représente le dessin auquel les calculs ont été appliqués.

Le coloris de cette planche est celui adopté par l'artiste qui a créé le dessin p. 238).

Il doit servir de terme de comparaison aux coloris qui suivent (Pl. IX, X, XI, XII, XIII).

Pl. VIII

PLANCHE IX (p. 239).

Le 5e orangé (Chevreul), qui sert de point de départ à ce coloris, correspond à la couleur du bois d'acajou, à celle des cheveux bruns et au teint mat des femmes brunes (voir § 183-185).

PLANCHE X (p. 241).

Ce coloris montre un exemple d'harmonie entre vert et violet. Le vert occupant une surface de cinq à six fois plus grande que celle assignée au violet, il a fallu diminuer l'intensité de coloration du vert dans la même proportion.

Dans ce coloris on a cherché à employer des couleurs aussi foncées que possible. C'est le vert du feuillage qui a servi de couleur directrice, car c'est sa reproduction avec des colorants couvrants qui a présenté le plus de difficultés.

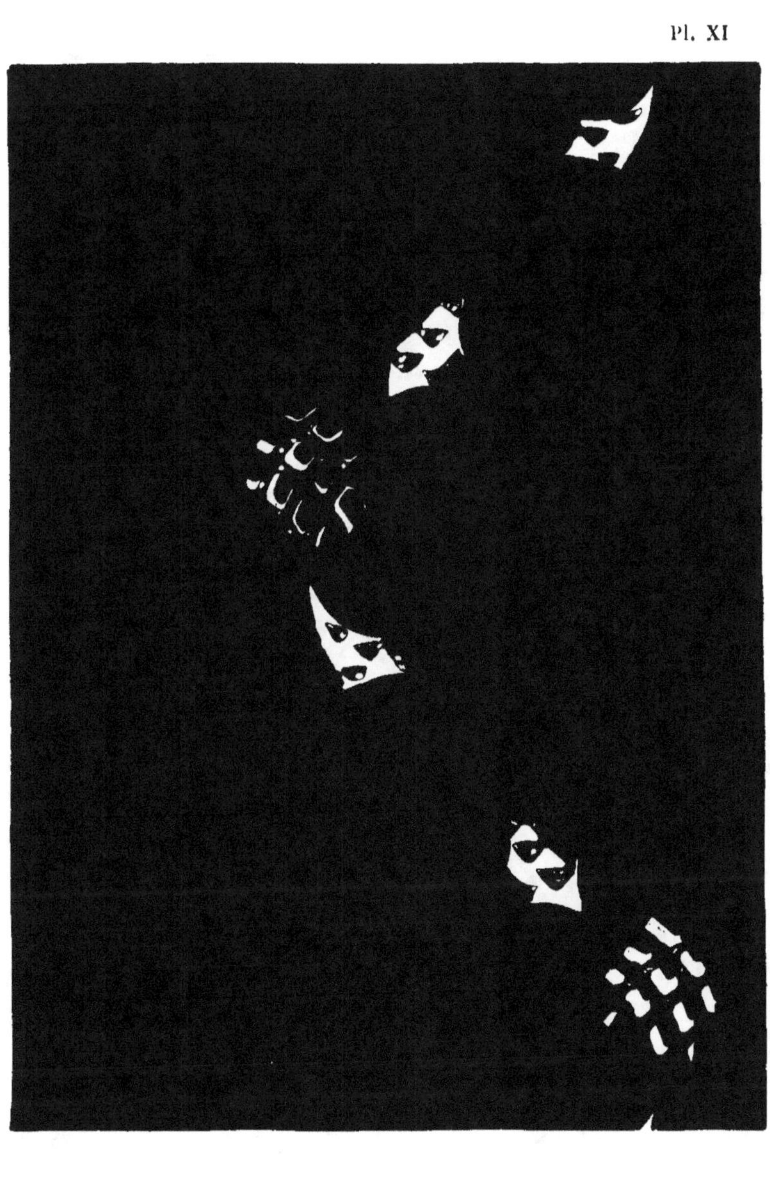

PLANCHE XII (p. 248).

Par opposition avec le coloris de la planche XI, on s'est appliqué à employer
les couleurs les plus claires possibles, tout en observant la règle de Rumford.

Dans ce cas particulier, c'est la couleur du fond qui forme la directrice. La
hauteur de ton de ce fond est déterminée par la nécessité de faire voir distinctement les blancs du dessin. Et la hauteur de ton des quatre autres couleurs
se trouve fixée par la nécessité d'observer le principe de la vision distincte.

Pl. XII

Pour la réalisation de ce coloris, on n'est pas parti d'un couple de couleurs complémentaires comme pour les précédents, mais on a essayé d'appliquer la même méthode de calcul à trois couleurs, équidistante à la vue, telles qu'on peut les trouver dans le cercle chromatique exécuté selon la théorie d'Young § 76 et Pl. VII . De ces trois couleurs, chacune est complémentaire de la somme des deux autres.

Ici encore, comme dans la planche précédente, c'est le fond qui a servi à fixer la hauteur de ton des couleurs du coloris.

Dans ce dispositif, le contraste de couleurs peut se produire entre les fleurs, le feuillage et le fond. C'est son défaut, très remarqué par les personnes dont l'œil est très sensible aux couleurs. Celles au contraire, que le contraste des couleurs ne choque pas, acceptent volontiers ce genre de coloris, parce qu'il admet une plus grande variété de couleurs.

Si le principe de Rumford n'a pas été suivi ici dans sa rigueur, du moins s'est-on imposé la condition que l'ensemble des couleurs corresponde au gris normal.

Il est une autre condition dont on ne s'est pas écarté : les deux tons de la fleur ou du feuillage ont même complémentaire : ils forment rigoureusement du camaïeu vrai. Ce coloris est à comparer à celui du tableau VIII, qui, lui aussi, dérive de trois couleurs franches différentes.

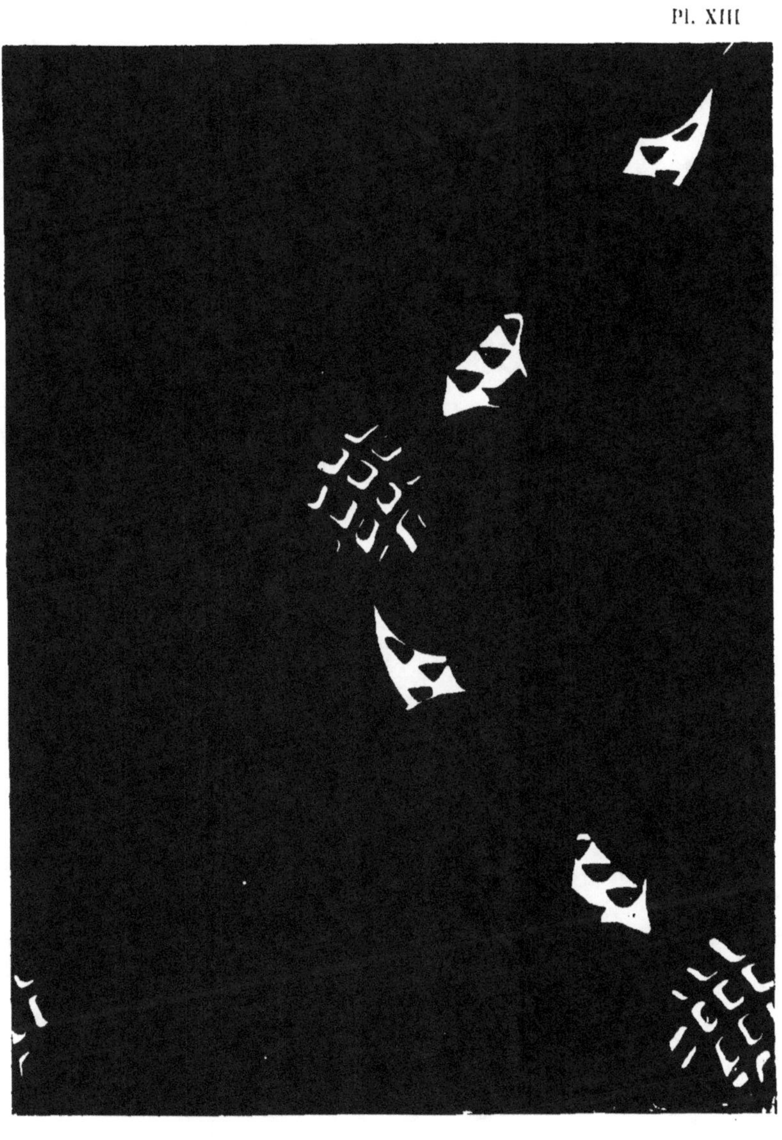

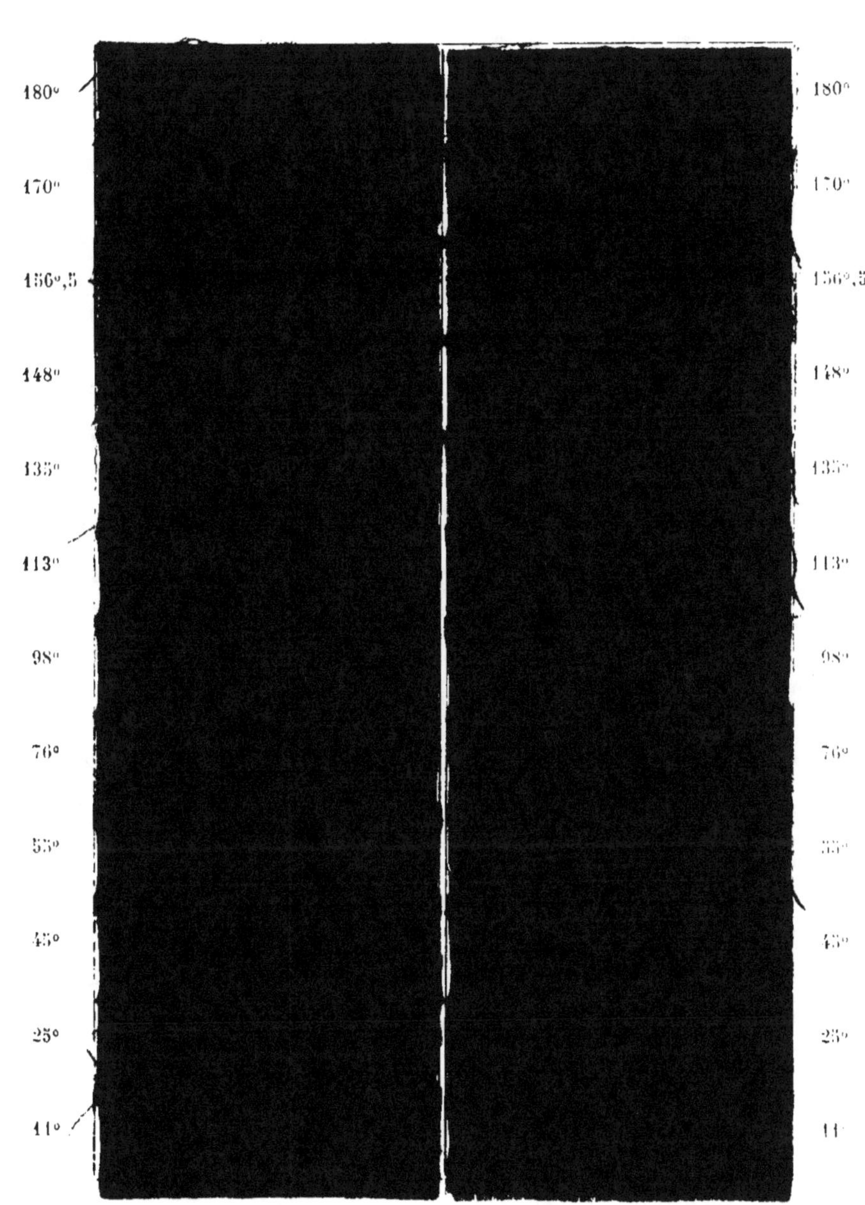

180°
170°
156°,5
148°
135°
113°
98°
76°
55°
45°
25°
11°
180°
170°
156°,5
148°
135°
113°
98°
76°
55°
45°
25°
11

[illegible]

PLANCHE XIV

Planche XIV représente douze couples de couleurs complémentaires.

Ces couleurs ne sont ni équidistantes à la vue, ni à égale distance angulaire, conditions qu'il eût été trop difficile de réaliser.

Ce qui fait leur intérêt, c'est qu'on s'est appliqué à rendre les deux couleurs du couple d'égale intensité de coloration.

C'est-à-dire que, si l'on couvre la surface d'un disque de secteurs égaux, et que l'on met en rotation rapide, on obtient avec chaque couple un gris parfaitement incolore.

On a d'abord essayé d'obtenir pour tous les couples le même ton de gris.

Mais en réalité les secteurs blancs nécessaires pour faire ces gris § 20, p. 56, varient depuis l'angle de 12° à celui de 78°.

Ce qui veut dire, que si les intensités de coloration sont égales, les intensités lumineuses totales varient dans les limites indiquées, ce qui fait que certaines couleurs sont plus foncées que d'autres. La correction de ce défaut, pour laquelle on n'a d'autre guide que l'estimation, eût exigé un temps nullement en rapport avec l'importance du sujet.

On s'est donc contenté de réaliser les deux conditions suivantes :

1) Couleurs rigoureusement complémentaires ;

2° Couleurs de même intensité de coloration voir § 78, p. 114, pour l'équidistance à la vue et, § 86, p. 127, pour la théorie d'Young.

DISTANCE ANGULAIRE DE CES 12 COUPLES.

Cette distance a été mesurée selon la méthode décrite § 79, p. 116.

Les termes de comparaison sont les trois couleurs considérées comme fondamentales, l'orangé, le 3° jaune vert, le 3° bleu voir *fig.* 32, p. 118, et pl. VII.

Ces trois couleurs, ainsi que leurs trois complémentaires, font trois couples, dont deux ne sont pas représentées planche XIV ; ils s'ajoutent à ceux de cette planche, ce qui fait un total de quatorze couples.

En donnant leurs distances angulaires, nous y ajoutons les noms des couleurs qui leur correspondent dans le cercle chromolithographié par Digeon.

Noms des couleurs composant le couple.	Distance angulaire.	
Orangé	Vert-bleu............	180°
Orangé-jaune	1er vert-bleu........	170°
2e orangé-jaune	2e vert-bleu.........	156°,5
4e orangé-jaune	4e vert-bleu........	148°
1er jaune	2e bleu.............	135°
2e jaune	4e bleu	113°
Jaune-vert	2e violet-bleu........	98°
2e jaune-vert	4e violet-bleu	76°
4e jaune-vert	1er violet............	55°
Vert	4e violet............	45°
Les compléments ne sont pas représentés dans le cercle de Digeon.	2e violet-rouge	25°
	4e rouge.............	11°

Entre le 2e et le 4e bleu se place le 3e bleu à la distance angulaire de 120°, par convention, et entre le 2e et le 4e jaune-vert se place le 3e jaune-vert dont la distance angulaire est par convention 60°.

....

Place occupée, dans la copie faite par Digeon du cercle chromatique de Chevreul, par les 14 couples des planches VII et XIV.

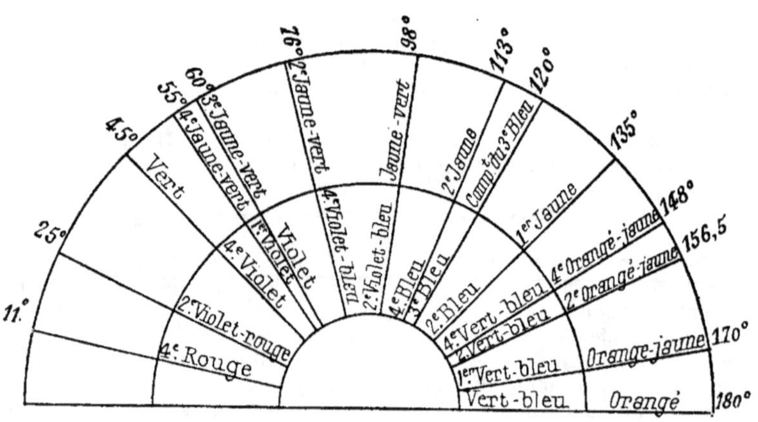

Le 4e Rouge, le 2e Violet-Rouge, le 3e Bleu n'ont pas de complémentaire dans la copie du cercle chromatique de Chevreul chromolithographié par Digeon.

La planche XIV ne contient pas le couple 60°, parce qu'il est représenté pl. VII, nos 3 et 4, ni le couple 120° qui est représenté pl. VII, nos 5 et 6.